跟着物理学家玩游戏

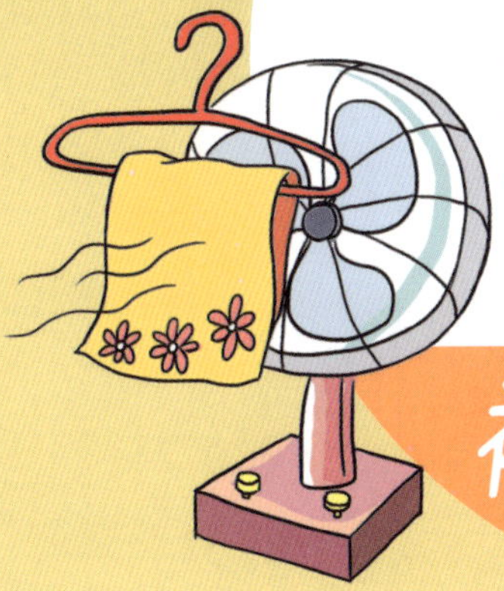

神奇的能量

王贵明　高湘萍　智慧鸟／主编

吉林科学技术出版社

前言

物理，顾名思义，研究的是万事万物的道理。眼睛为什么能看见东西？耳朵为什么能听见声音？我们为什么能站在地面上，而不是飘在天空中？有没有可以永远运动而不会停下来的物体？能量到底是什么？又是什么照亮了我们的生活？而未来，人类世界又将变成什么样子？这么多的问题，我们都得到物理的世界中去寻找答案。

电、磁、声音、光、力、能量……它们共同构成了物理的世界，这一切听上去好像高深莫测，但实际上，物理学的道理已经藏在了各种各样有趣的游戏中。打开这套书，你就能在物理的世界里畅快地游玩一番了，还等什么呢？

目录

第1章

什么是能量

能量是我们生活中经常提到的词，可它到底长什么样子，似乎一下子还真说不上来：

“能量可以让飞机在天上飞，汽车在地上跑。”

“石油里藏着巨大的能量。”

“能量可以把微波炉里的食物加热，让我们吃上可口的饭菜。”

看起来，能量的用处大极了。可它到底是什么呢？

另外，我们所谈论的能量看上去神通广大，它可以让食物变热，还可以推动机械运动，难道它是会变身的魔术师？还是说，有多种不一样的能量呢？

能量和“功”有关。那么，什么又是功呢？

想想看，如果你要往前面推动一个箱子，是不是要向前方用力呢？功，就是你所用的力气乘以箱子被推动的距离。用的力气越大，箱子被推得越远，那么功也就越大。

在物理学里，用 W 来表示功，用 F 来表示所用的力，用 S 来表示物体沿力作用的方向移动的距离。

能量，其实就是物体做功的能力。做功的能力越大，能量也就越大。

当你推动桌子，桌子向前动了起来，但没过一会儿，你就会觉得有些累了。这是因为你的能量传递到了桌子上，所以你才会感到疲劳。而桌子因为得到了你的能量而向前运动。

累了的你决定吃点食物来补充失去的能量。填饱肚子后的你又有了力气，开始继续推动桌子。

在这个过程中，食物的能量转移到你身上，然后又通过你的活动转移到了桌子上。不过，食物的能量、你身上的能量，以及桌子上的能量可不一样，它们有着不同的形式。

为了区分不同的能量，我们给它们起了不同的名字：动能、势能、热能、化学能。比如推动桌子就是一种动能。

你可以把能量想象成类似电磁波那样的东西，没有体积、没有重量，但却可以以各种方式被我们感觉到。比如发光或发热，或者让物体运动起来。

我们离不开能量，所有的物体都蕴藏着能量。食物里蕴藏的能量就是一种化学能，人推动桌子也消耗了自身蕴藏的化学能。

热能是最常见的能量形式之一。火炉、电暖炉、暖风机等都能释放热能。燃气灶、电磁炉释放的热能就更多了，它能让我们在冬天感到温暖，吃上可口的饭菜。

很多热能是靠燃烧煤、石油和天然气得到的。藏在这些矿产资源中的能量叫化学能。通过化学反应，化学能可以转化成热能或电能，以及其他形式的能量。

玩过弹簧和皮筋吗？它们具有弹性。用力会改变它们的形状，但停止用力，它们又会恢复原形。这也是一种能量，叫作弹性势能。

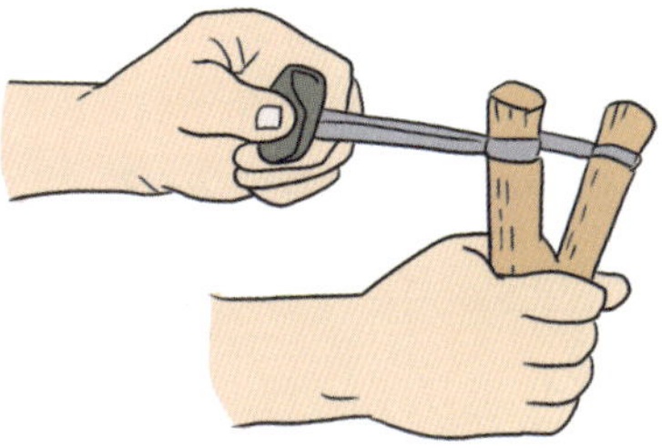

石头从山坡上滚下来，这叫势能。所有从高处往低处运动的物体，都具有势能，比如瀑布。人们利用瀑布的势能来产生其他能量，比如电能，这就是水力发电。

风也可以产生能量。当你在风中举起玩具风车时，它的叶片会被风吹得转动起来。

根据风车的原理，利用风带来的能量可以推磨、打水，还可以发电。风的能量来自空气流动所产生的动能。可见，运动的物体都能产生能量，哪怕是像空气那样看上去很轻的物体，也可以带来巨大的能量。

在众多能量形式中，核能似乎威力特别强大。太阳也是靠核能运转不息的，通过一系列核反应，核能又转化为光能和热能。

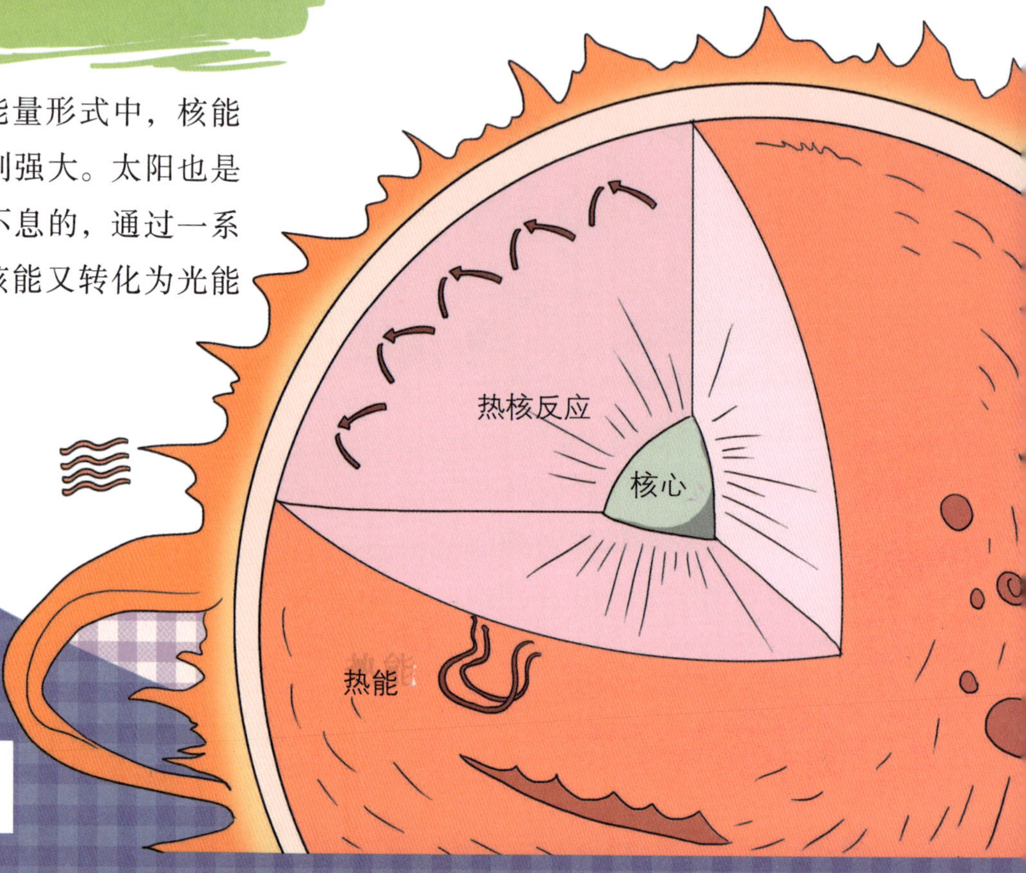

所以现在你应该已经发现了，不同的能量形式可以互相转化。要想让这些调皮的家伙停下来可真难。

比如汽车行驶是获得了动能。那么，动能又来自哪里呢？是汽油燃烧产生的化学能驱动汽车的动力装置产生了动能。而汽油又提炼自石油，石油则是数百万年前埋藏在地下的植物或动物躯体逐渐形成的。

植物难道还有能量？当然有，在光合作用下，植物依靠各种化学反应生生不息。因此植物体内藏着化学能和阳光带来的光能。而太阳光又来自太阳内部的核聚变反应，也就是核能。

另外，植物变成石油的过程依靠地下的压力和地热。压力是重力势能的产物，而地热是热能的体现。

想想看，这真是太神奇了。为了你能开动汽车，有这么多种形式的能量在共同发挥作用。它们不停地变来变去，不过，每一次变身，能量的多少有没有发生变化呢？

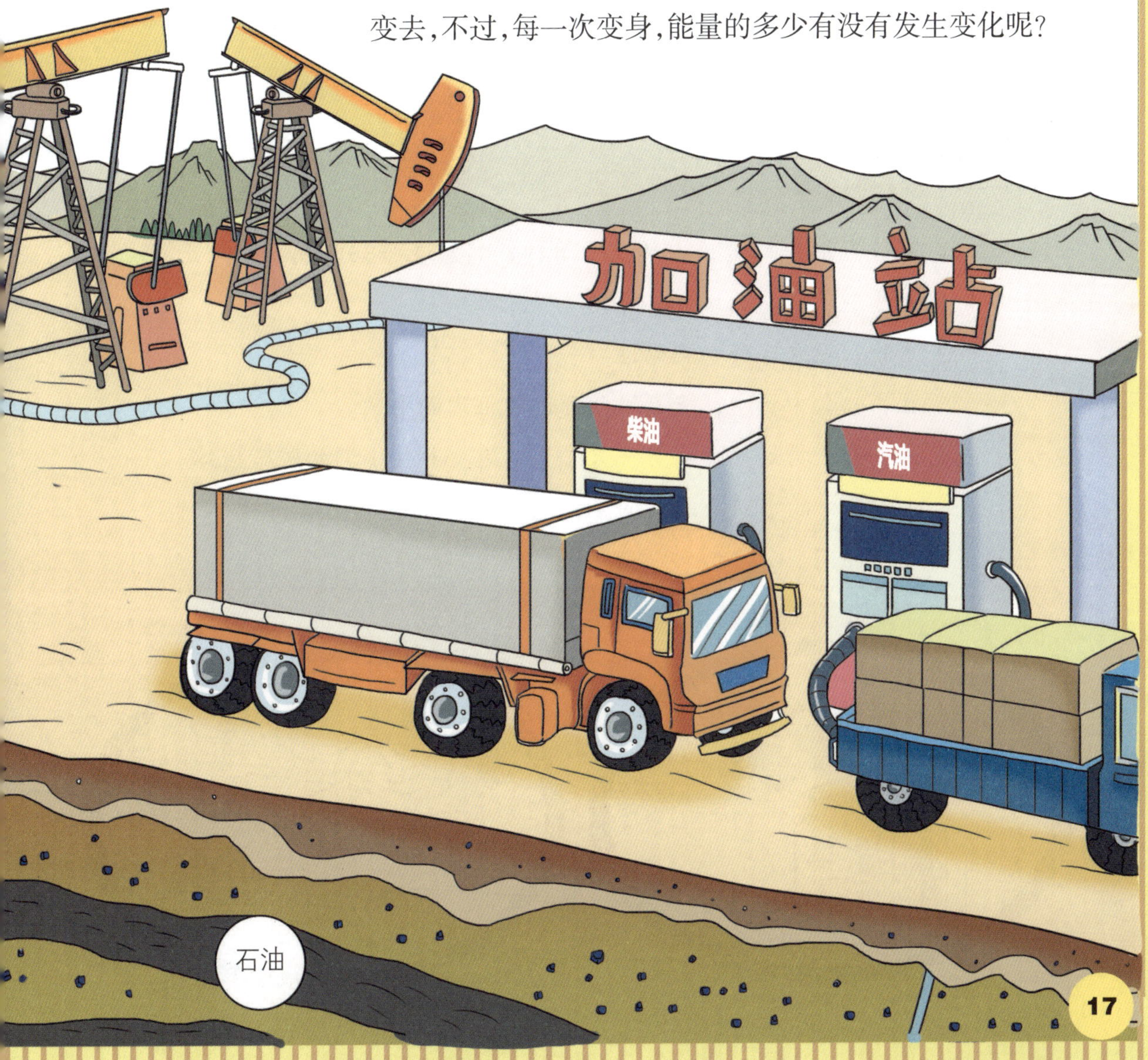

水里也有压力

你需要准备的材料：

- 1个牛奶盒
- 1杯水
- 1卷胶带
- 1把剪刀

实验开始

1. 用剪刀把牛奶盒顶上的盖子剪掉，然后在牛奶盒侧面，从上到下依次开3个小洞。

2. 用胶带把这3个小洞贴住。

3. 往牛奶盒中倒水，直至水面漫过最上方的小洞。

4. 用一只手握好盒子，另一只手快速地把封住小洞的胶带撕掉。

5. 牛奶盒中的水从小洞中涌了出来，但是水从3个小洞中喷出时，远近却各不相同。

这是怎么回事呢？难道不是孔的位置越高，喷射出的水柱就越远吗？
水喷射的远近是由水压决定的，而水压由水的深度决定。最上面那个洞，距离水面最近，那个深度的压强是最小的，从盒子中喷出的水自然也是最近的了；最下方的孔洞，水压最大，从这里射出的水也就喷得最远！

第2章

热能的运动方式

能量是会转移的，而热能的转移方式是有规律的。它总是从热的地方“跑”到冷的地方。

热能是可以被“看见”的，我们可以用一支温度计来测量它的数值。当然，你也可以用自己的身体去直接感受外界或物体的温度。不过，温度跟热能可不一样，温度只是我们用来计算热能多或少的方式而已。

热能转移的方式有三种：对流、传导和辐射。

当你在大冬天从温暖的室内走到户外，无疑你会感到寒风刺骨。但当你从户外回到室内，你又会感到身子慢慢变得暖和起来。这是因为在户外，你身体的热量会向外界流失，而进入室内，热量会从空气中传递到你身上。

那么，如果热量是从冷的地方往热的地方转移，会怎样呢？

如果是这样，那我们的生活是不可想象的。想象一下，你打算吃掉一个冰激凌，可冰激凌的热量却流向了温度更高的嘴里，这下冰激凌只会冻得更加结实。

再想象一下，整个世界一定会有一个温度最高的地方，当热量从冷向热转移，那里最后一定会热得不可想象，而其他地方会变成冰窖。

所以，还是平均一些好。这样过冷的地方会变热一些，过热的地方会变冷一些。世界才能正常运转。

不过，冰激凌都已经冻上了，它还能向外释放热能吗？

过了一会儿。

而且，同一种物体，质量越大，其内部的热能也越多。同样是水，一盆水的热能比一杯水多，但它们的温度却是一样的。

另外，不同的物体，导热的快慢也不一样。比如把金属放在火上，金属很快就会变得滚烫，而瓷器或水却没那么快变烫。我们把热能传导的速度称之为热传导率。

洗澡时，你能忍受多高的水温呢？大多数人都不能接受水温超过40℃。但在蒸桑拿时，温度往往可以达到80 ~ 85℃。这么高的温度，人怎么能忍受得了呢？

原因之一在于，我们可以通过排汗使体温保持在36 ~ 37℃。当外界温度过高时，汗水就会带走体内多余的热量。

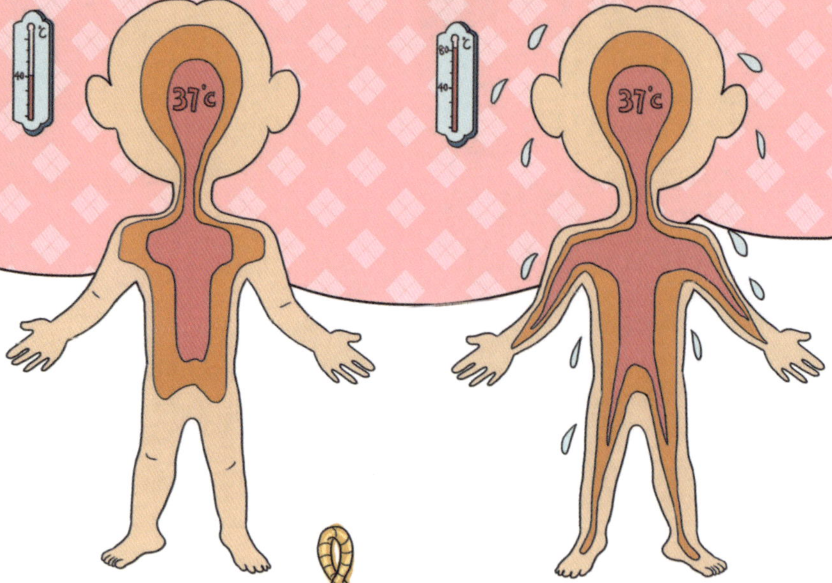

1g水温度升高1℃需要大约4.2J的热量。不过，要让1g100℃的水蒸发成气体却需要大约2257J的热量。因此在蒸桑拿时，我们的汗水会在蒸发过程中带走身体大量的热量。否则我们的身体机能就会因为过热而无法正常运转了。

另一个让我们可以在桑拿房中待较长时间的原因，是身体和外部之间传递热量的粒子数量不同。当你泡在水里时，全身被液体粒子所包围，而蒸桑拿时，全身被空气粒子所包围。虽然桑拿房的温度更高，但空气粒子远远少于液体粒子，因此能传递的热量也远远少于在水中。

正是因为这些原因，我们才能忍受那么高的空气温度。

没有热量传递也能发热吗？在热水里或桑拿房里会感到很热，这是因为水或空气的温度高于人体，热量从温度高的地方向温度低的地方流动。可当你把暖宝宝贴到身上时，也会觉得热乎乎的，但是，暖宝宝一开始可是凉的啊，它的热量又是从哪里来的呢？

实际上，暖宝宝的热量来自内部化学物质所发生的放热反应。

所有的分子都有能量，当两种分子产生化学反应时，会生成新的物质，这叫作生成物。发生化学反应产生的内部能量如果大于生成物的内部能量时，多余的能量会以热量的形式被释放出来，这就是放热反应。如果相反，需要从外界吸收能量，这就是吸热反应。

物质燃烧释放能量的反应都属于放热反应。

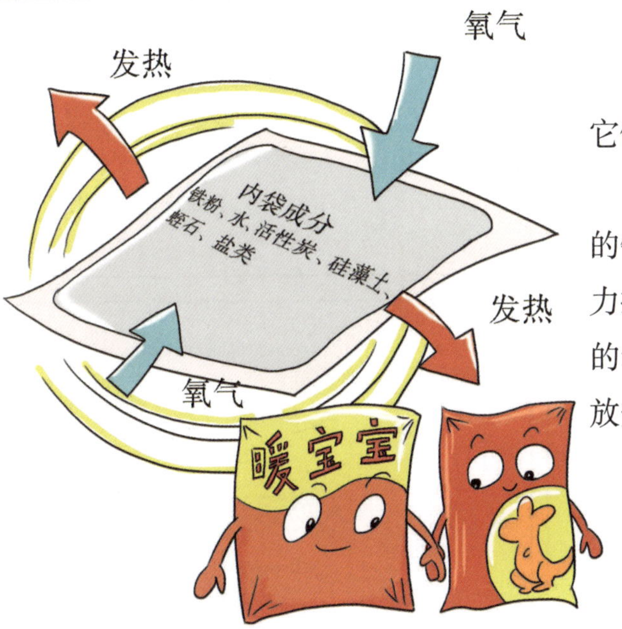

市面上有不同种类的暖宝宝，它们发热的原理也有一些区别。

比如有的暖宝宝含有经过处理的铁粉，只需要去除外包装或者用力摇晃，里面的铁粉就会和空气中的氧气发生氧化反应，这也是一个放热的过程。

使用铁粉制成的暖宝宝中通常会加入蛭石之类的保温材料，以达到持续发热的效果。

还有的暖宝宝需要折叠几次才能发热。

折叠型的暖宝宝使用了一种特殊的化学溶液，这种溶液在放热后会变成固体，形成的固体在热水中加热时会逐渐溶解，然后慢慢冷却成透明的液体。但它十分不稳定，稍微摇晃便会放出热量，重新变成固体。

利用这一特点做成的暖宝宝只需要折叠几下，就可以释放出热量，并且它还能重复利用。只需要将其再次放入热水中，让其中的固体吸收热水的能量后转化为液体，并将能量在暖宝宝里储存起来。

折叠暖宝宝的制作过程

在水中放入很多乙酸钠（白色粉末）。

把放入乙酸钠的水装进塑料袋，再放到热水中加热。

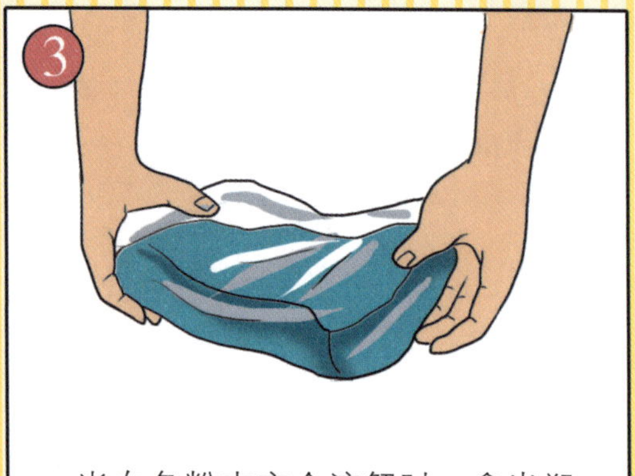

当白色粉末完全溶解时，拿出塑料袋，用手折叠几次。

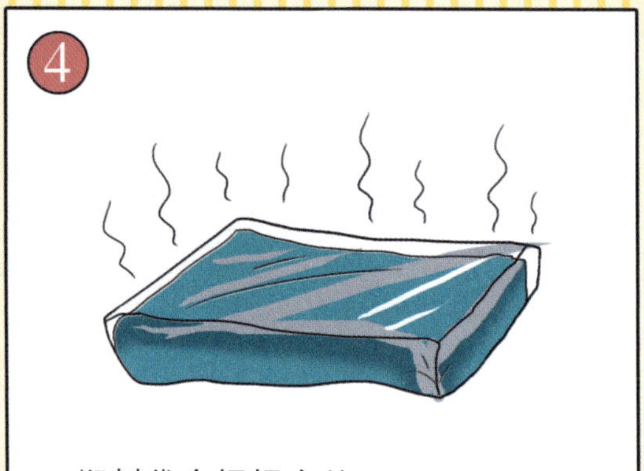

塑料袋会慢慢变热。

除此之外，自热米饭、自热火锅也使用了化学物质发生放热反应的原理。

自热食品的包装盒里配有发热包，发热包里装着许多化学物质。加热包接触水后，其中的生石灰首先和水快速发生反应，提供最开始的热量，然后利用这些热量，发热包里的碱金属、铝粉等继续放热，可以在短时间内生成温度高达200℃的蒸汽，很快将饭菜加热好。

生石灰也能煮熟鸡蛋

你需要准备的材料：

- 1 小袋生石灰
- 1 个鸡蛋
- 1 只碗
- 1 杯水
- 1 根筷子

实验开始

1. 把生石灰放进碗里，然后把鸡蛋也放进碗里。

2. 将水注入碗中，用筷子迅速搅拌，使水与生石灰混合。很快，我们就会感受到生石灰产生的大量热量。这时注意不要被生石灰液烫伤。

3. 很快，碗中的鸡蛋就“嘭”的一声裂开了——此时的鸡蛋已经被煮熟了。

布朗叔叔，不用锅和炉灶，也可以煮熟鸡蛋吗？
没错！碗里的生石灰和水接触以后，会发生化学反应，释放出大量热量，把鸡蛋煮熟。自热米饭盒中使用的加热包，其实就是利用了这个原理。

让风更凉快

你需要准备的材料：

- 1 个晾衣架
- 1 台风扇
- 1 条毛巾

实验开始

1. 把晾衣架放在风扇前面，调整衣架的高度，使衣架的横梁比风扇下半部分的扇叶略高一些。

2. 把毛巾用水浸湿，然后搭在晾衣架上。

3. 打开风扇，站到毛巾前，是不是感觉风透过湿毛巾吹到身上比直接吹风扇更凉爽了呢！

布朗叔叔，这是怎么回事呢？
这是因为风扇吹出的风会促使毛巾上的水分蒸发。水分蒸发时，会吸走一部分热量。这样，风再吹到你身上时，便自然更凉爽了。

第3章

热能的运动方式

汽车会动，我们的身体也从早到晚动个不停，但汽车动起来的能量来自汽油的燃烧，可我们让身体运动起来的能量又来自哪里呢？

为我们的身体直接提供能量的不是汽油，不是煤，也不是阳光或电力，而是米饭、面包、蔬菜、水果和肉类等各种各样的食物。它们所提供的能量是化学能。

食物被吃下去后，首先被牙齿嚼碎，然后通过肠胃的蠕动进一步地搅拌研磨，以便更好地进行利用。在这个过程中，各种营养物质会经由消化系统吸收，然后在肝脏中转化为可供身体利用的化学能，随后向全身运输。

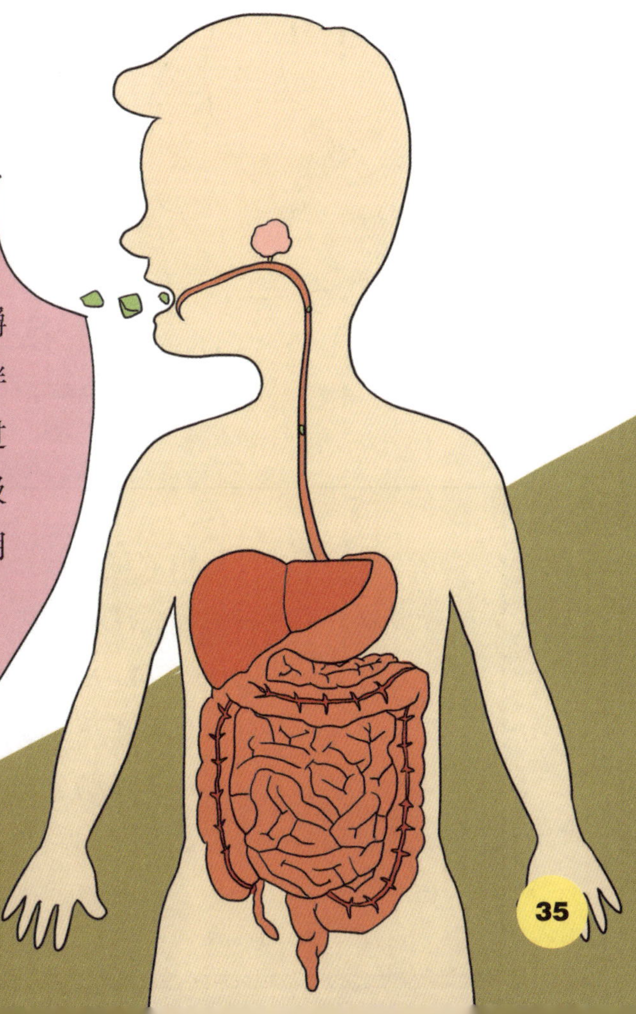

把养分运输到全身，依靠的是血液的流动。是什么力量让血液流遍全身呢？这全靠心脏收缩所产生的压力，这种压力产生了动能，推动血液在血管里流动。

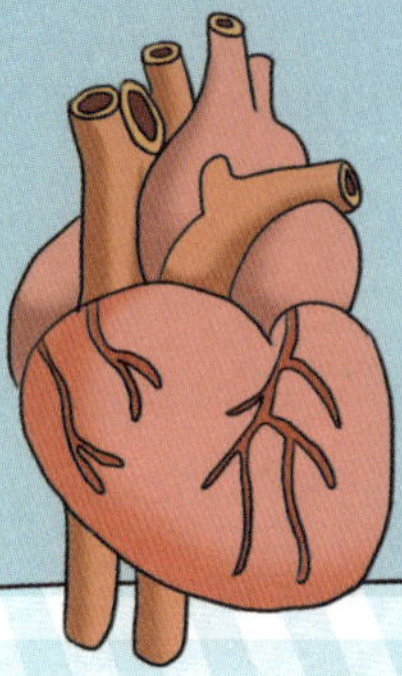

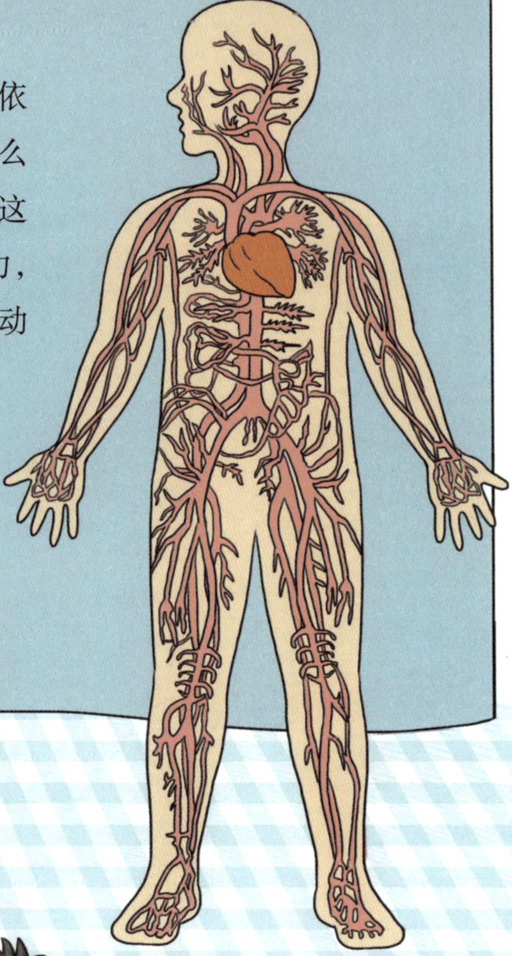

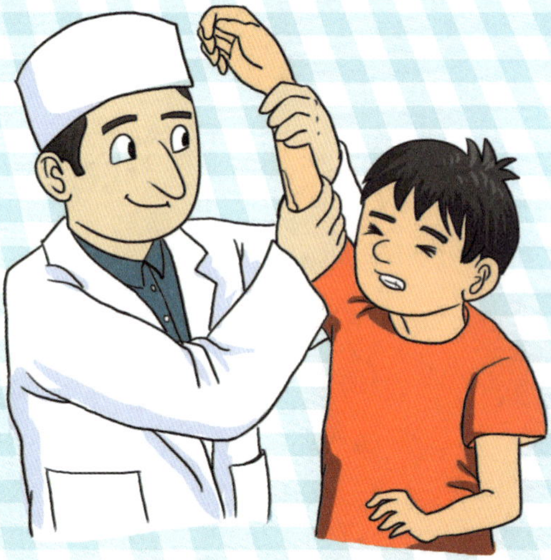

当然，如果手或脚受伤流血，医生可能会把受伤的部位抬高，减少心脏泵血带来的动能，这样可以避免血液流失过多。因为动能越大，血就会越快从身体中流走。

心脏跳动是肌肉的运动，走路、跑步、说话等都依赖于肌肉运动，这都要靠动能。

什么指挥着肌肉随心所欲地运动呢？是大脑，它通过神经给肌肉下达了指令，但这个过程是通过电能来实现的。生物电信号在神经里迅速传递，把各种外界信息送到脑部，再由脑部以电信号的方式传遍全身，指挥身体的正常运转。

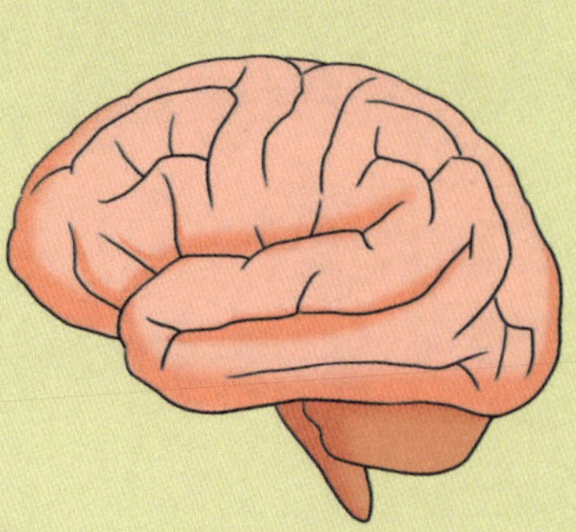

当然，这一切还是离不开化学能所带来的热能。为什么我们的体温要维持在 36 ~ 37℃呢，因为这是体内激素和酶正常工作所需要的温度。激素负责调控机体的生理及代谢过程，而酶则帮助我们加速体内的各种化学反应。

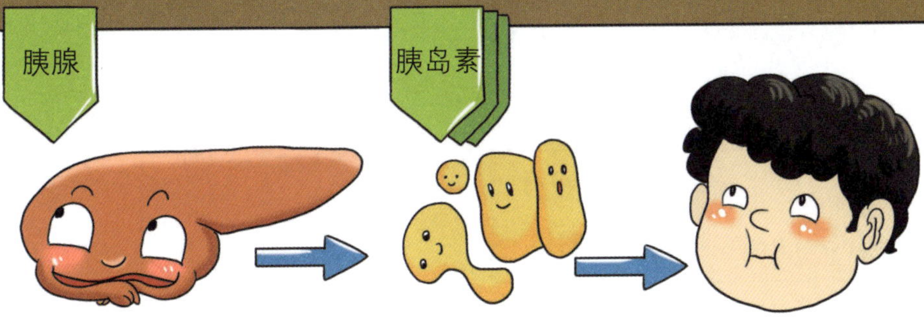

举例来说，胰腺产生胰岛素等多种激素，让人的血糖保持稳定。

如果激素和酶停止活动，我们就会遭遇生命危险。因此，人体需要把大部分能量转换为热能，以便更好地调节体温。

如果体温不正常，体内的激素和酶就无法正常工作。

我们已经看到了，人体中存在着多种多样的能量形式，而且它们还可以互相转化。但它们都离不开一种最基础的能量形式，也就是生物能。对我们而言，就相当于石油对于汽车的意义。

人体内的生物能，学名叫作三磷酸腺苷，英文缩写是ATP。

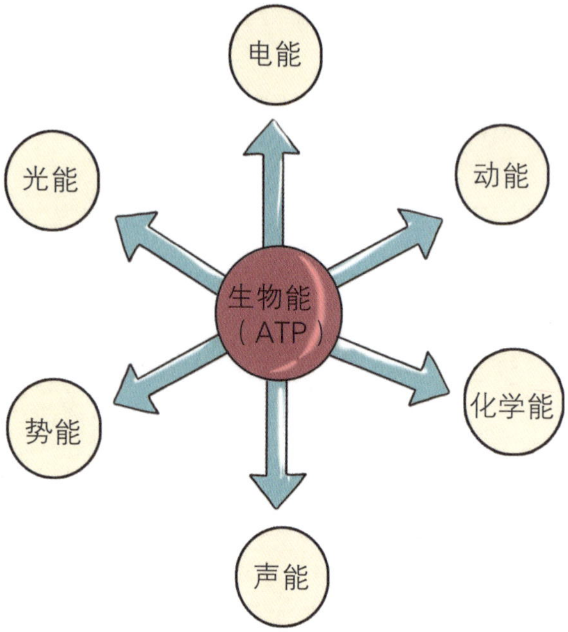

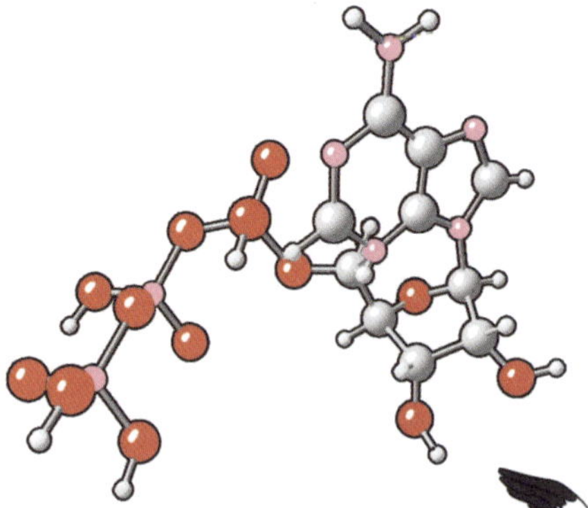
三磷酸腺苷分子式立体模型

腺嘌呤和核糖、磷酸共同组成了这种物质。除了细菌这些低等生物之外，世界上的生命都依靠这种物质存活、运转。

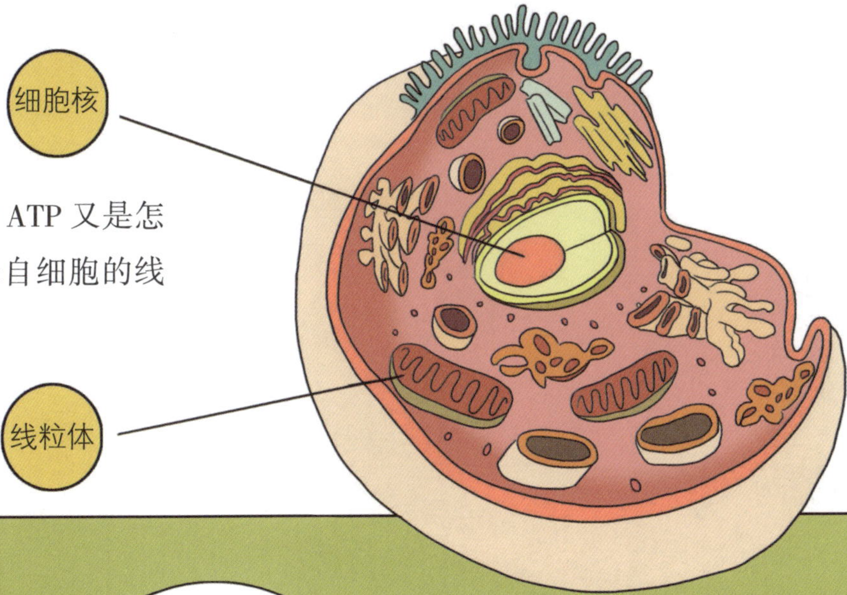

生物体内的ATP又是怎么来的呢？它来自细胞的线粒体。

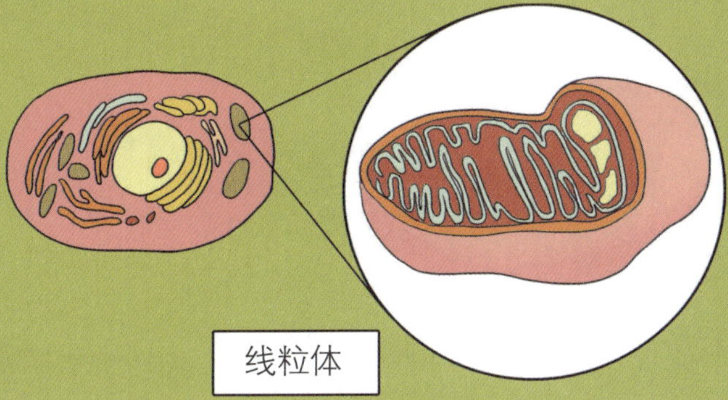

线粒体有一种“超能力”，就是通过分解葡萄糖来“生产”ATP，为我们提供源源不断的能量。

在外界，要使葡萄糖发生反应，需要400℃的高温，才能使葡萄糖变成二氧化碳和水，并释放出能量。可这么高的温度，我们人体显然是受不了的。然而，我们通过呼吸可以得到氧气，同时在线粒体的帮助下分解葡萄糖并释放能量，这一反应在37℃左右就能进行。

呼吸供热的方式更为缓慢，也更能为人体所接受。不过，新的问题又产生了，要获得能量，光有线粒体还不够，还需要葡萄糖才行。而葡萄糖又来自哪里呢？

这一过程涉及复杂的能量转换过程，太阳发出的光能在光合作用下，被转换为化学能并储存起来。另外，光合作用需要水分，植物利用根茎以毛细管作用把水从地下汲取到高处，这又增加了势能。

到了冬天，树叶纷纷落下，地上的落叶腐烂后会被植物通过根系重新吸收利用，再次转化为化学能。人们还可以通过砍伐树木来获取木材，木材燃烧后为我们提供热能。不过这种热能比起汽油来可差了不少。

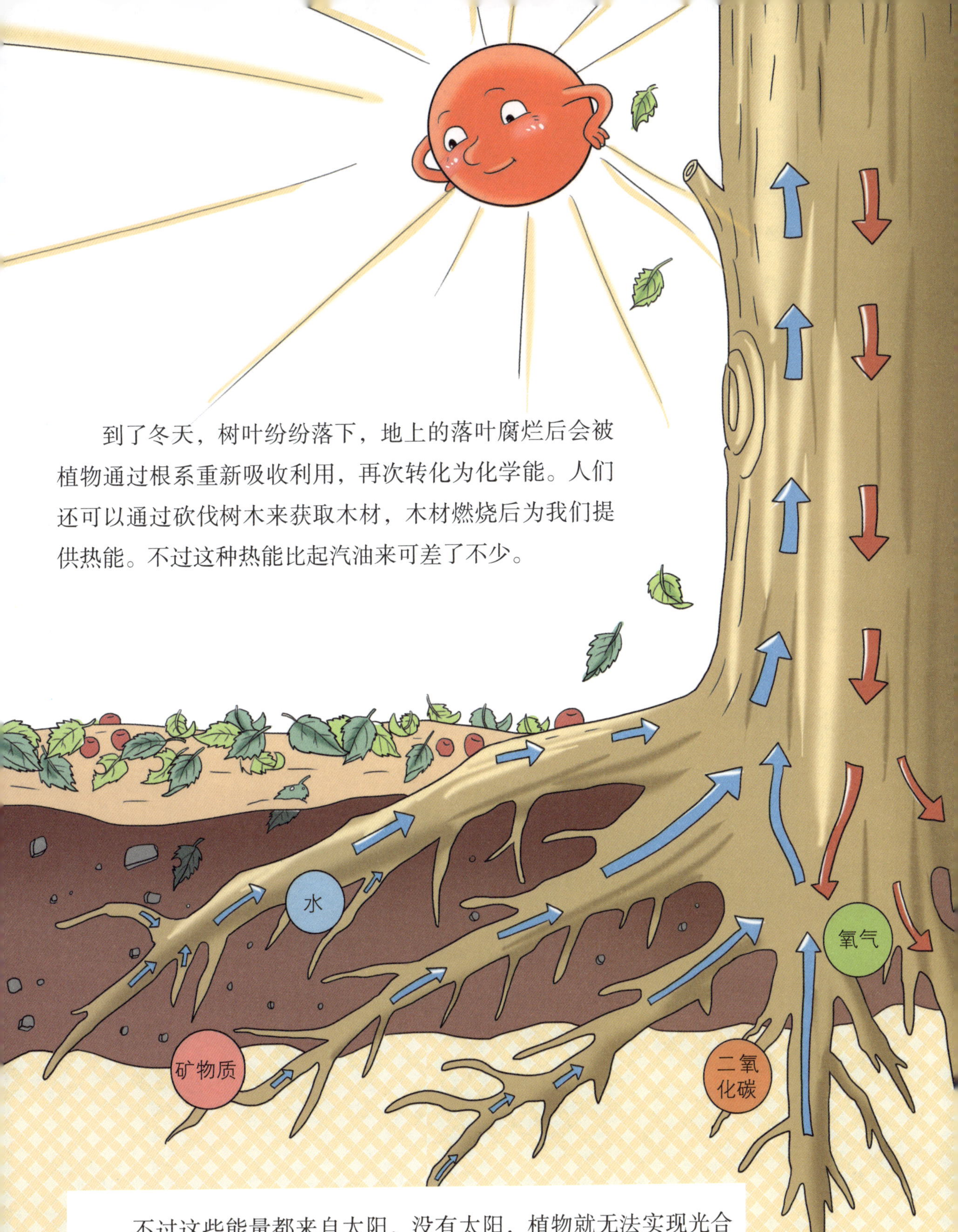

不过这些能量都来自太阳，没有太阳，植物就无法实现光合作用，也无法生产葡萄糖以得到化学能，更不可能通过燃烧来产生热量。因此，你也可以想象成我们在使用来自太阳的能量。

纸杯子也能烧水

你需要准备的材料：

- 1 根蜡烛
- 2 张纸
- 2 根筷子
- 1 卷胶带
- 少许清水
- 1 个打火机

实验开始

1. 将两张纸折叠成一个小纸盒。

2. 将筷子用胶带贴在纸盒的两端，做成两个把手。

3. 在纸盒中倒入一些清水，无需太多，只要盖满纸盒底部即可。

4. 用打火机把蜡烛点燃，放在纸盒下方加热。注意，这时火焰不要离纸盒太近，否则纸盒可能被点燃。

5. 蜡烛燃烧了一会儿之后，我们就能看到纸盒中的水被烧得沸腾了起来！

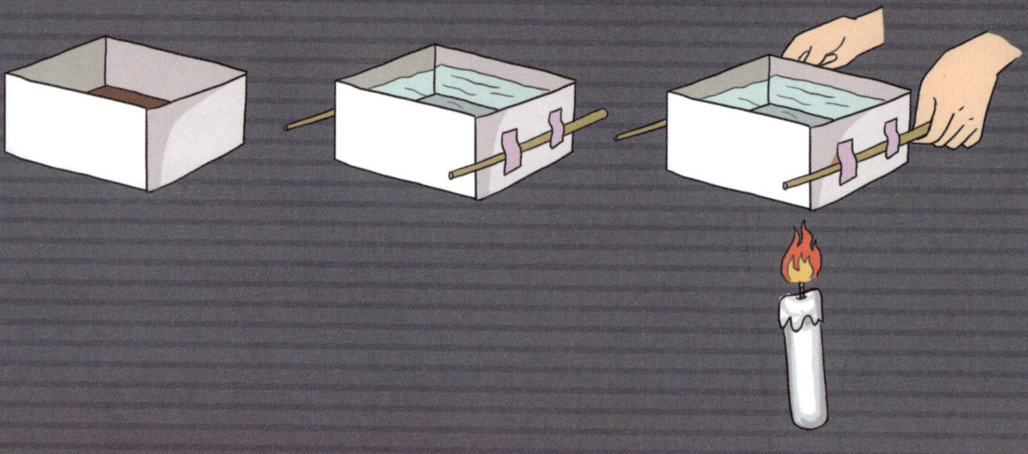

!!
布朗叔叔，纸不是一遇火就会燃烧吗？刚才的实验是怎么回事啊？
纸可以做成锅使用，这是因为纸的燃点和水的沸点不一样。水的沸点是100℃，而普通纸的燃点在130～180℃之间，只要把火源放得稍微远一些，使纸锅中的温度不超过130℃，纸就不会被点燃！

会变色的土豆芽

你需要准备的材料：

- 2个土豆
- 2个盘子
- 2块布
- 1个喷壶
- 1个小盆
- 少许清水

实验开始

1. 将两个土豆放在水里泡半天。

2. 把两块布用水盆中的水浸湿后，分别铺在盘子里。

3. 把泡好的土豆分别放在湿布上。一个盘子放在阳光充足的地方，另一个放在潮湿阴暗的地方（比如厨房的水槽下面）。

4. 每隔几天观察一下，如果布干了，就用喷壶再喷一些水，总之要保持布的湿润。

5. 大约过了20天后，阳台上的土豆长出了绿色的芽，而水槽下的土豆却发出了白色的芽。

土豆的品种都是一样的啊，为什么发的芽却不一样呢？
小布丁，土豆的种类虽然是一样的，但是它们发芽的环境却不一样啊。阳台上的土豆，嫩芽中饱含叶绿素，所以芽是绿色的。但水槽下的土豆没有受到阳光照射，土豆芽中的叶绿素无法进行光合作用，于是土豆自己也就不再合成叶绿素了，慢慢地，它的芽就变成了白色。

第4章

石油用完怎么办

我们目前所使用的能源，大部分都来自石油或煤炭等化石能源。

可是，石油和煤等是短时间内无法再生的。再这么用下去，就算储量再丰富也总有一天会被耗尽。到时我们怎么办呢？

其实，在我们的身边还有许多大有潜力的新能源，等着一展身手呢。

拓展知识：
潮汐是如何形成的。

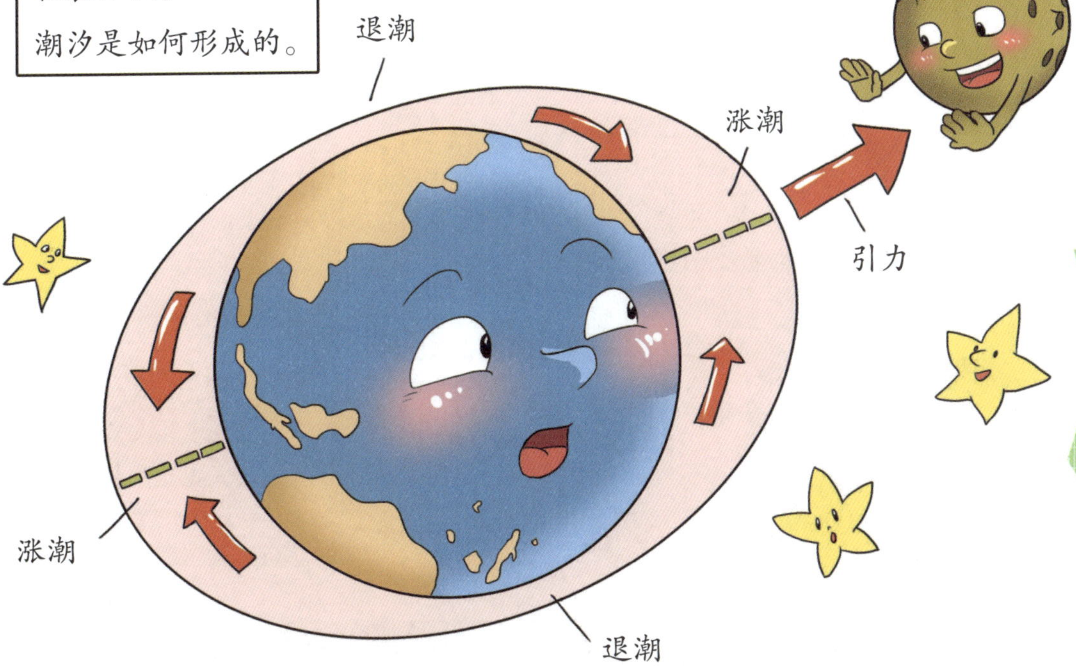

潮汐是在月球和太阳引力作用下形成的海水周期性涨落现象。发生在白天的称潮，夜间的称汐，总称“潮汐”。

怎么使用潮汐能呢？还记得水力发电吗？这是将势能转换为电能的能源生产方法。水流从高处落到低处，产生巨大的力量推动发电机运转发电；而大海每天潮涨潮落，也会产生相应的势能，可以为人类所利用。潮汐发电，就是利用涨潮和退潮之间的高度差来获取能量。

不过，不是所有的地方都有足够的潮汐落差适合用来发电，人们需要选择那些潮汐落差较大的地方来建造发电站。

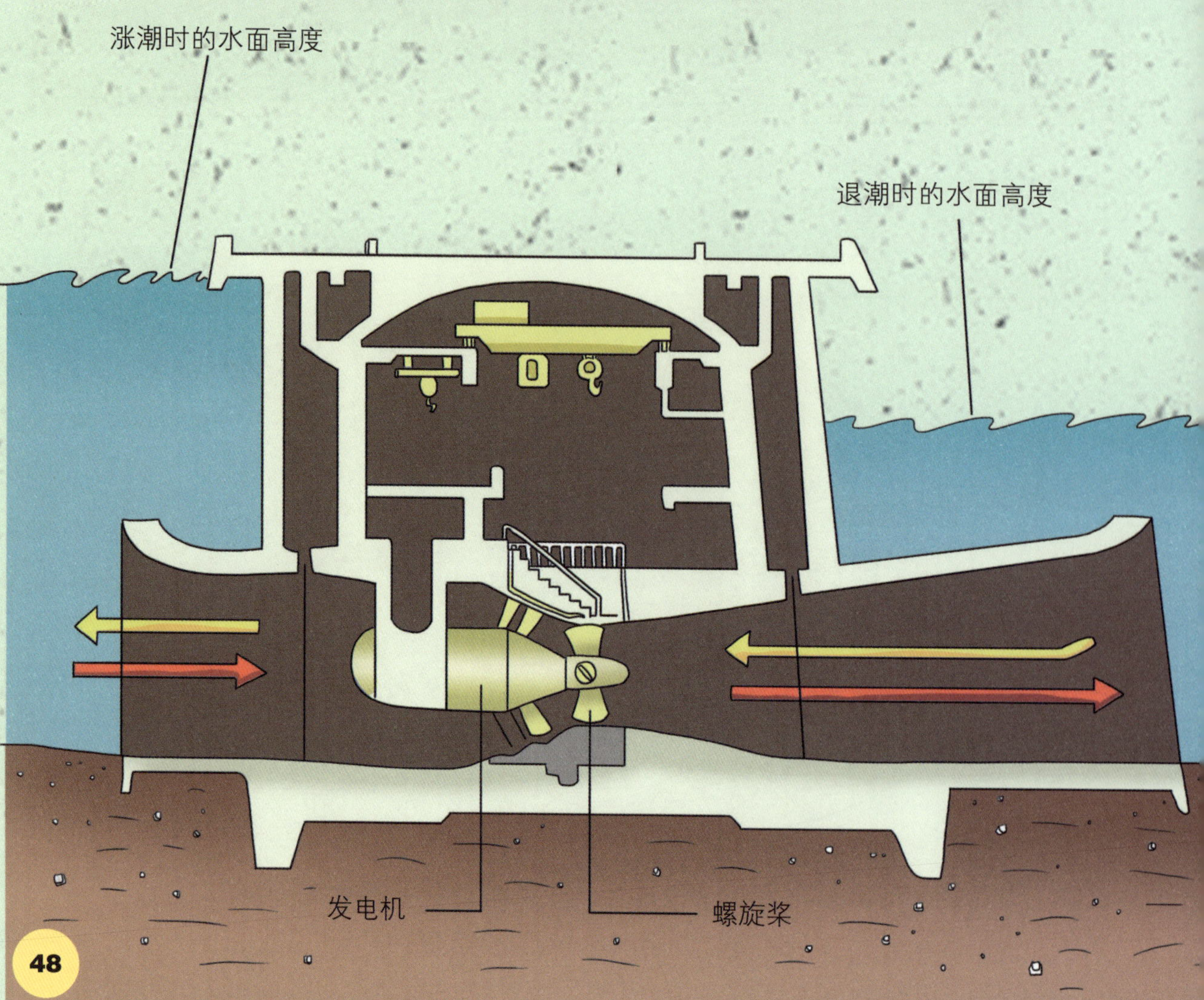

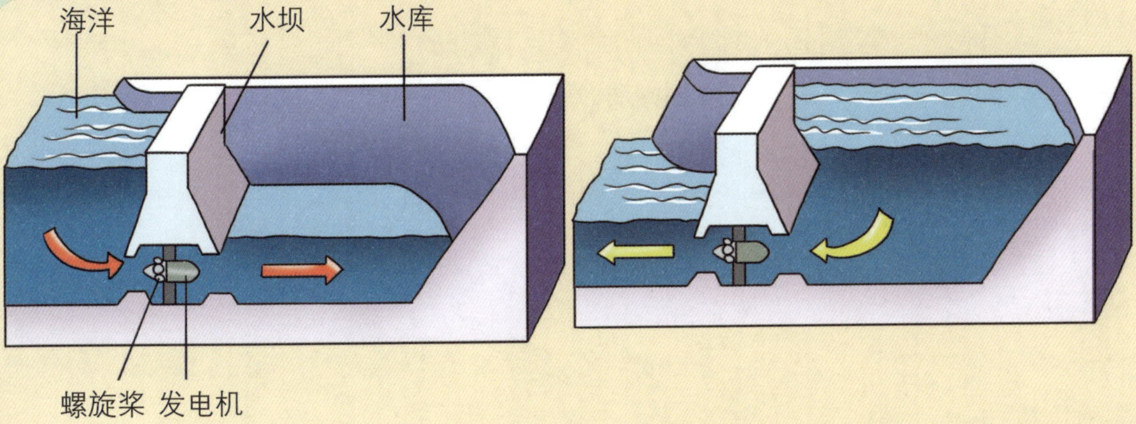

发电站的原理其实并不复杂：修建控制海水通过的闸门，在闸门处架设螺旋桨。当海水从高处向低处流动时，就能把势能转化成动能，带动螺旋桨转起来。

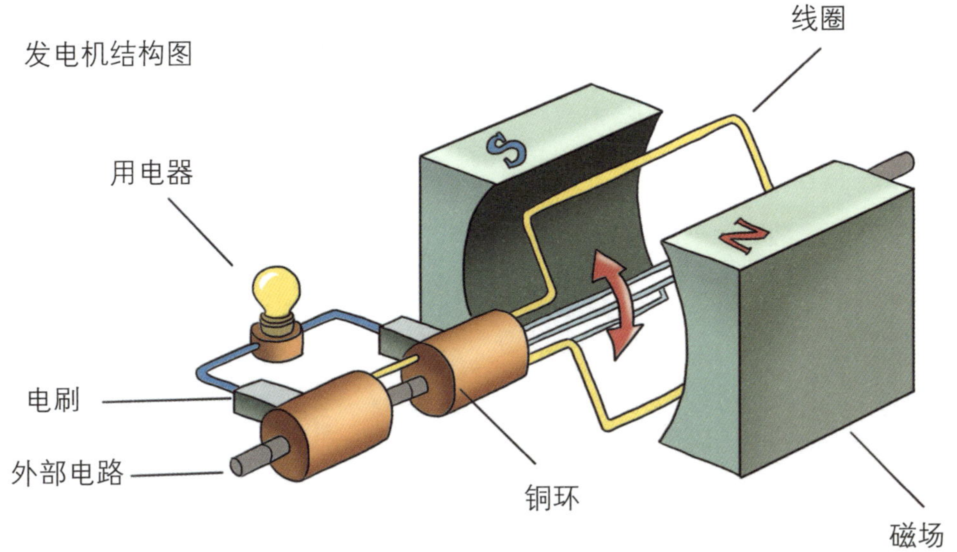

螺旋桨获得动能后，会继续转化为我们日常生活需要的电能。而电能的产生，是因为当动能推动金属线圈转动时，会使周围固定的磁铁的磁场发生变化，继而产生电流，这叫作电磁感应现象。

潮汐发电的另一大优势是清洁环保，跟形式差不多的水力发电相比，后者需要在大坝里储存大量的水，这就会人为淹没大片陆地，同时还截断了上下游水生动物的往来通道，带来一系列生态问题，潮汐发电则没有这样的影响。

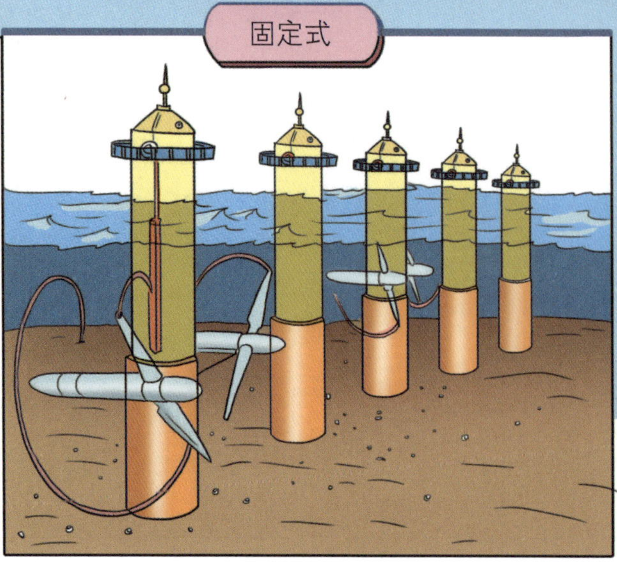

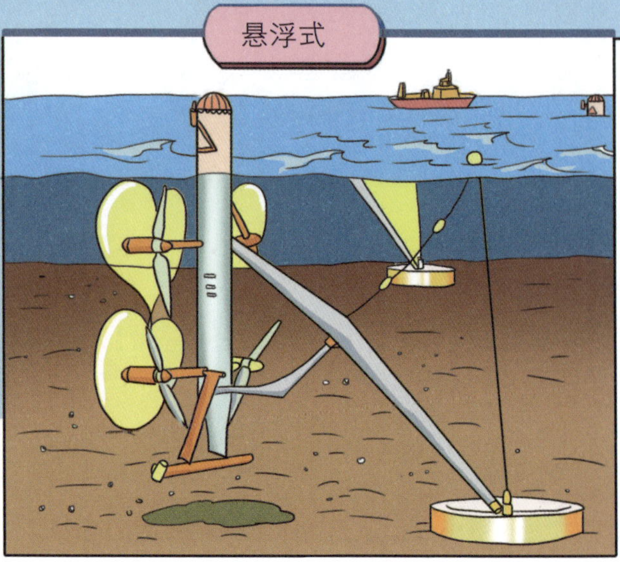

固定式和悬浮式潮汐发电机，不需要修建水库，也能发电。不过，没有海洋资源的国家对潮汐发电就只能望洋兴叹了。

另一种和潮汐发电同样清洁环保的，是风力发电。

一些宽阔平坦，昼夜温差大的地方，会产生强劲的风。我们可以在这里高高竖起螺旋桨，让流动的风带动螺旋桨发电，然后再把电能输送出去。

不过，风力发电较不稳定，要成为能源的主力军还需要我们做更多的研究和开发工作。

你会发现，只要有某种能量能推动发电机转动起来，我们就可以经由动能获得电能。势能可以转化为动能，风也可以转化为动能。还有什么可以转化为动能呢？对，热能也可以，比如火电站产生的热能，可火电站会造成污染。那么，地球上有没有现成又清洁的热能可供利用呢？

还真有，它们就藏在大地深处。

地下有些地方因为有火山活动，会产生很高的温度。如果在地下深处钻井并灌水，就可以利用地热产生水蒸气。这些水蒸气能推动发电机转动起来，带来清洁无污染的电能。这就是地热发电。

不过，地热发电跟风力发电一样，也会受到环境的限制。毕竟不是所有地方都蕴藏着丰富的地热能。

地热发电原理

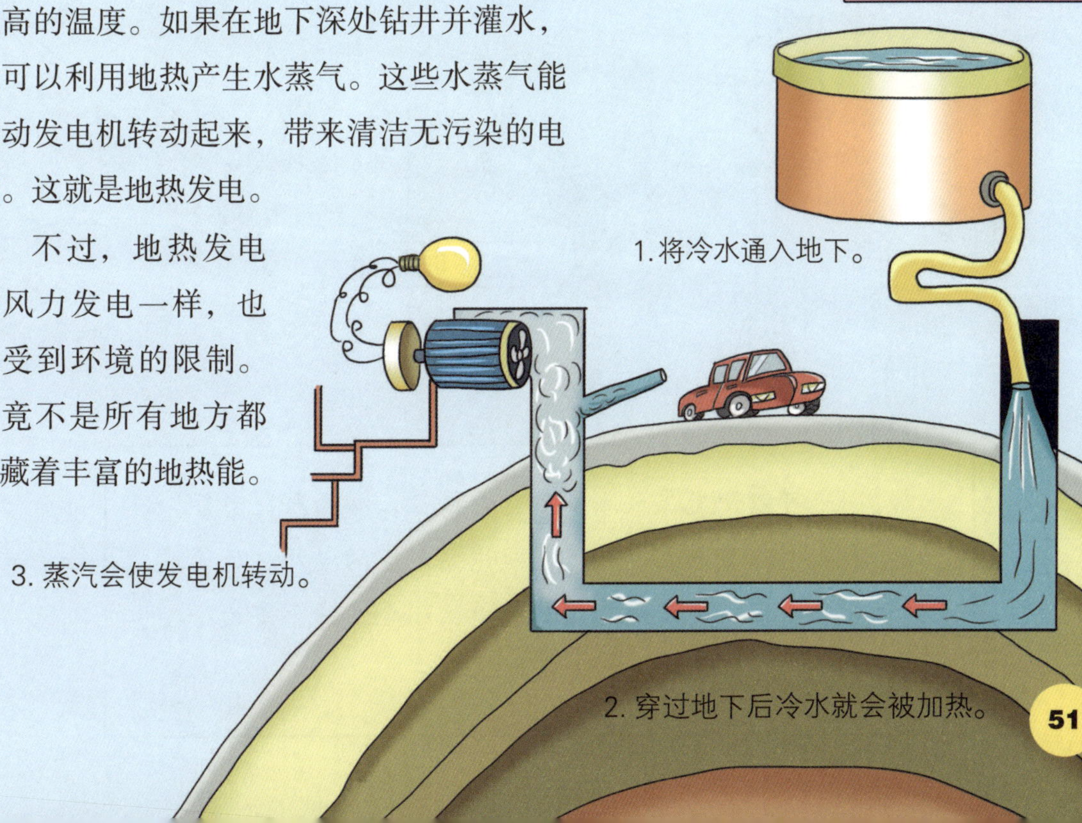

既然地球上的能量都来自太阳的光和热，那我们为什么不直接利用太阳作为能量的来源呢？

当然可以，不过，太阳能有两种利用方式。一种是利用太阳的光能，另一种是利用太阳的热能。

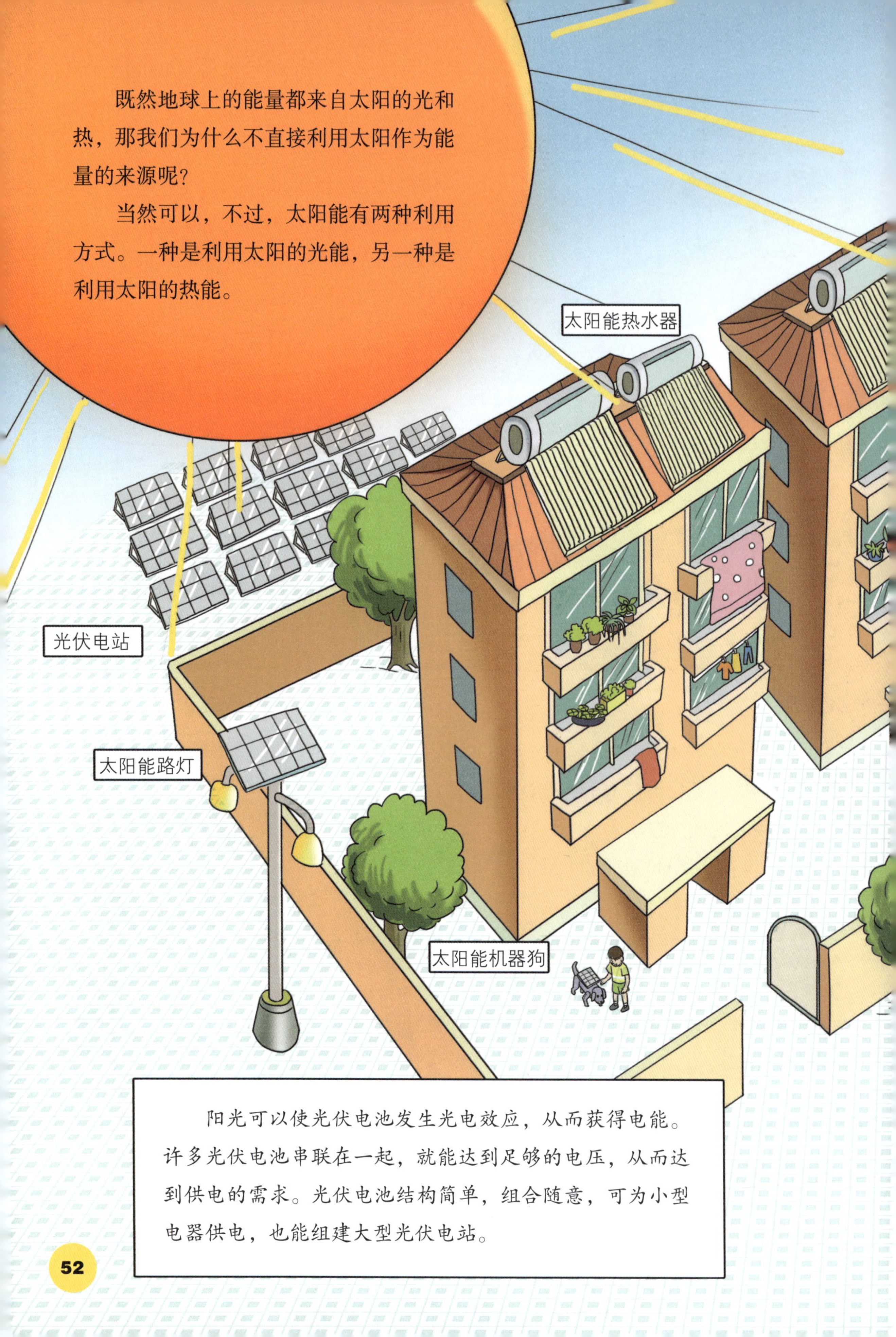

阳光可以使光伏电池发生光电效应，从而获得电能。许多光伏电池串联在一起，就能达到足够的电压，从而达到供电的需求。光伏电池结构简单，组合随意，可为小型电器供电，也能组建大型光伏电站。

一柄小小的放大镜就可以汇集阳光点燃纸张，想想看成千上万个放大镜会产生多么巨大的热能。太阳热能发电就是利用了这一原理。通过平面镜、抛物镜面或碟形镜面来收集太阳光带来的热量，再利用这种热量将水变成水蒸气，然后用蒸汽来推动发电机发电。

热能发电

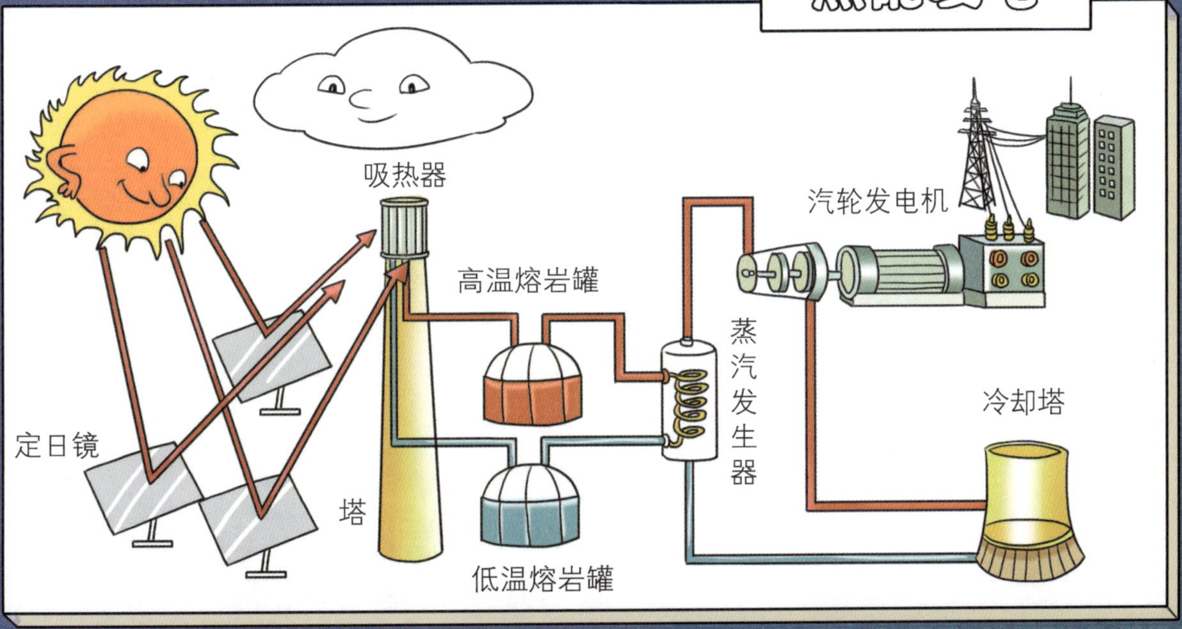

这种发电技术的成本比光能发电要低得多，而且还有一个光能发电所无法比拟的优势——太阳下山后，光能发电就只能停止正常工作，而热能发电所加温的水可以通过特殊的容器储存并保持温度，在太阳下山几小时后还能带动发电机发电。

发电机可以通过电磁效应生产电力，但是，发电机是得到电力的唯一方法吗？

当然不是，你一定见过干电池，有了它，我们不需要发电机也能获取电力。

干电池是燃料电池的一种。在干电池内部封装着碳棒和化合物，化合物所发生的化学反应使正电荷聚集在碳棒上，而负电荷聚集在锌筒表面上。当用导线连接正负极后，电荷就源源不断地从碳棒流向锌筒，从而产生了电流。

电池结构

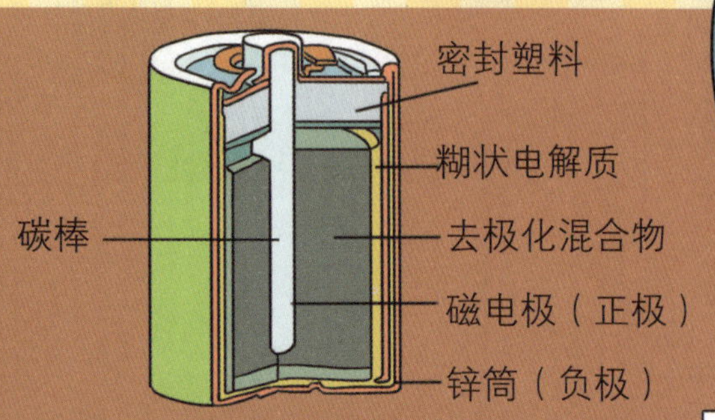

氢氧电池

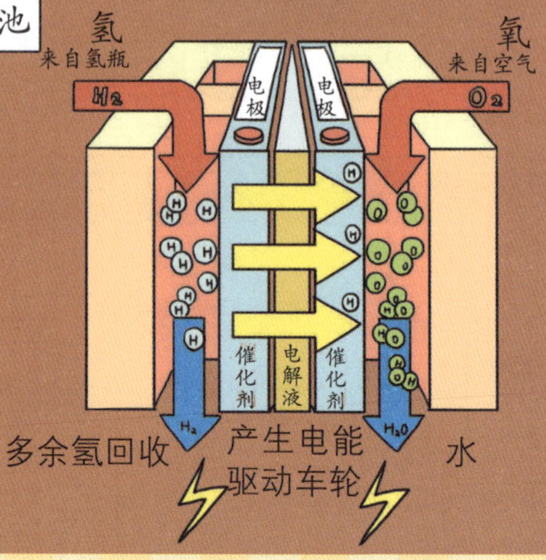

不过，干电池所能提供的电能实在太小了。因此人们又发明了各种各样的燃料电池。氢氧电池就是其中之一。它利用氢气和氧气在催化剂的帮助下产生电能，并生成水，清洁环保。不过其成本较高，应用范围也较小。

不同燃料电池的原理都大同小异，电池的负极会把电子从氢气那里拿走，而正极的氧气则可以得到电子，在这个过程中，得到电子的氧气和氢离子结合成水分子，同时产生电能。

有了燃料电池，获得电力就会变成一件更加方便的事。我们可以把特制的燃料电池装在汽车等各种交通工具上。同时还能减少远距离输送电力带来的能量损失。它还清洁环保，真是一举多得。

除了以上这些能源，说不定将来的你还能开发出更清洁、更好用的能源来呢。

会发电的盐水

你需要准备的材料：

- 1 杯纯净水
- 少许食盐
- 1 节五号电池
- 3 根铜丝
- 1 个发光二极管
- 1 小段透明胶带

实验开始

1. 用一根铜丝把电池的正极和发光二极管的正极连接起来，另外两根铜丝分别接到二极管负极，和电池负极上（用透明胶带把铜丝贴在电池负极上）。

2. 将二极管负极和电池负极延伸出来的铜丝放进纯净水中。

3. 慢慢往纯净水中加食盐，再用筷子搅拌，伴随着盐的溶化，二极管逐渐亮了起来。

布朗叔叔，我真不敢相信自己的眼睛！难道我吃的盐里面有电吗？
盐里面当然没有电啦！二极管刚开始不亮，是因为水不导电，那时电路还没有连通。当盐溶于水之后，水变成了可以导电的电解质溶液，这时电路才最终连通，二极管就亮了。
5

废电池“复活记”

你需要准备的材料：

- 1 张纸
- 3 节旧的五号电池
- 金属螺丝若干
- 1 个塑料瓶盖（直径与一号电池相同）
- 1 张铝箔纸
- 1 把小刀
- 1 只小灯泡
- 若干电线

实验开始

1. 将纸卷成一号电池大小的纸管，再截成五号电池的长度。

2. 用电线把 1 节旧电池和小灯泡连接起来，观察灯泡的亮度。

3. 把 3 节五号电池收入纸管中，把铝箔纸揉成两团，分别塞到纸管两端，压实。

4. 在瓶盖上拧上螺丝，做成正负极，然后把瓶盖盖到铝箔纸上，用力压紧，使铝箔纸与纸管内的电池电极充分接触。

5. 用电线重新连接瓶盖上的螺丝和小灯泡，可以看到灯泡此时亮了不少！

布朗叔叔，这3节旧电池明明没有什么电了，为什么组合在一起后，灯泡就变得更亮了？
原本的旧电池虽然没有多少电了，但是它们的电压是不会变的，只是旧电池中的电压阻力增大了，才导致其无法继续供电。我们把3节旧电池并在一起，其实是做成了一个并联电路，这个新电路可以有效减少电阻，使电流正常输出，这样灯泡自然就更明亮了。

第5章

“长生不灭”的能量

能量很善变，它不停地从一种形态变成另一种形态。同时它还有一个惊人的本领，那就是永远都不会变少或消失。有时候我们说某种能量减少了，实际上只是它变成了别的形态 。

可是，能量为什么会永远保持不变呢？

其实这个问题很简单，我们可以用荡秋千来解释这一现象。

秋千荡得越高，摆动的速度也就越快。当落下来的时候，是不是感觉到很刺激呢？实际上这里面还藏着能量变身和守恒的秘密。

我们已经说过，物体运动时拥有的能量是动能。但当它静止不动时，动能就变成了0。当秋千荡到最高点时，有那么一个瞬间是静止不动的。然后，它开始快速向下摆动，而且速度越来越快，动能也越来越大。

你可能已经发现了，荡秋千的动能和高度有关，从越高的地方落下来，动能就越大。我们把这种和高度有关的能量叫作势能。再想象有一颗小弹珠，当它在高处开始往下滚动时，动能会从 0 开始，变得越来越大。而它的高度却在不断降低，也就是势能在逐渐变小。

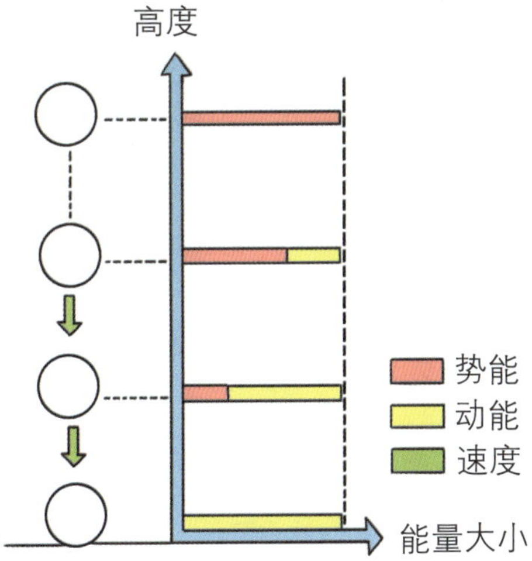

再想象弹珠是在一个 U 形的轨道中运动，先是从上往下落，然后又从下往上冲。在冲向顶点的过程中，势能越来越大，而弹珠的运动越来越慢，动能也越来越小。

动能变大了，势能就变小；动能变小了，势能就变大。它俩加起来总是一样的。

动能和势能的总和又叫机械能。因为它们的总和永远不变，所以人们称之为机械能守恒定律。

咦，不对呀，要是机械能永远守恒，为什么U形轨道上的小弹珠最终会动得越来越慢，爬得越来越矮，最后在U形轨道的最低处停下来。那么，动能和势能又去哪里了呢？

实际上，这是摩擦力在捣鬼。我们生活中各种物体的表面在相互接触时都会产生摩擦力，也就是一种阻碍物体之间互相运动的阻力。哪怕是看上去表面十分光滑的物体也逃不开摩擦力的影响。

当弹珠在坡上滚动时与坡道发生摩擦，一部分动能不停地转化为热能，另一部分动能还可能转换成声波能量，发出滚动响声。慢慢地，这些能量以其他形式“跑”到别的地方，失去能量的弹珠自然会停下来。

不光高处的东西有势能，有弹性的东西也有势能。前者叫作重力势能，而后者叫作弹性势能。弹簧和橡皮筋都具有弹性势能。

如果你把一根橡皮筋绷紧，你会发现越用劲，它就会被拉得越长。这是你对橡皮筋施加的动能在转换为弹性势能。但如果你一松手，橡皮筋就会产生弹力并迅速恢复原状，这时弹性势能重新转换为动能。橡皮筋被拉得越长，弹力就越大。在生活中，我们可以利用弹性势能来做许多事。

电能也是生活中一种常见的能量。别的不说，生活中许多家用电器都靠电来驱动。但实际上，电能也和势能有关。

电有正负两极，人们把势能低的一头称为负极，势能高的称为正极。电流总是从势能高的正极向势能低的负极流动。势能越高，流动得越快，那么电流也就越强。

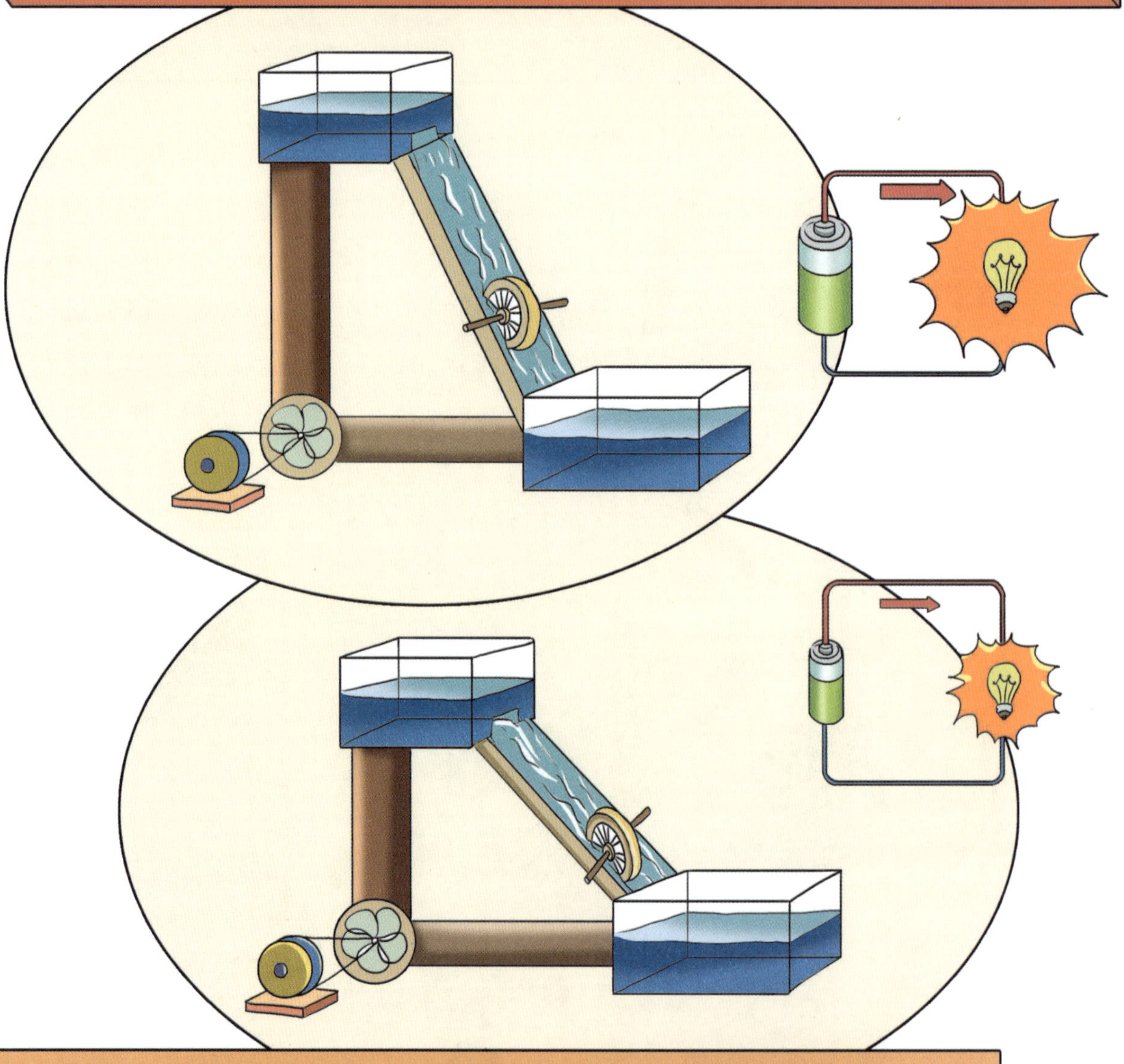

实际上，我们可以把电流想象成水流，水总是从高处往低处流。而电流总是从正极流向负极。水位高度差越大，水流下来的冲击力就越强；而正极和负极之间的电势差越大，电流的动能当然也就越强。

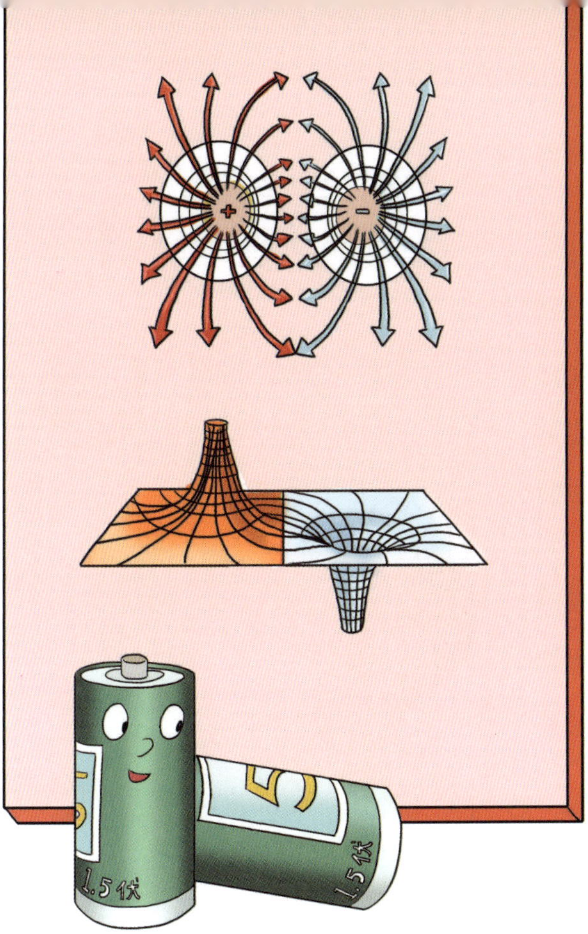

那么，怎么才能提高电的势能以得到更强的电流呢？这就取决于电压，它的单位是 V，读作“伏”。我们用电压来表示阴极和阳极之间的电势能差异。

电压越大，差异也越大。比如干电池的电压一般是 1.5V，而家用电器所需的电压一般是 220V。

如果不慎触电，有可能会导致人体受到伤害甚至死亡。死亡原因可能是电流流经人体造成的心脏骤停、脑部损伤或烧伤。持续从人体流过的电流越强，那么伤害就越大，而电流的强度又和电压有关。在生活中我们规定安全电压为不高于 36V，安全电流为 10mA。我们要注意防护，远离危险。

能量不光守恒，还总是朝一个方向流动，这又是怎么回事呢？

如果你朝天上扔出一个小球，小球会越来越高，在最高点短暂停留后又开始落下，速度越来越快。这就是你给小球的动能逐渐转化为势能，然后又转化为动能的过程。但实际上，落下时的动能和升起时的动能是不一样的，因为空气中存在阻力，为了克服空气的阻力，一部分能量变成热能损失掉了。而且不可能在这一过程中回到小球身上。

这样的事情在自然界中随时发生。水总是从高处流向低处，被倒在地面上的水会随着蒸发而越来越少，热腾腾的饭菜慢慢会凉下来……这些现象能反过来吗？如果没有外力的作用，它们永远也不可能颠倒发生。

之所以会发生这些现象，是因为能量喜欢分布得十分均匀。要是一个地方的能量太多了，它就会移动到更少的地方，直到各个地方的能量都一样，这种移动才会停止下来。而这种均匀分布的能量主要是以热量的方式在转移 。

生活中可以举出大量的例子。比如笔记本电脑通过电能来工作。同时，电脑也会发热，它赖以工作的电能转化为了热能。只不过这种热量也在随时散失，它会扩散到整个房间的空气中。

汽车通过汽油或电力来开动，这些能量一边转化为动能，一边转化为热能，热能又逐渐扩散到空气中。当汽车停下来后摸一摸引擎盖，你会发现引擎盖很热，但过几个小时再摸，引擎盖就会变凉。

此外，转动的车轮需要不断对抗地面的摩擦力，这也会出现摩擦发热的现象，然后热量也散失到了空气中。

摩擦发热的现象在生活中随时可见。

凡是运动着的物体，都会从动能中获得热能。比如不断弹跳的篮球、排球和乒乓球。只是它们的热能太过于微弱，以至于我们无法用自己的身体感受得到，而且很快就在空气中扩散得无影无踪了。

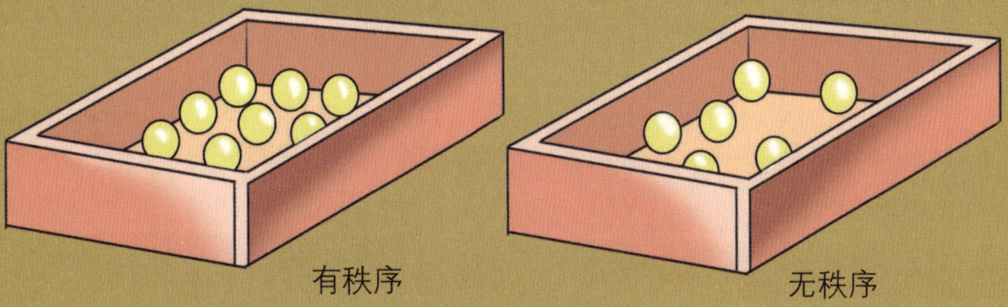

不过，这些扩散到空气中的热能我们没有办法再重新加以利用，它们也没有办法回到最开始的形态。这是大自然的规律，这种规律叫作熵。熵被物理学家用来表示无秩序的程度。程度越大，熵也就越大。

在自然界中，所有的事物总是从有秩序向无秩序转化，无秩序会越来越多。也就是说，熵总是在逐渐增加的。

各种能量转化为热能，热能再扩散到空气中的过程也是熵增加的过程。同时也是从有序到无序的过程。比如化石能以煤炭或石油的方式存储着，这是一种有序的形态。但当煤炭和石油燃烧并释放出热能后，这些热能就再也无法重新变成煤炭或石油的形态为我们所用了。

那么，我们就没有办法让增加的熵减少吗？或者说，把损失的热能重新利用起来？或者，让变化了的事物再恢复原状？其实，也不是完全没有办法。不过，结果可能并不符合你的预期。

端着一杯50℃的热水走进一间20℃的房间。随着时间流逝，水温会下降，房间里的温度会以人体察觉不到的程度微微上升。现在热量从水里流失到了空气中。

接下来，我们让这一过程反过来，让热量再从空气中进入水里。要这样做需要升高房间的温度。如果让房间升温到50℃，水杯里的水会变成50℃吗？很遗憾，不能。我们需要更高的温度才能做到这一点，然而这样又会耗费更多的能量。

生产其他产品也一样，比如我们可以将玻璃打碎，重新熔化制造成新的玻璃，但这需要的能量比直接制造一件同样的玻璃产品耗费的能量要多。总体上来讲，能量是不断减少的。

目前，地球上主要的能量由化石能源如石油、煤、天然气等提供。那么，要是有一天能源用完了我们怎么办呢？看起来，摆在面前的路有两条：一条是尽量在生活中节约能源，另一条是努力开发石油、天然气之外的新能源，实现可持续发展。

凭空消失了吗

你需要准备的材料：

- 1 个樟脑球
- 1 根蜡烛
- 1 根铁丝

实验开始

1. 将樟脑球用铁丝捆住，余下的铁丝扭在一起，做成一个手柄。

2. 把樟脑球放到点燃的蜡烛上方加热。注意不要让樟脑球接触到火焰。

3. 不一会儿，铁丝中的樟脑球竟消失不见了！

布朗叔叔，你不是说过物质不会消失的吗，樟脑球怎么消失了呢？
樟脑球是升华了，它变成了我们肉眼看不到的气体。我们之前已经学过，固体变成液体叫液化，液体变成气体叫汽化（有蒸发和沸腾两种形式），其实，还有固体直接变成气体的情况，这种变化就叫作升华！

烧不开的水

你需要准备的材料：

- 2 个大小不同的烧杯
- 1 个酒精灯
- 1 个铁架子
- 1 杯水
- 1 个温度计

实验开始

1. 用大烧杯盛半杯水，放在铁架子上，用酒精灯烧开。

2. 把盛有凉水的小烧杯放到大烧杯中。

3. 待大烧杯中的水再次沸腾以后，用温度计分别测量大小烧杯中的水温。

4. 经过测量，大小烧杯中的水温度是一样高的，但是无论大烧杯中的水怎么沸腾，小烧杯中的水都不会沸腾。

好奇怪啊，布朗叔叔，水温明明都一样，为什么小烧杯的水沸腾不了呢？
这是因为沸腾是液体的汽化现象，这个过程中，液体会吸收热量。大烧杯中的水被架在火上，可以不断吸收热量，使水不断沸腾，同时将热量传递到小烧杯中，使小烧杯中的水也迅速升温。但当大烧杯中的水升到100℃，水就蒸发了，温度不会再升高，这时，小烧杯中的水虽然也升到了100℃，但却无法再从大烧杯中获取更多的热量来汽化，所以小烧杯的水永远不会沸腾。

跟着物理学家玩游戏

原子在行动

王贵明　高湘萍　智慧鸟／主编

吉林科学技术出版社

前言

物理，顾名思义，研究的是万事万物的道理。眼睛为什么能看见东西？耳朵为什么能听见声音？我们为什么能站在地面上，而不是飘在天空中？有没有可以永远运动而不会停下来的物体？能量到底是什么？又是什么照亮了我们的生活？而未来，人类世界又将变成什么样子？这么多的问题，我们都得到物理的世界中去寻找答案。

电、磁、声音、光、力、能量……它们共同构成了物理的世界，这一切听上去好像高深莫测，但实际上，物理学的道理已经藏在了各种各样有趣的游戏中。打开这套书，你就能在物理的世界里畅快地游玩一番了，还等什么呢？

目录

第1章

你也可以制造电

电，听上去是一个威力惊人的家伙。天上的闪电，生活中的家庭用电，户外看到的高压电……它与我们的日常生活密不可分，但又神秘莫测，不可触碰。但实际上，你随时随地都在接触电，甚至可以通过摩擦的方法获得它，这就是摩擦起电。

梳头时，长头发会飘向梳子，甚至吸在梳子上。冬天在黑夜中脱衣服时，时常会看到蓝色并噼啪作响的电火花。干燥的时候，当你的手触摸到金属物体甚至别人的手时，会感到针刺般的疼痛甚至听到“啪”的一声，这都是摩擦起电的表现。

最早发现摩擦可以产生电的是古希腊哲学家泰勒斯。在公元前600年左右，泰勒斯正用毛皮擦拭一块琥珀。擦着擦着，他发现总会有细小的灰尘沾在琥珀上，不管怎么擦拭，都会重新吸附上去。泰勒斯没有因此而暴跳如雷，而是对此产生了强烈的兴趣。为什么经毛皮摩擦后的琥珀会产生吸引微小物质的性质呢。经过大量的观察和实验，泰勒斯终于发现了摩擦物体会产生电的现象。

今天，我们已经知道，摩擦起电是因为相互摩擦的物体内部的原子互相碰撞，因此产生了电。万物由分子组成，而分子又由原子组成。在原子内部，中心带正电的质子和不带电的中子组成了原子核，带负电的电子围着原子核转动。

碳原子

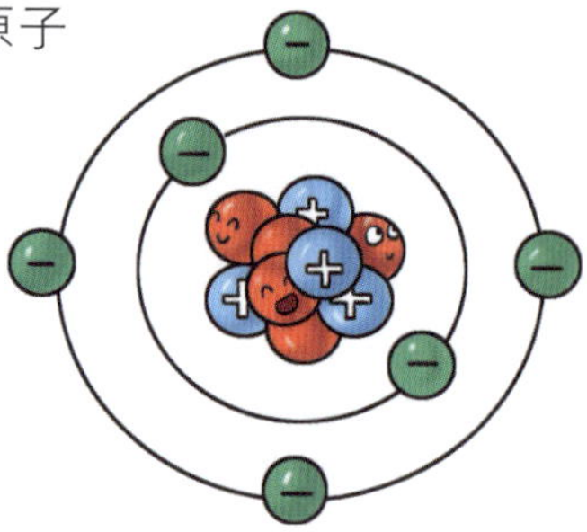

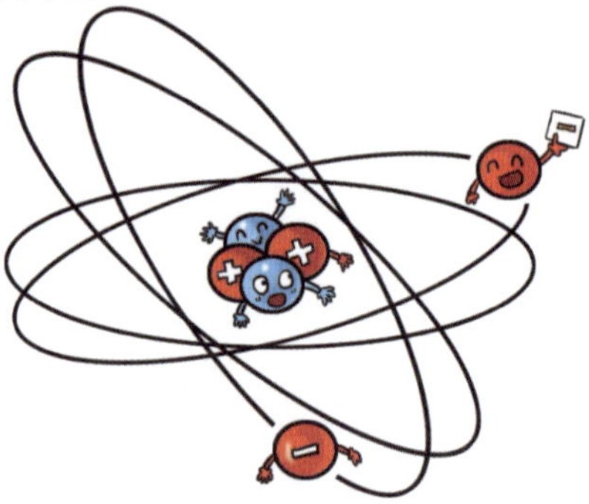

氦原子

铁原子

氢原子

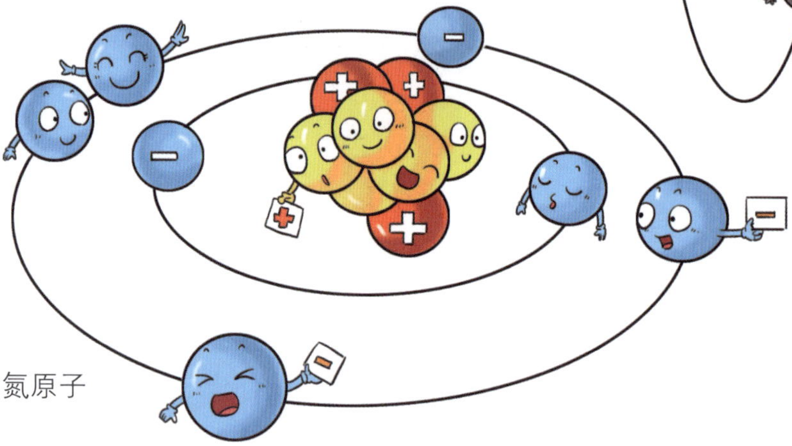

氮原子

在没有被摩擦时，原子内部质子的数量和电子数量一样多，此时原子是不带电的，这叫作“中性”。但当摩擦物体时，原子的中性状态就会被打破，使原子带电。不过，打破中性状态又为什么会使物体带电呢？

这是因为在摩擦物体时，原子内部更轻的自由电子会发生转移，在原子之间跑来跑去，这就是中性状态遭到了破坏。当电子从原子内部跑出去后，剩下的电子数量比质子少，原子就会带正电。而当电子跑到另一个原子内部后，电子数量多于质子数量，原子就会带负电。

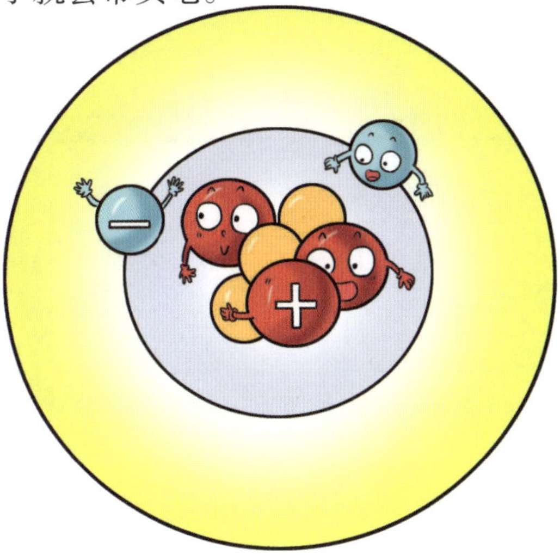

带（+）电

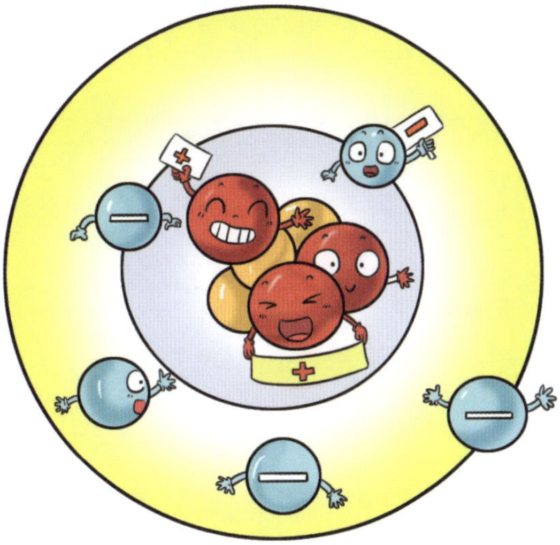

带（–）电

另外，在摩擦起电时，到底哪个物体的电子更容易跑到其他物体上，取决于不同物体的性质。比如用毛皮摩擦玻璃棒时，自由电子会从毛皮跑到玻璃棒上，让玻璃棒带负电。但如果用丝绸来摩擦玻璃棒，就会反过来让玻璃棒带正电。比如像下图这样，越往左越容易带正电，越往右越容易带负电。

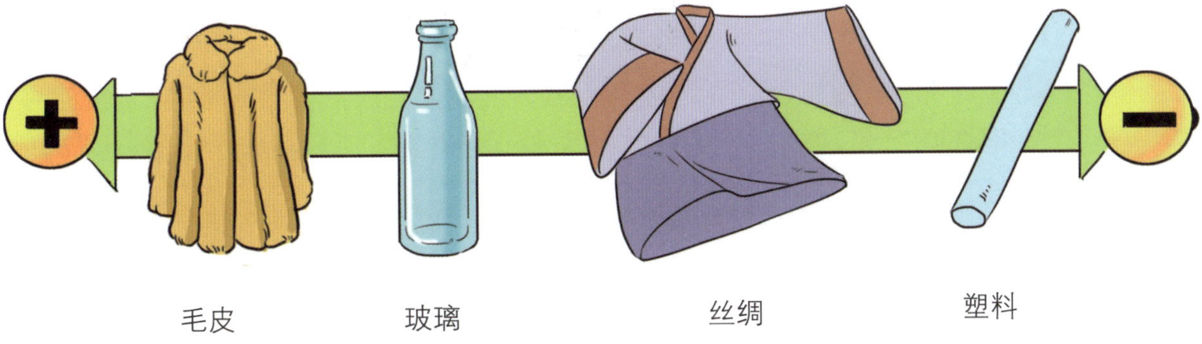

实际上，生活中除了摩擦起电以外，两个物体互相接近也可能产生电，这就是“静电感应”。现在，你把一张锡箔纸撕成碎屑，然后找一把塑料尺子，在头发上摩擦后移向锡箔纸碎屑，会看到什么呢？你会发现锡箔纸碎屑都沾到了尺子上。可是，锡箔纸碎屑并没有和尺子产生过摩擦呀，这是怎么回事呢？

这是因为塑料尺子经过摩擦之后，变成了带电体。而没摩擦过的锡箔纸依然是中性物体。当把带电体放到中性物体附近时，就会打破中性物体内部电子和质子的平衡状态。比如，用带电体带正电的部分去接近中性物体，中性物体内部的电子都会向带电体方向移动，形成负电，并互相吸引。但如果用带电体带负电的部分接近中性物体，中性物体内部的电子会朝反方向“逃走”，形成正电，同样还是互相吸引。

静电感应现象和周围空气的干燥程度有关，空气越干燥，越容易产生静电感应。这是因为在空气干燥时，物体上所带的电就会积累起来，从而产生静电感应现象。但当周围空气湿润时，空气中的水分会很快把带电粒子的电子给转移走，使之变成既不带正电也不带负电的中性状态。

被静电电到虽然会给我们带来瞬间的疼痛感，但还不至于造成什么危害。可如果在加油站或一些特殊的工厂等地方，突然产生的静电有可能在瞬间点燃空气中的油气，从而引发燃烧和爆炸，造成可怕的事故。

摩擦起电和静电感应让我们发现了一个有趣的现象，那就是物体所带的电分为正电和负电，这叫作极性。极性相同的电荷总是倾向于互相排斥。如果两个物体所带的电荷极性相同，就会产生把它们互相推开的力量，而极性相反的电荷则倾向于互相吸引。当两个物体所带电荷的极性相反，它们彼此之间就会产生相互吸引的力量。

另外，电的多少跟电子和质子数量也有关系。一个电子和一个质子遇在一起时，电荷之间相互作用的力量就会小于两个电子和两个质子相遇时。以此类推的话，质子和电子越多，是不是力量就越大呢？让我们继续往下看吧。

人们还可以用金属箔验电器来演示静电现象，它的构造是这样的：

首先，用带负电的物体接近金属箔验电器，这会使金属板的电子移向金属箔方向，它们聚集在金属箔上并互相排斥，使金属箔张开。

接着，把手指放到金属板上，这又会使金属箔上的大量电子重新移动到手指上，金属箔会重新聚到一起。

最后，同时移开带电物体和手指，这时剩下的电子会扩散到整个金属箔验电器中，失去电子的金属箔会带正电，金属箔再一次因为斥力而分开。

1

2

3

呼唤隐身的面粉

你需要准备的材料：

- 1 个大碗
- 适量粗盐
- 适量面粉
- 1 个塑料勺子

实验开始：

1. 将粗盐和面粉倒进碗里，抖动碗使粗盐与面粉混合均匀。

2. 用勺子在头发上快速摩擦，然后再把勺子放到粉末的上方。（勺子不要插入粉末中）

3. 碗中的面粉竟然被勺子吸了起来！

我以为粗盐和面粉混合之后，就再也分不开了，没想到面粉会被勺子吸起来啊！
小布丁，你知道是什么力量在呼唤面粉吗？是静电啊！面粉和粗盐在我们眼中都是细小的粉末，但其实它们的颗粒体积还是有很大的差别。塑料勺子在快速摩擦中带上了静电，静电产生的吸附力就会把较小、较轻的面粉颗粒吸起来。
面

制造闪电

你需要准备的材料：

- 1 块泡沫板
- 1 颗粗钉子
- 1 只手套

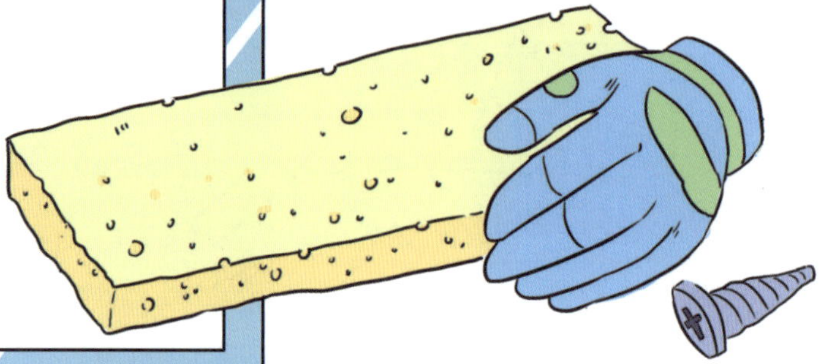

实验开始：

1. 在房间里拉上窗帘，尽量保持屋子黑暗。

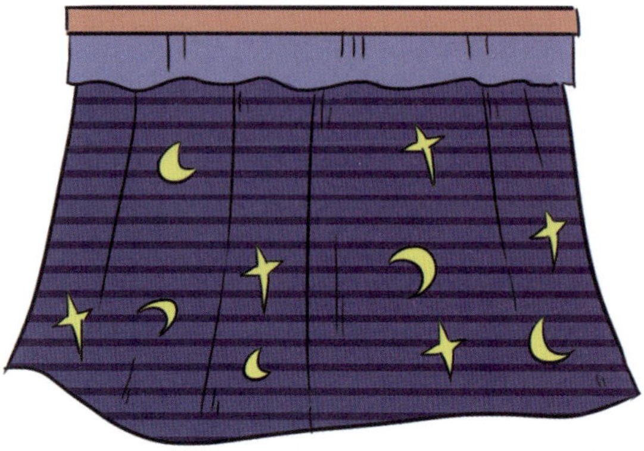

2. 拿起泡沫板，在衣服上摩擦一会儿，另一只手戴上手套，拿着粗钉子靠近泡沫板被摩擦的地方。

3. 仔细观察，会看到钉子和泡沫板中间出现了细微的火花！

这是怎么回事啊？难道是泡沫板在放电？
是的，小布丁，泡沫板在我们的衣服上摩擦之后带上了静电，而钉子是导电的，它想获得这些电荷，所以电荷被钉子从泡沫板上拉了下来！电荷转移的过程中，就产生了发出噼里啪啦声音的火花。我们在雷雨天时看到的闪电，其实就是这样产生的！

第2章

来认识电

在摩擦起电的基础上，人们进一步研究和利用电，最终使电走进了千家万户。要是没有了电，我们不光生活会变得极其不便，还可能会遇到食物短缺、疾病流行等一系列严重的问题。因为现代文明的生产和生活都是建立在对电的应用上的。

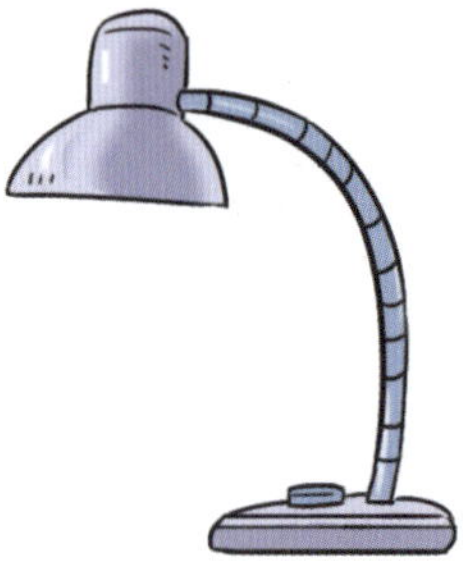

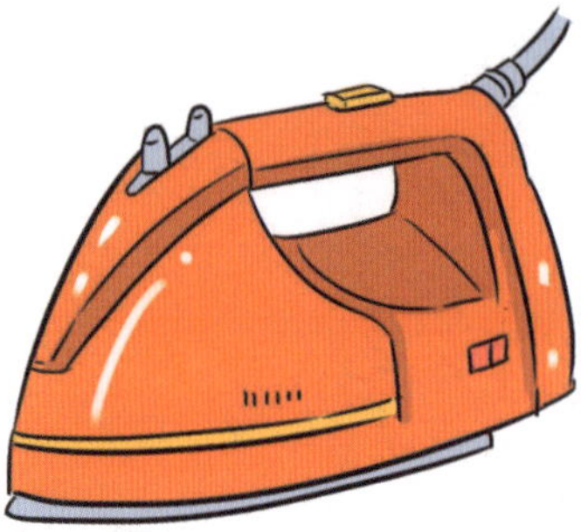

我们日常生活中的电器用电有两大来源，其一是来自电池供电。有传统的干电池、锂电池、氢燃料电池、太阳能电池等。它们体积较小，携带方便，可以用在手机、无人机甚至汽车上。但蓄电量有限是其缺点。

另一来源为发电厂发电，它可以提供源源不绝的电能来供从小到大的各种电器开动运转。不过，其使用起来需要电线和一系列电压转换设备的帮助，所以不是在任何时候都非常方便。

要用电，就要了解电流和电压。前面我们知道，自由电子会在物体间来回流动，这就是电流，也就是电子的定向流动。人们以法国物理学家安德烈·马力·安培之名将电流单位命名为安培，用 A 表示。

电压指的是能够让自由电子按某个方向流动的势能差。电压越高，势能差就可能越大，因此能产生较大的电流。如果感到势能差的概念不太好理解，不如想象有一个可乐瓶，在瓶口连接一根皮管，然后试试看是装半瓶水还是满瓶水时，皮管流出的水流更有力？当然是满瓶水的时候。

电压的单位用首先发明电池的意大利物理学家伏特之名来命名，简称伏，也就是 V。

电流和电压是怎么让电器工作的呢？让我们用干电池和灯泡所组成的电路来看看它们的工作原理吧。

干电池平坦略凹陷的一头是负极，而凸起的一头是正极。通过一根电线将干电池的正极和负极与灯泡底座连接起来，就可以点亮灯泡了，这是因为在干电池里储存了大量的自由电子。用金属导线连接干电池两极后，自由电子会经由电线从负极流向正极，这就叫作电路。如果在电路中加入一个灯泡，电流就会流经灯泡并且使灯泡中的灯丝受热发光。

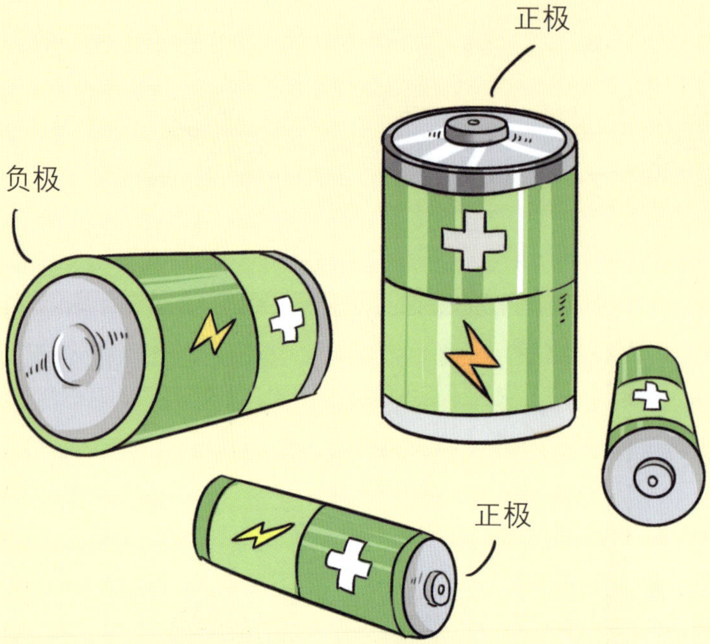

灯泡也有两级，一级是灯泡最尾端的锡点，而另一极是锡点旁边的螺纹。

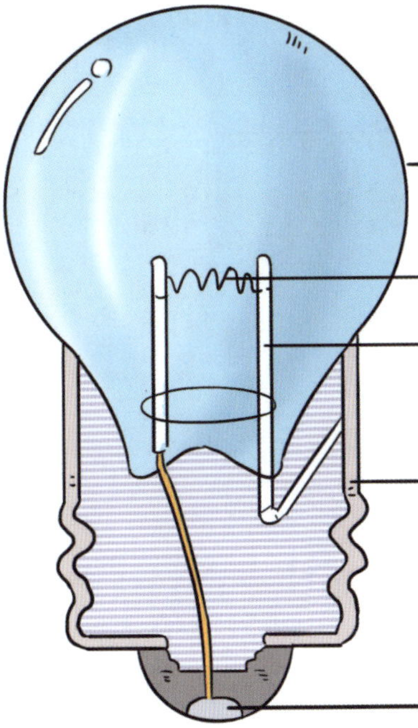

只有把灯泡的两极分别通过导线接到干电池的正负极上，灯泡才能正常工作。如果把灯泡的两极同时接在干电池的一个电极上，比如同时接在正极，或者同时接在负极，都是点不亮灯泡的。

可以点亮灯泡

不能点亮灯泡

不过，即便是电路正确，但如果电压和电器不匹配，也不一定能正常工作。选一个3V的灯泡，如果用1.5V的电池为它供电，灯泡会发光，但因为电压不够，流过灯泡的电流较少，灯泡的光会很微弱。

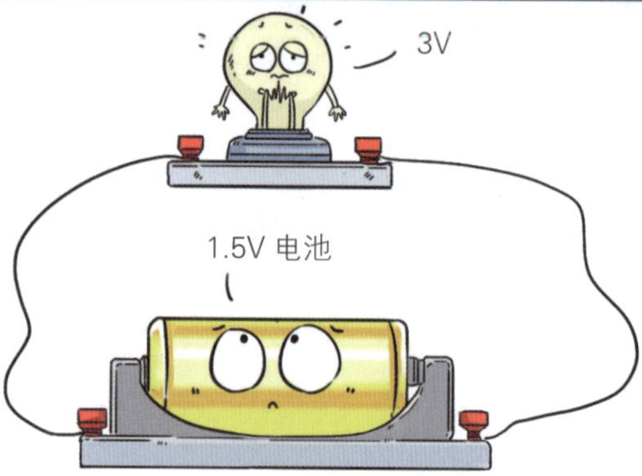

那么，如果给3V的灯泡接上一个6V甚至9V的电池又会怎么样呢？灯泡一瞬间会非常亮，但很快就会因为流过的电流超出了灯泡电路的承受极限，而将灯丝烧断。所以，在为各种电器连接电源的时候，我们一定要注意根据电器标明的电压规格来为其选配电源。

因为电压低了，电流就小了，因此只有那些不需要太多电能就能工作的电器，如手机、相机、手电筒等才能使用电压很低的电池当作电源，电池的电压一般是1.5V到9V。而需要大量持续电能才能正常工作的电器，如洗衣机、冰箱、电视机等则需要220V左右的电压。

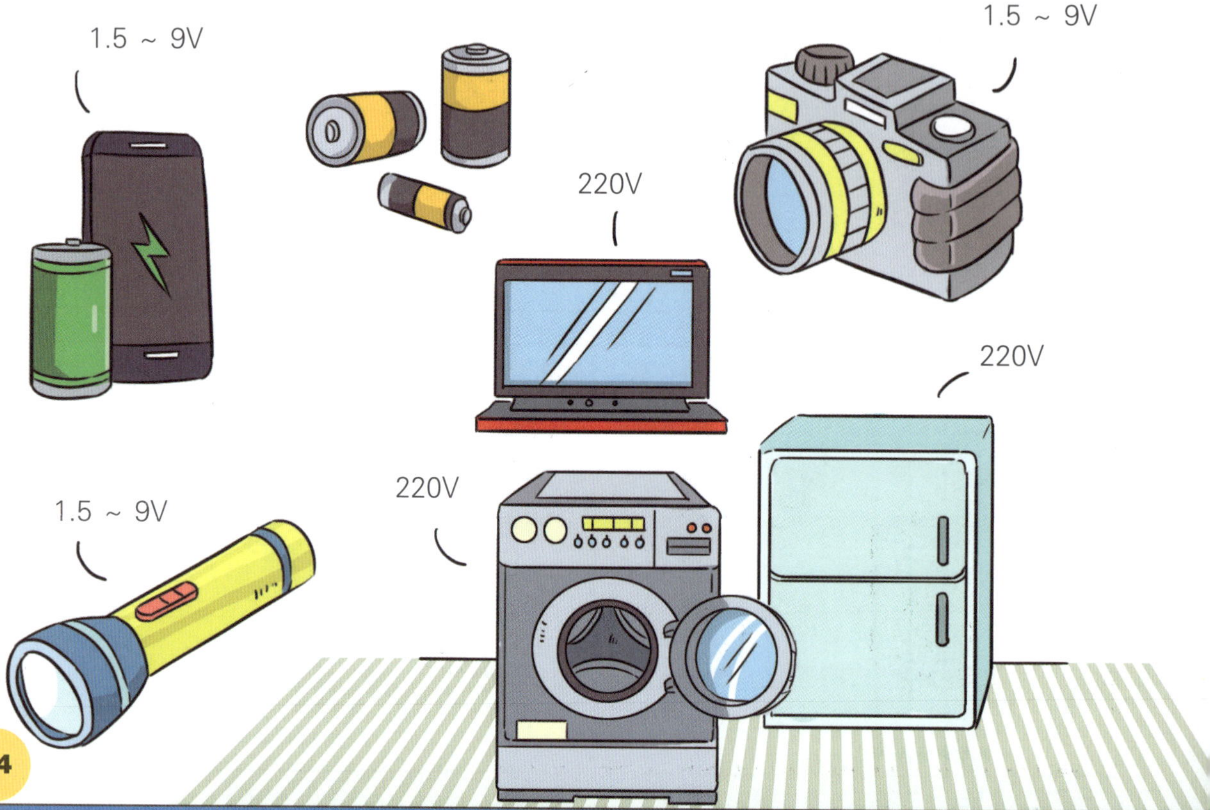

跟灯泡一样，所有的用电设备都需要分开连接电源的正极和负极才能正常工作。也就是说，合适的电压、源源不断的电流，以及保证这一切都能被连接起来的电路点亮了我们的生活。要想更亮一点，或者亮得更久一点，我们就需要试试不同的电池连接方式。

一种方式叫串联，就是把多节电池首尾相连，然后再和灯泡接在一起。采用串联方式，会让电压倍增。比如两节 1.5V 的电池串联在一起，会得到 3V 电压，使灯泡更亮。

串联连接

并联连接

还有一种方式叫并联，就是把多节电池的正极连在一起，负极连在一起，然后再和灯泡相连接。采用并联方式，电压并没有变化，但电量比以前多出一倍，使灯泡发光的时间变得更久。

不过，不是所有的物体都适合作为连接电池和用电器的电路材料。因为有的物体十分容易导电，有的物体不太容易导电，还有的物体很难导电。我们把那些容易导电的物体称为导体，而不容易导电的物体称为绝缘体。你知道怎么区分导体和绝缘体吗？很简单，通过电路就可以测试出来。

像这样，在电路中加入开关，然后把准备测试的物体和电路连接起来。当打开开关时灯泡发亮，说明电流可以从电池负极畅通无阻地经过导线、测试物体和灯泡，再返回电池正极，那么，这个物体就是导体，否则就是绝缘体。

在生活中，安全用电十分重要。这是因为干电池的电压很小，只有 3V 左右，不会对人体造成危险。但家用电器所使用的电压高达 220V，会对人体造成致命的危险。因此在用电时我们要注意安全。

电线依靠内部的铜线传送电流，外部包有橡胶。铜线是导体，橡胶是绝缘体，它既可以保证电流在电路中正常流动，又不会越过绝缘体跑到外面，电伤人体，因此平时我们要注意检查电线外部的橡胶是否有破损裸露内部电线的情况，避免电流跑出来伤人。

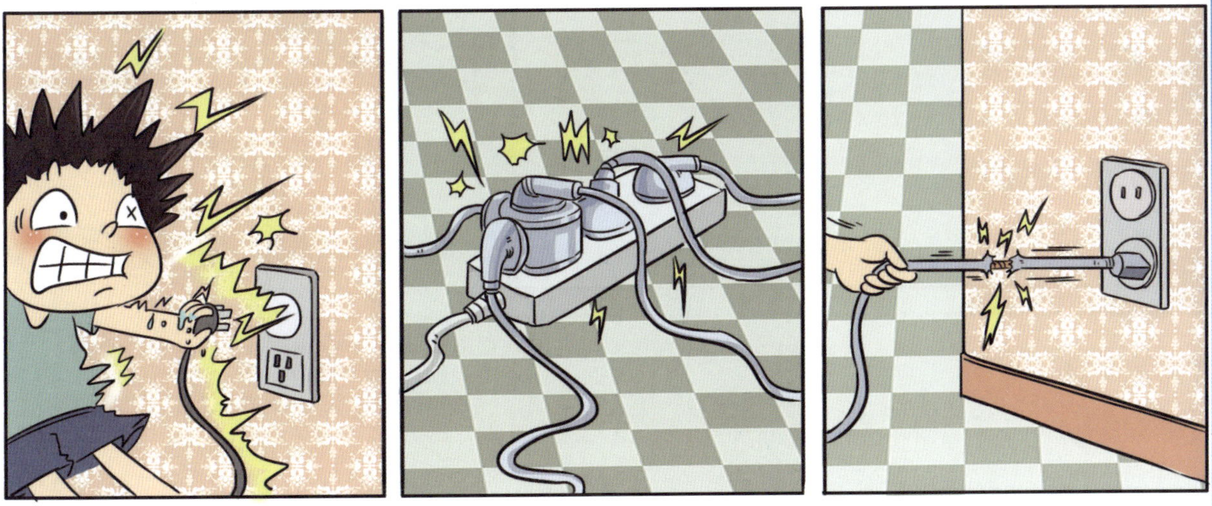

这样做会出大事！

使用电的时候，一定要注意安全，小心使用！

蜡烛点亮灯泡

你需要准备的材料：

- 2 条锡纸条
- 1 节电池
- 1 个小灯泡
- 1 段铅笔芯
- 1 根蜡烛
- 1 个打火机
- 1 卷双面胶

实验开始：

1. 用双面胶把两条锡纸分别贴在电池的正负两极上。

2. 用双面胶将一条锡纸和灯泡的螺纹粘起来，另一条锡纸和铅笔芯粘在一起，再把铅笔芯粘到灯泡的锡点上。这样，灯泡、锡纸、铅笔芯和电池连成了一个电路。

3. 连接好电路后，灯泡并没有立即被点亮。但当我们用点燃的蜡烛持续加热铅笔芯后，灯泡竟然逐渐亮了起来！

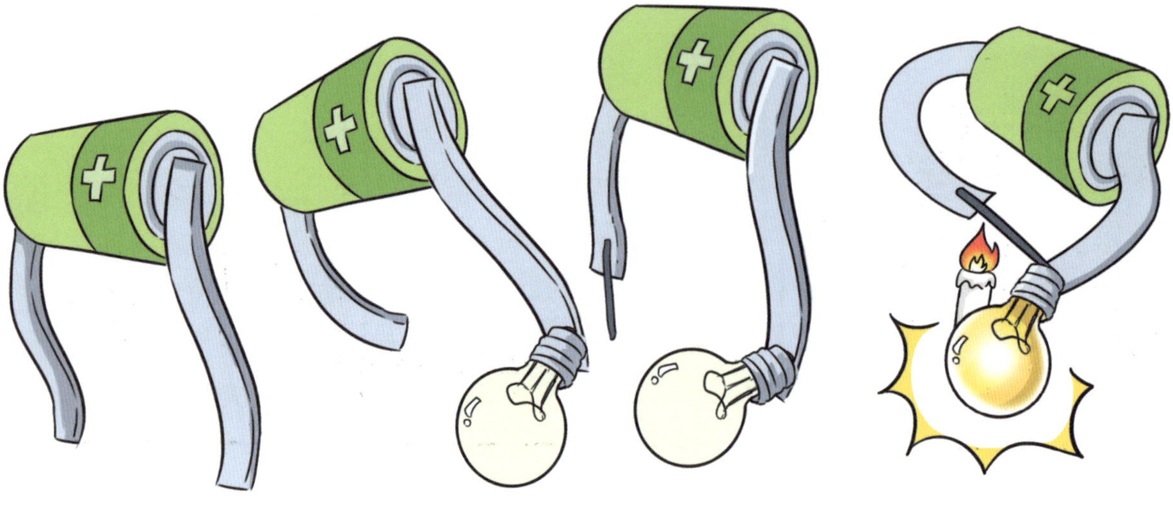

常温下的铅笔芯是不导电的，它阻断了电流，让电流没法通过灯泡，所以刚开始时灯泡没有亮。但是我们把铅笔芯加热后，铅笔芯的电阻变小了，它可以导电了，这时电流便从铅笔芯中穿过去了，点亮了灯泡！
你是怎样“收买”铅笔芯，让它放电流通过的呢？

躲开电老虎

你需要准备的材料：

- 3 根导线
- 1 节电池
- 1 个电压表
- 1 杯纯净水
- 少量盐
- 1 卷透明胶带
- 1 根搅拌棒

实验开始：

1. 用一根导线连接电池的正极和电压表最右侧的正极（15v）。

2. 用透明胶带把第二根导线贴到电池的负极上。再把第三根导线的一端连接到电压表负极上。

3. 把第二根和第三根导线空出来的一端插进纯净水里，可以看到电压表指针未移动。

4. 往纯净水中加盐，搅拌均匀，这时看到电压表的指针慢慢转动了。

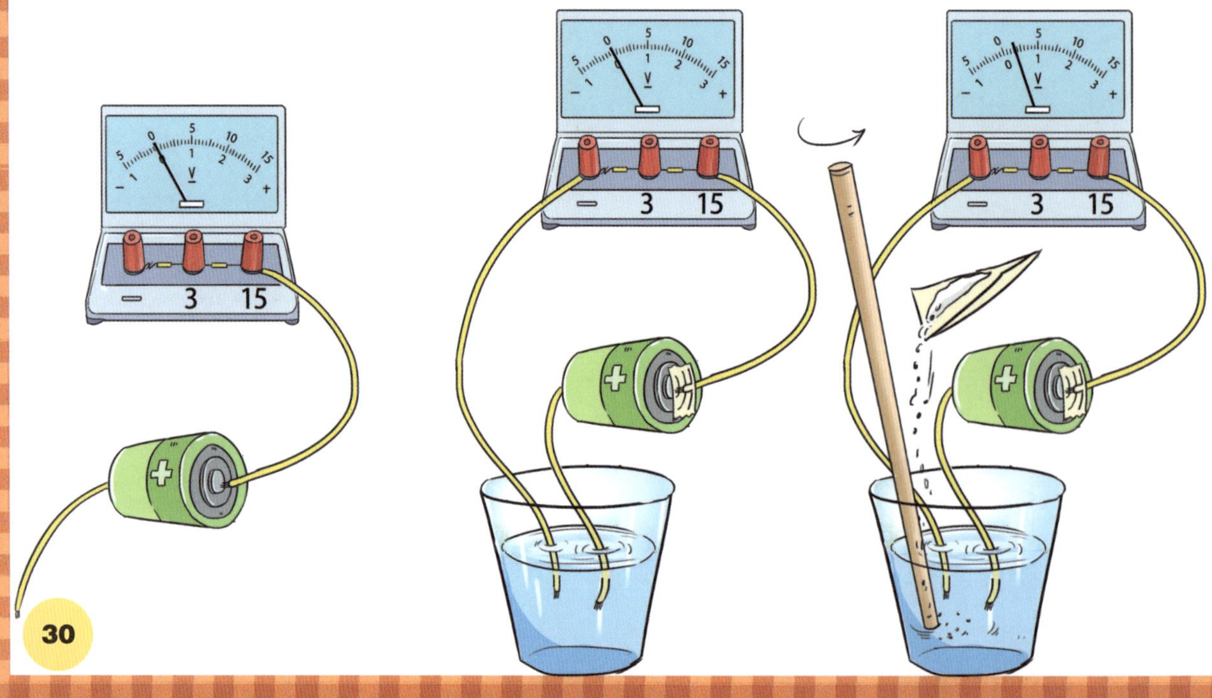

布朗叔叔，这次电路又是怎么接通的呢？
我们刚开始把导线放进纯净水时，因为纯净水不导电，所以电路没法接通。但是溶解食盐之后，盐离子分散在了水中，这些离子能够搬运电荷，所以它们帮忙接通了电路。
5 0 5 10 15
1 0 1 2 3
V
3 15

第3章

画出电路图

你已经发现了，孤零零的电器是没法正常工作的，还需要与电源、导线、开关等连接在一起，这就是电路。电路可以很简单，也可以很复杂。而电路一旦连接错误，或者其中的某一个部分出现了故障，电器就没办法正常工作，甚至还会带来危险。为了能更方便地连接电路，检查故障，人们发明了电路图来表示整个电路的工作原理。

那么，电路图怎么画呢？我们可不能每画一个电路图就把用电器、电源、开关等都照原样画出来，那太麻烦了。聪明的办法是用一系列符号来代替它们。

名称	零部件	符号
电阻	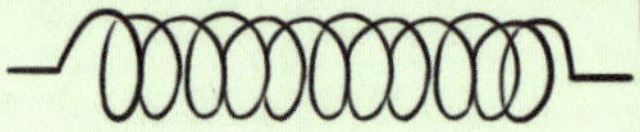	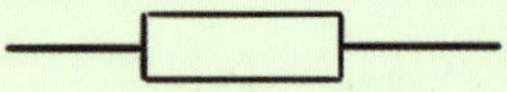
开关		
电线	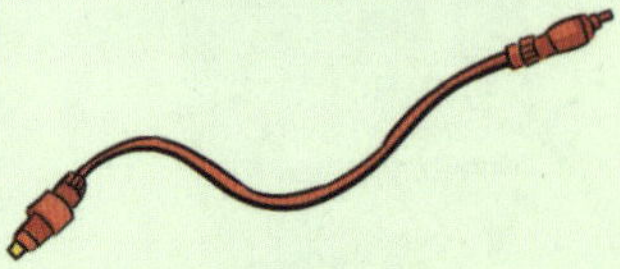	——
灯泡		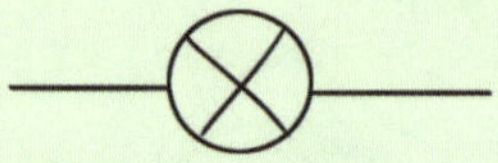
电动机		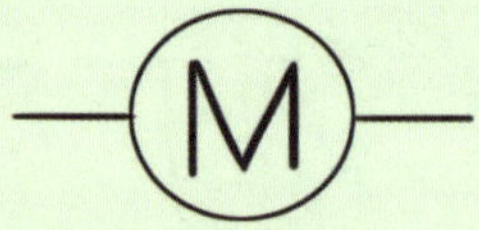
干电池	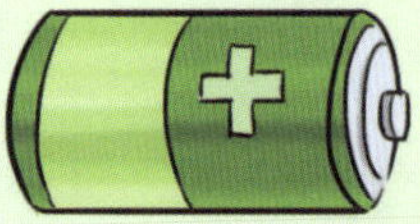	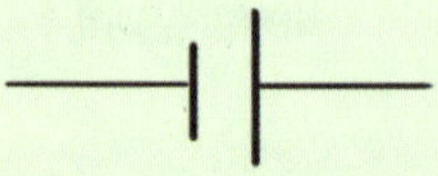

有了这些符号，我们就可以方便地表示出各种各样的电路。比如一个只带开关、两节干电池、灯泡和导线的电路图。

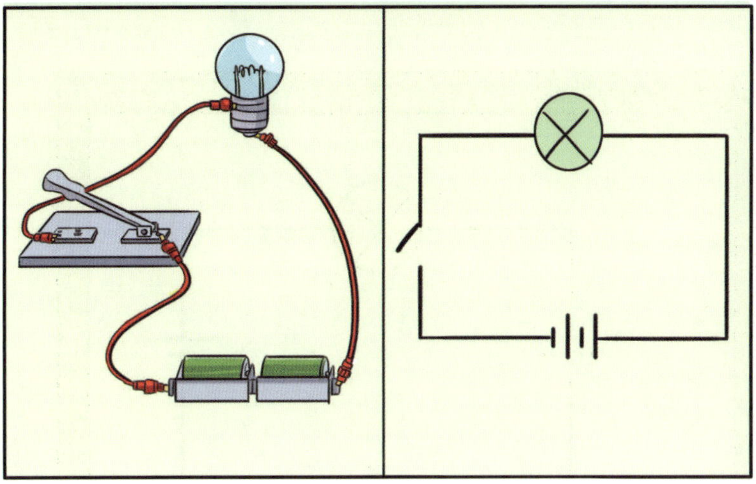

如果我们给这个电路加上一个小电机，再去掉一节电池，电路图就会变成这样。

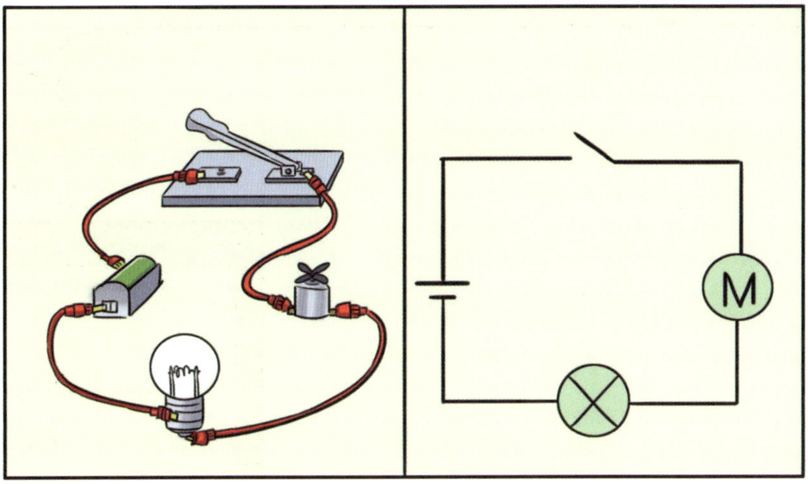

还可以用电路图来表示电器内部的工作原理。比如手电的工作原理是这样的。

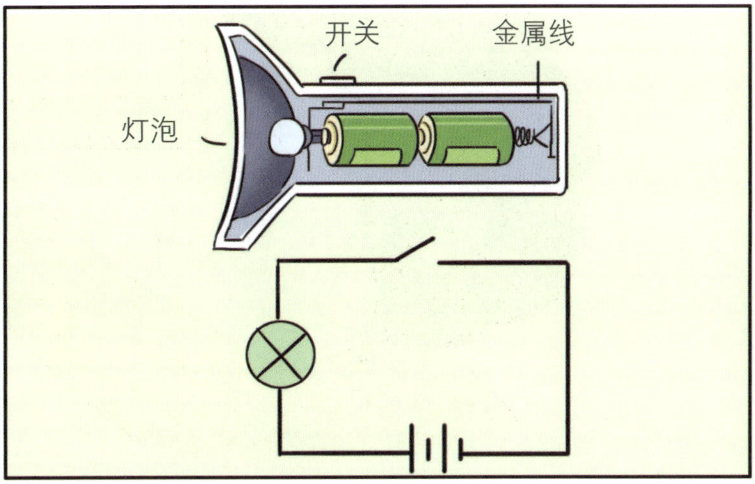

当然，更复杂的电器就涉及更多的电子符号和电学知识，这些知识我们以后再了解，先继续往下看吧。

有了电路图，我们现在就能轻松发现电路中的故障了。

猜一猜，上面这个电路能正常工作吗？我们首先回忆一下，在假设电源电压和电器电压匹配的情况下，电器要想正常工作，自由电子就得不受阻碍地从负极流向正极。而在这个电路图中，只要合上开关，电流就会流动起来。不信，你可以用铅笔模仿电流的流动路线来试试看。

那么，手指指向的这张图呢？如果没法一眼看出答案，还是用铅笔来代替电流试试吧。

你会发现，电流从干电池的一极流出，经电路循环一圈后，仍然回到了同极。在这里，虽然电路是连通的，但并不满足电流从一极流向相反的另一极这个条件，所以它没法正常工作。

第三个电路图，看上去有些复杂，好像导线把电池的同极连接到了一起，那么它还能正常发光吗？如果对铅笔模拟不太自信，你还可以亲手用最简单的材料来试验一下就会发现。当合上开关时，来自不同方向于电池负极的自由电子会迎头撞上。因为同极相斥，它们没办法推开对方向前进，只好同时左转或右转向用电器进发，然后再返回各自的正极。这样一来，电路仍然是连通的，电器可以正常工作。

怎么样，探索电路图是不是很有趣呢？不过，在现今的电路图或者电流方向示意图中，却藏着一个巨大的错误哟。

这个错误，就是人们把自由电子移动的方向给标反了。

通过前面的内容我们知道，电流方向是从电池的负极流向正极。但在现今的电流示意图中，却都标示着电流方向是由正极流向负极，刚好反了过来，这是怎么回事呢？

这是因为，在发现自由电子的秘密之前，科学家们通过实验得出结论：电池里有某种物质可以在电线里流动，于是他们直接作出规定：电流方向是从电池的正极流向负极。而后来科学家们才发现实际上恰恰相反，电流是带负电的自由电子从负极流向正极的过程。

错误已经造成，要是再改回来，又会带来更多的麻烦。而在实际生活中，电流的方向并不太重要，所以今天人们仍然沿用着当年科学家们错误的说法。实际上，自由电子移动的方向和规定的电流方向是相反的。

要测量流过电路的电流强度，我们得用到电流表。它的符号是这样的：

那么，怎么测量电流呢？很简单，把电流表接入电路中，当电流流经电流表时，表上的指针就能显示出电流的强度。

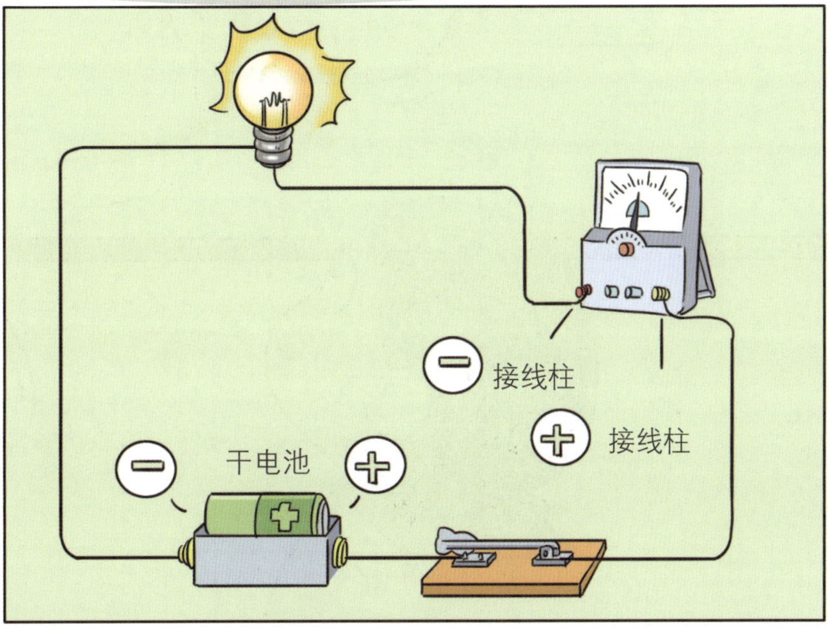

电流表上有一个正极接线柱和多个负极接线柱。接线时，把电流表的正极接线柱和连接电源正极的导线接在一起，然后根据测定电流的大小，把负极接线柱和连接电源负极的导线接在一起，电流表就可以正常工作了。

先掌握最基础的原理，再向更复杂的情况前进，这是一个十分有用的思维方式。我们前面尝试过在电路中通过串联或并联干电池来影响用电器。那么，如果现在我们同样采用串联或并联的方式，但改变的是用电器而不是干电池，又会怎么样呢？

现在，我们先把两只灯泡串联在一个电路中，观察一下结果，你会发现当闭合开关时，所有的灯泡都会亮，但是亮度会有所降低。

如果把两只灯泡并联在一起呢？

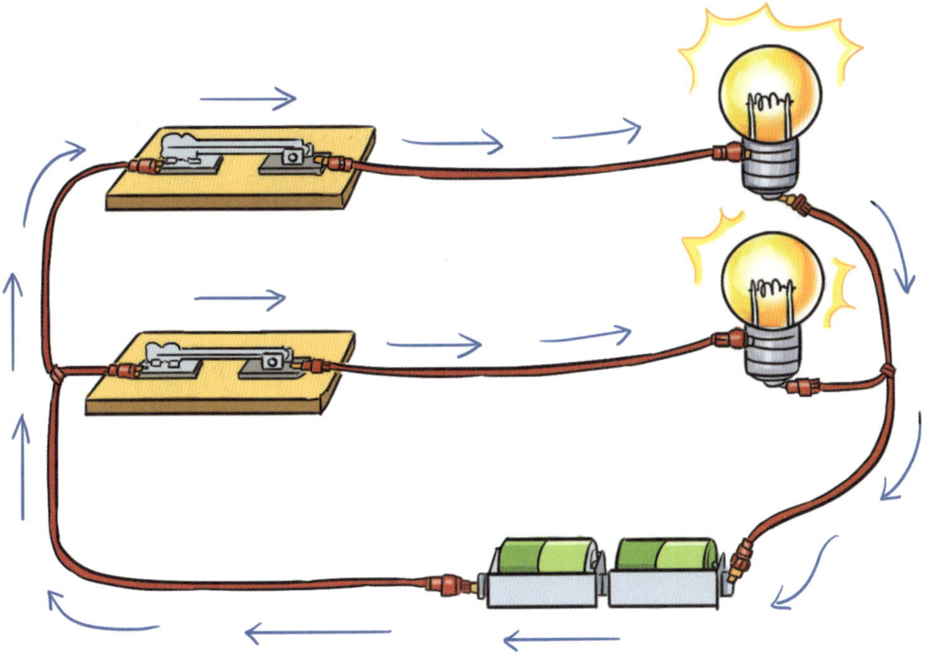

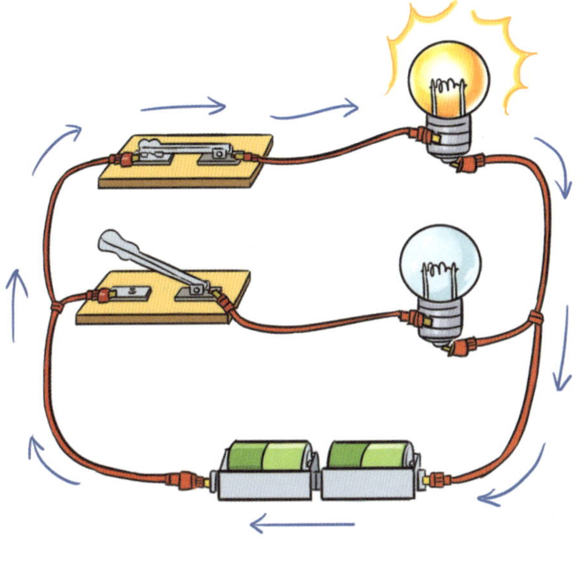

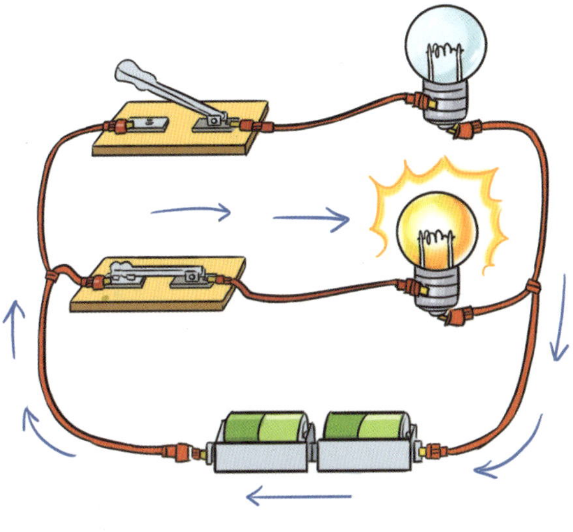

这时候，我们可以通过不同的开关分别控制每个灯泡。因为电流是独立流经每个灯泡的，所以即便是同时按下开关，灯泡的亮度也不会受到影响。

通过并联的方式，我们可以在一个电路中随心所欲地控制不同的用电器。并且一个用电器坏了也不会影响其他用电器的正常工作。而在串联的电路中，如果有一个灯泡坏掉，就会使整条电路断开。

西红柿电池

你需要准备的材料：

- 1 个西红柿
- 1 把铁叉子
- 1 把铜钥匙
- 1 个小灯泡

实验开始：

1. 把西红柿捏软，但是不要捏破。

2. 把铁叉子和铜钥匙水平地插到西红柿上，让两者的间距刚好可以容下 1 个小灯泡。

3. 把小灯泡架到叉子和钥匙中间，使灯泡的金属部分刚好接触到铜和铁。

4. 等待几小时，会看到小灯泡竟然亮了起来！

哇！布朗叔叔，你买了一个带电的西红柿！
不是西红柿带电，而是我们用西红柿、铜、铁做了一个生物电池！西红柿的汁液充当了电解液，铜和铁两种金属的活泼性不同，在电解液中待久了便发生了电荷转移，使铁叉子和铜钥匙分别带上了正负电，当电流强到一定程度时，灯泡就亮了。

柠檬电池

你需要准备的材料：

- 3 个柠檬
- 3 根铜棒
- 3 根锌棒
- 导线若干
- 1 个小灯泡

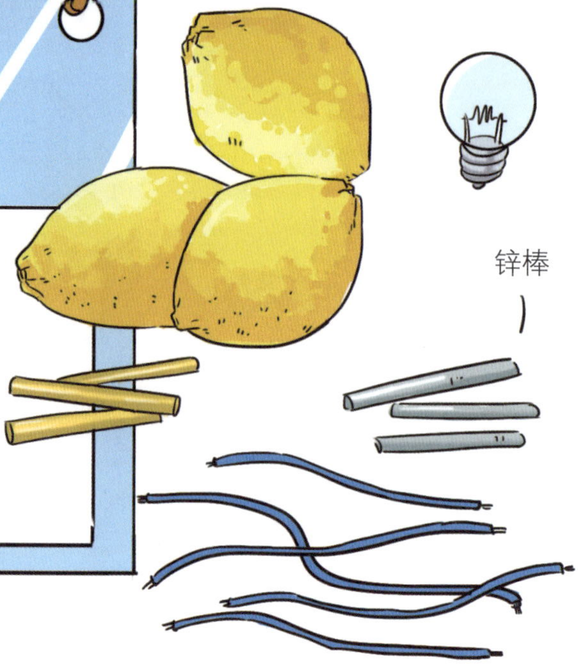

实验开始：

1. 把 3 个柠檬切开，并排放好。

2. 把铜棒和锌棒分成三组，用导线将其中两组连接起来，最后一组中间连上小灯泡。然后将铜棒和锌棒按图所示插入柠檬中。

3. 很快就可以看到小灯泡亮起来了。

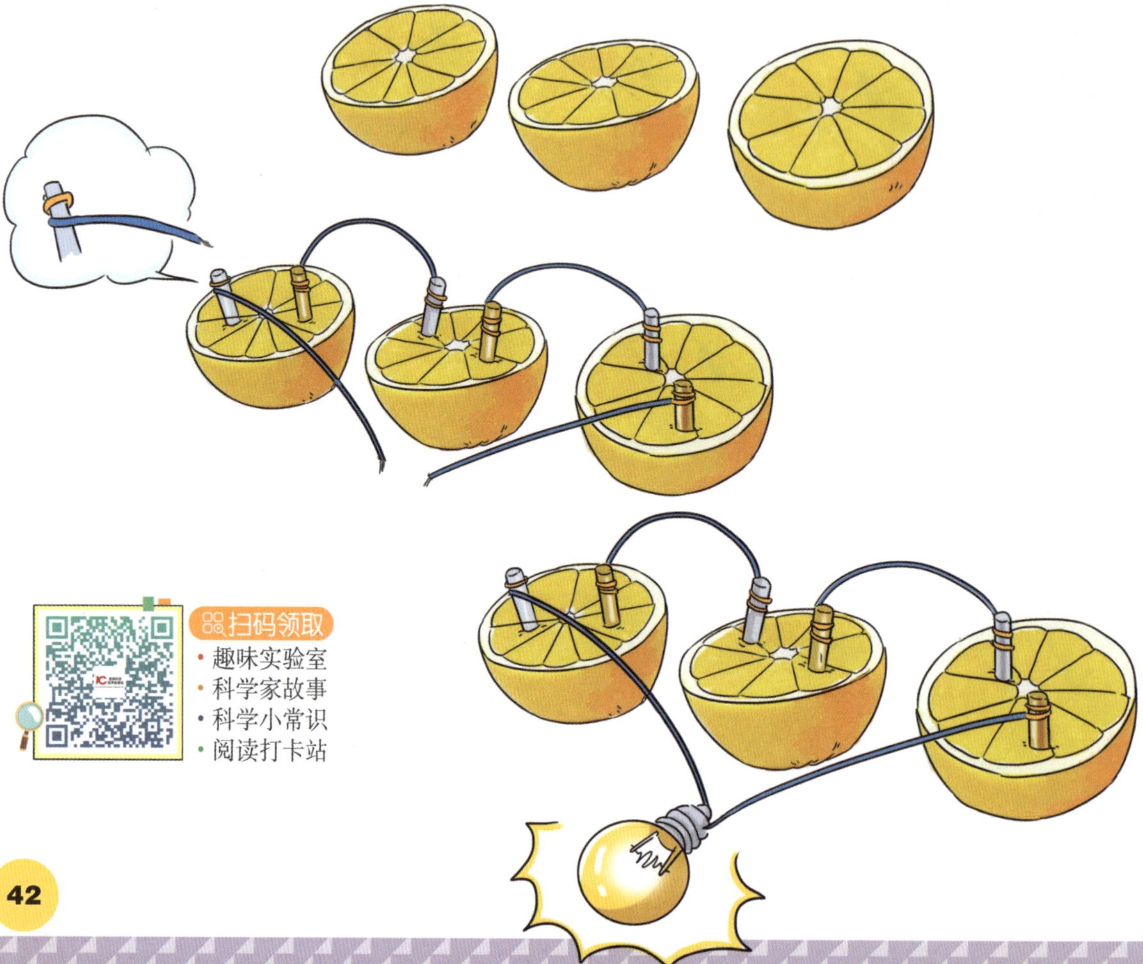

刚才是番茄电池，现在是柠檬电池！
是的，小布丁，无论是番茄还是柠檬，它们的汁液都可以充当电解液。另外，无论是铜与铁，还是铜与锌，这些金属组合在一起时都会发生电荷转移。但是这一次，我们的水果电池亮得更快了，这是因为我们使用了3个柠檬，等于是把3节电池串联了起来！

第4章

认识磁铁

电有一个好朋友，那就是磁，说起来，比起电，很多人可能更愿意跟磁打交道，因为它看上去没有电那么危险，还挺好玩。特别是磁铁，经常被当作玩具。其实，除了好玩之外，磁铁和磁在生活中也是必不可少的。

让我们先从磁铁看起吧。我们身边总是能找到各种各样的磁铁，但最显眼，最能让我们了解磁铁性质的是条形磁铁和马蹄形磁铁。这两种磁铁会在一头标上N的符号，有时还涂成红色，另一头标上S的符号，有时还会涂成蓝色，这就表示磁铁的两极。

和电一样，磁铁也分为两极——N 极和 S 极，它们也有同极相斥、异极相吸的特性。不信你用两块条形磁铁试试看，将同极放在一起，好像有一股无形的力量要把彼此推开，但异极放在一起的话就会牢牢吸在一起。

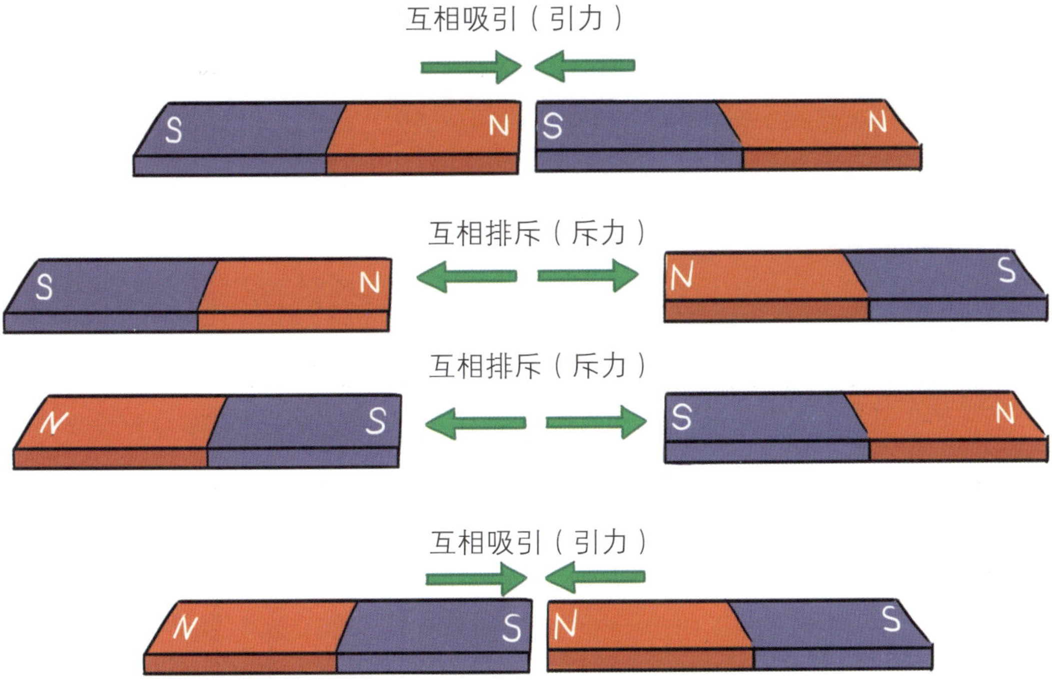

磁铁具有同极相互排斥，异极相互吸引的性质。

除了条形和马蹄形磁铁，常见的其实还有圆形、环形甚至星形或奇形怪状的磁铁、磁条或磁片。它们大多都没有标明磁极，但只要我们把这些磁铁放在标明磁极的磁铁一极，利用同极相斥、异极相吸的原理就能找到其磁极。

磁铁还有一个性质，那就是把一块磁铁分成两半后，每一块磁铁又会形成新的 N 极和 S 极，不管怎么分都是如此。怎么样，要不要试试看呢？但分割磁铁时一定要注意安全哦。

磁铁有趣的地方之一是具有磁力，可以吸引铁等金属物质。不过，一块磁铁，是不是所有部分的磁力都同样强大呢？我们可以来试验一下。

找一块条形磁铁，像下图这样将大头针依次放在磁铁的两端和中间。然后再把其他的大头针放在磁铁下的大头针上。磁力是可以通过金属物体进行传递的，你会发现，在磁铁的两端，大头针一个接一个地连在了一起。而磁铁中间连一根大头针都吸不起来。这说明磁铁总是两端磁力最强，中间磁力最弱。

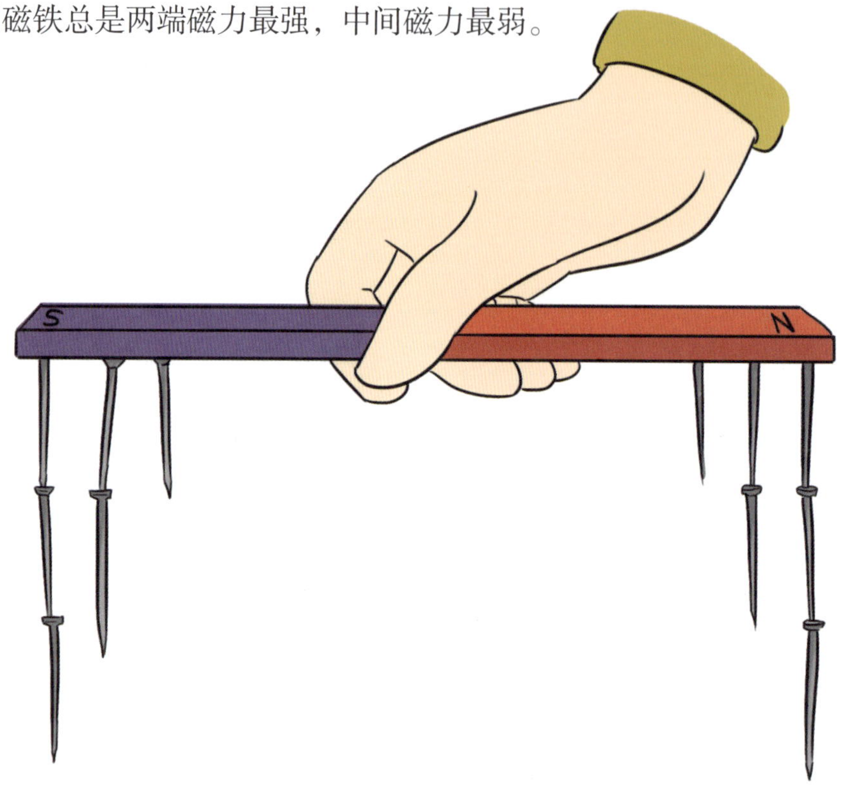

除此之外，两块磁铁之间，或一块磁铁与另一块金属物质之间，磁力会随距离远近而发生变化。距离越远，磁力越弱；距离越近，磁力越强。

看起来，磁力真是个神秘的家伙，我们平时看不见它，只能靠感觉来分辨。不过，我们也有办法让这个有隐身术的家伙“显露原形”，破解磁力的隐身术。

要破解磁力的隐身术，我们需要准备一些铁粉，再找一张白纸，先把铁粉均匀地洒在白纸上，然后把磁铁放在白纸下面。

这时候你会看到铁粉会自动排列成有规律的形状，就像一条条细线那样，把磁铁两极“连接”起来，这就是磁力的“原形”——磁力线。

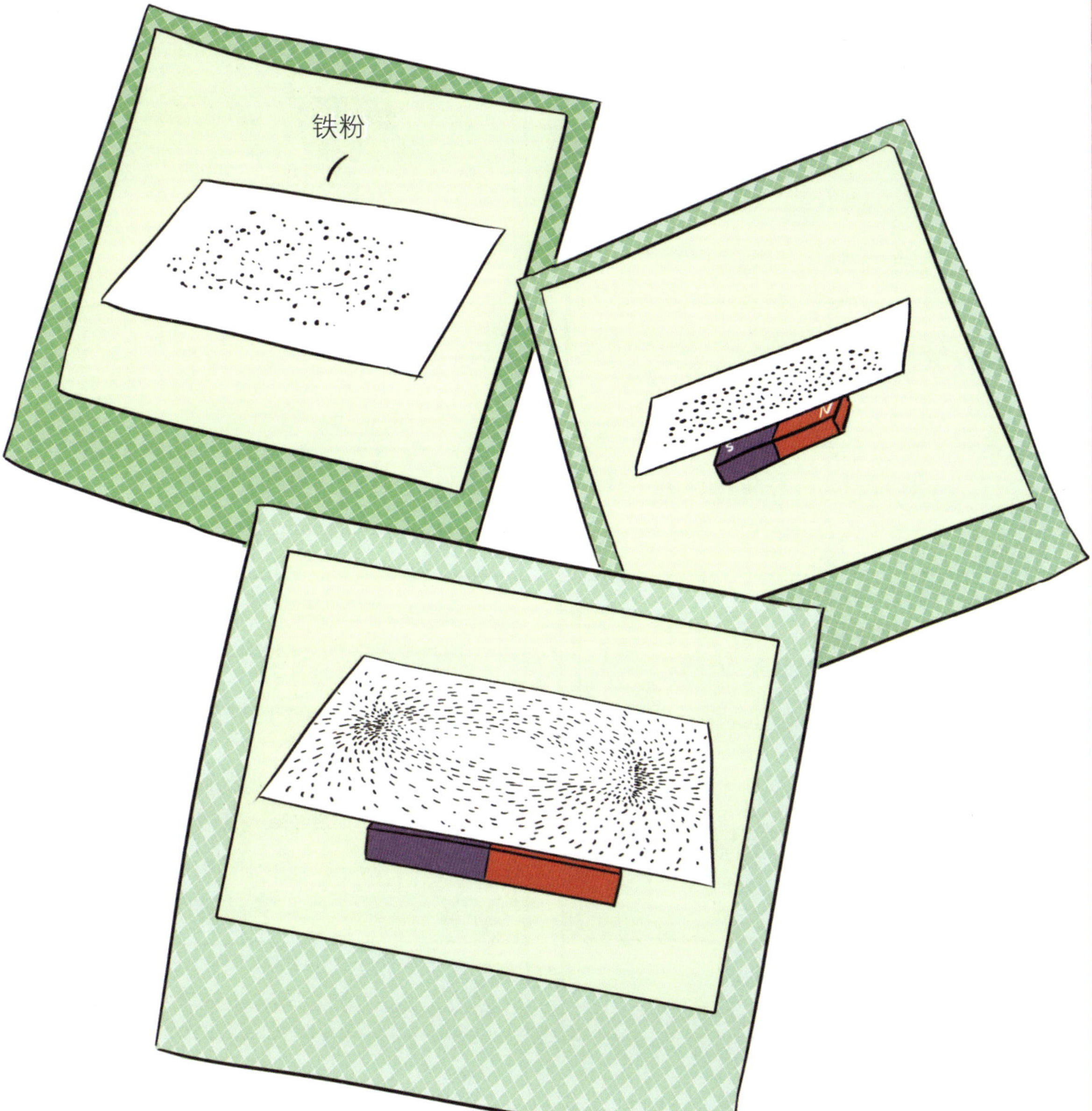

磁力线清晰地指示出了磁力的强弱和方向。磁力在磁铁两端最强，就好像从两端生发出来一样，围绕着整块磁铁。

借助磁力线，我们可以探索磁铁在互相接近时，到底都发生了些什么。

当把两块磁铁的异极相接近时，因为异极相吸，你会看到铁粉在两块磁铁接近处连接成一条条线；但如果把两块磁铁的同极相接近时，两块磁铁之间没有任何铁粉，形成了一块空白区域。

两块磁铁的异极相接近时，因互相吸引的力量，铁粉会在两块磁铁接近处成一条条的线。

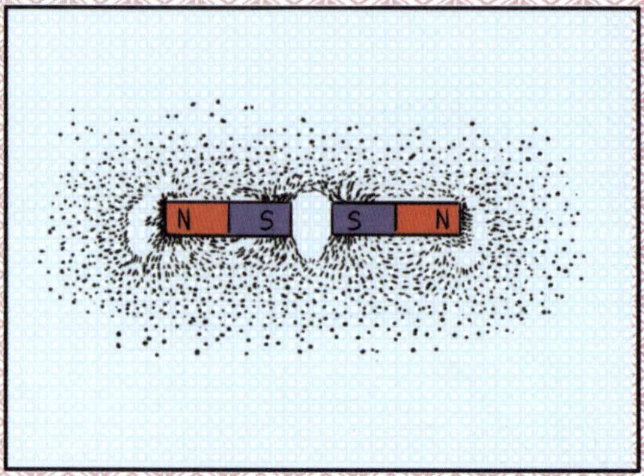

两块磁铁的同极相接近时，因互相排斥的力量，两块磁铁接近处的外散去。

如果把两块磁铁平行放在一起，但极性以不同的方式颠倒，又会怎么样呢？

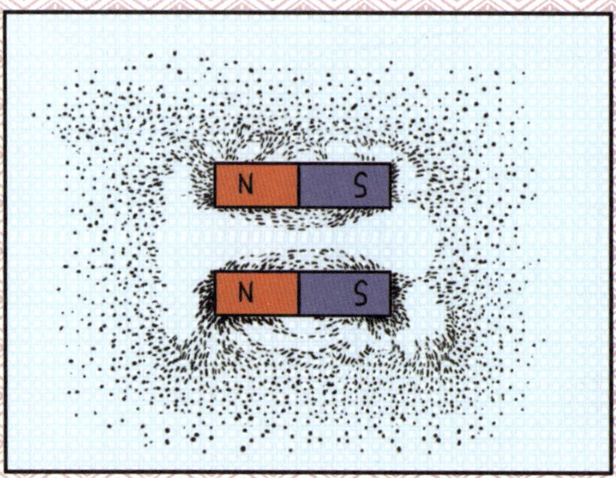

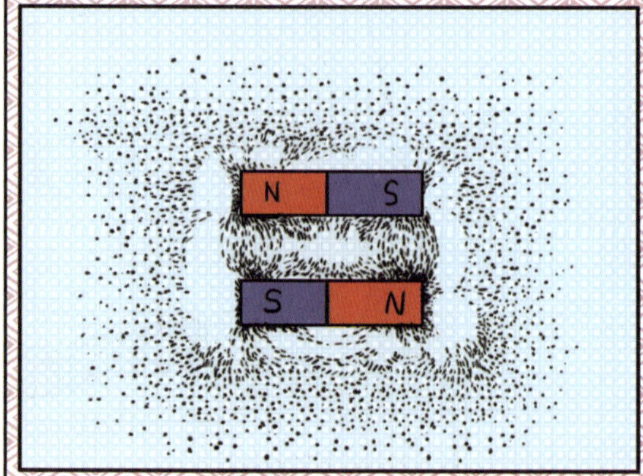

当两块磁铁的 N 极都指向同一个方向时，磁粉会互相排斥，好像要彼此逃开一样。但如果两块磁铁的 N 极指向不同的方向，磁粉会在两块磁铁之间排列成一条条的线，好像要把两块磁铁拉在一起似的。

磁铁在生活中有广泛的用途，比如可以用它来吸附金属，电器里也有磁铁，我们后面还会进一步详细介绍磁铁的作用。但最简单、应用得最广泛的磁铁应该就是指南针了。

指南针其实也是条形磁铁，只不过它的两端是尖尖的。N 极一般被涂成红色，它指的方向为北方，而另一端自然是 S 极，指向南方。

如果把指南针放在条形磁铁旁边，你就会发现指南针的指向和磁力线的方向有密切的关系。

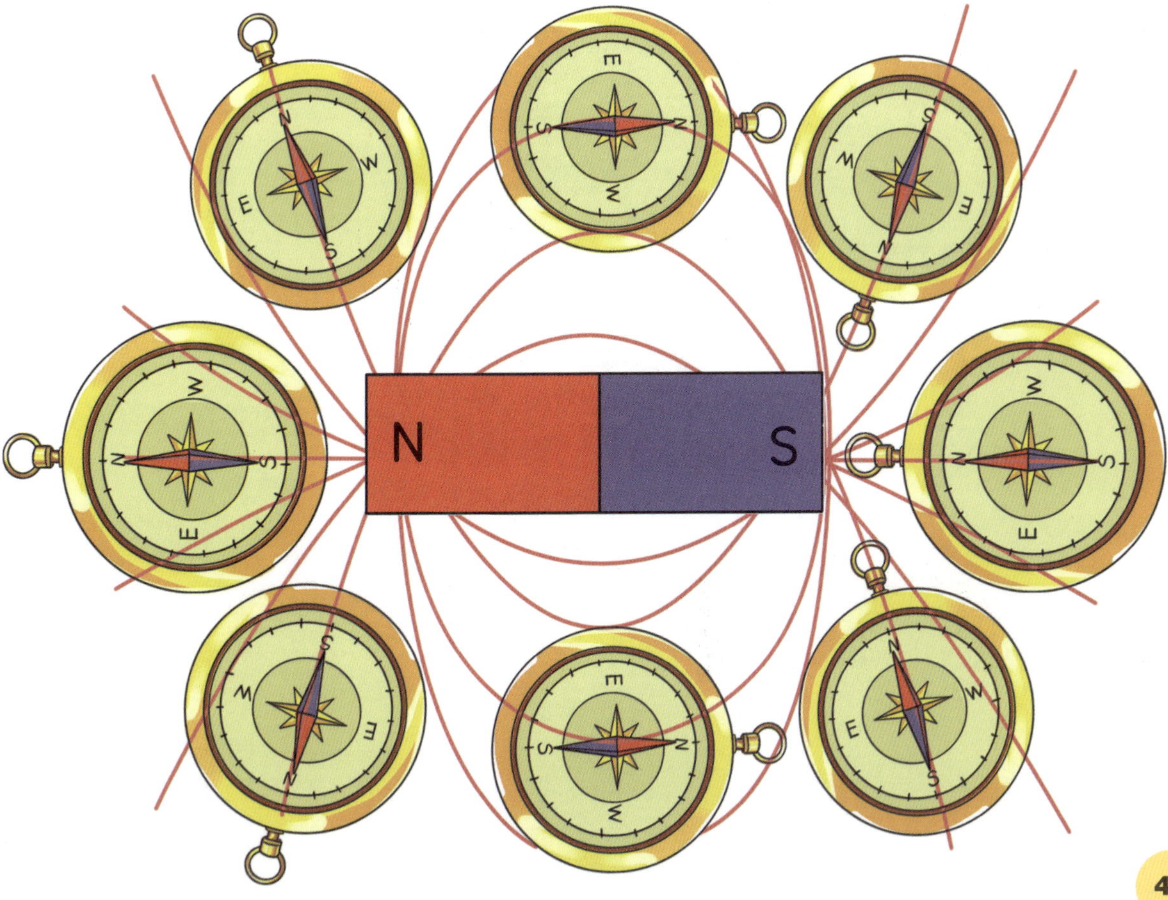

细心的小朋友可能已经产生了疑惑：把指南针摆在磁铁旁边，指针会随着磁力线位置的变化而不断改变方向。可是当旁边没有磁铁或其他金属物质时，指南针仍然会随着位置的不同而改变指示方向，是什么在吸引着它呢？

实际上，地球自身就是这世界上最大的磁铁，指南针的指向就是受到了地球磁场的影响。指南针 N 极指向地球北极方向，也就是地球这块“磁铁”的 S 极。但是，并不是北极中心点，而是距离北极 1800 千米左右的地方。

同样，指南针指向的南极也不是地理位置上的正南，而是略微偏了一些。

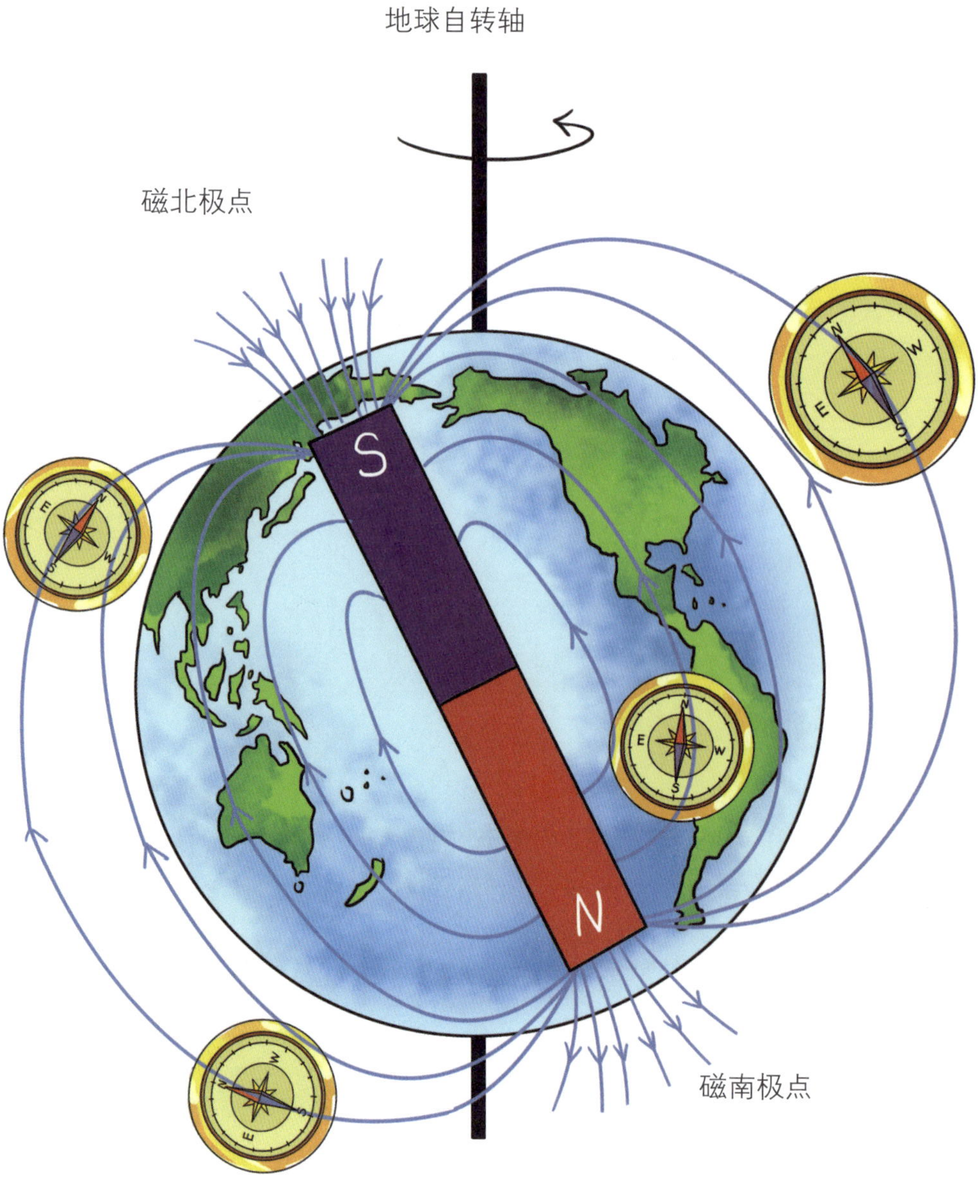

另外，地球的磁极并不“老实”，它会不断地发生偏移和变化。而在过去，地球磁场的方向和今天的磁场完全相反。我们把地球磁场的极点叫作磁北，以和根据地球轴线确定的地理南北极相区别。

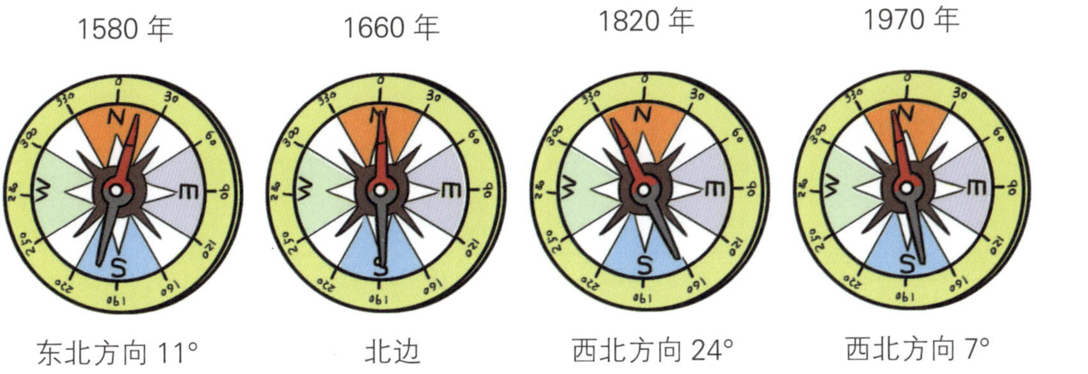

为什么会这样呢？关于这一点科学家们提出了无数的假说。其中得到较多认可的一派认为，地磁场的形成跟电有关系。地球内部存在液态的铁和镍等金属，具有良好的导电性。在地球自转过程中产生了电流，因而形成了磁场。

等等，电跟磁怎么会有关系呢？让我们继续往下看吧。

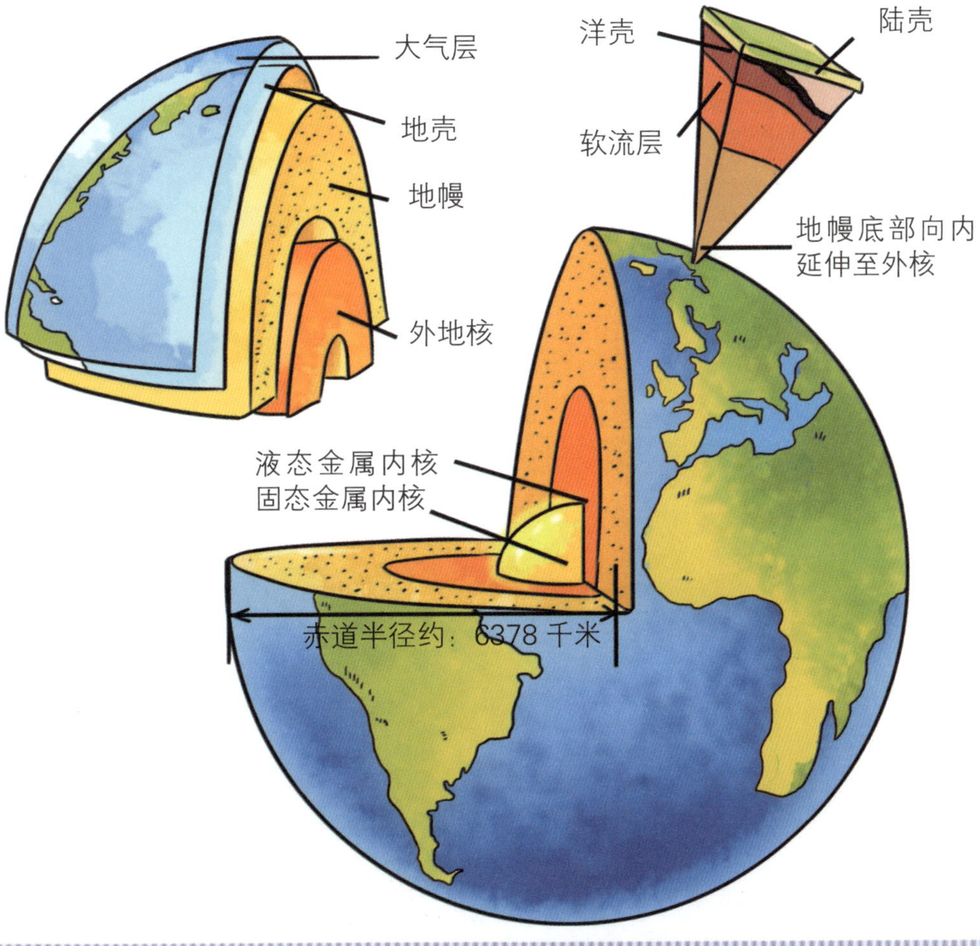

会找路的缝衣针

你需要准备的材料：

- 1 块条形磁铁
- 1 根大号缝衣针
- 1 盆水

实验开始：

1. 用缝衣针的尖端摩擦磁铁，只能摩擦 S 或 N 一端，多摩擦一会儿。
2. 将缝衣针轻轻放到清水的水面上。
3. 浮在水面上的缝衣针竟然自己转动了起来，最终稳定地指向了一个方向。

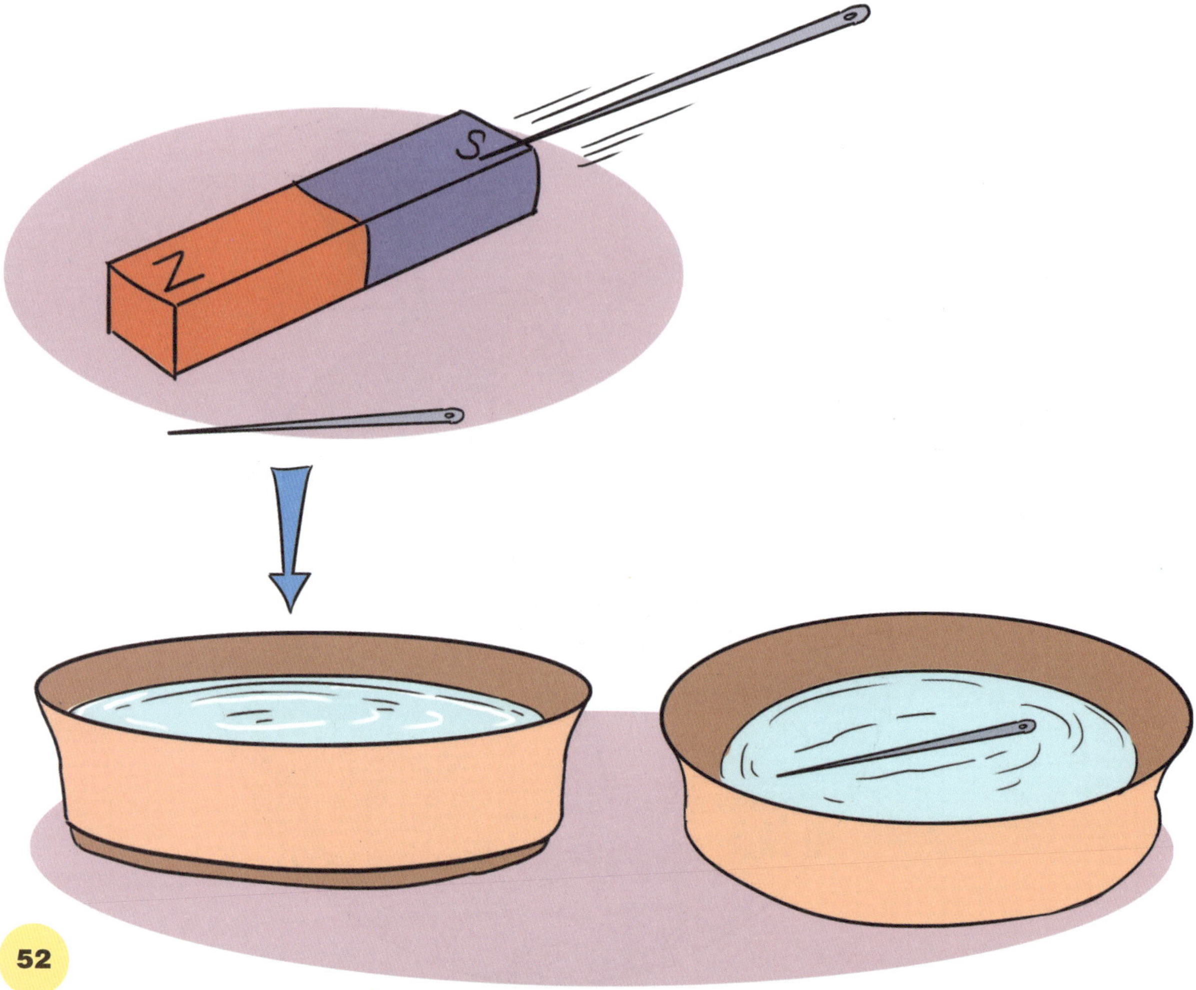

是什么魔法把缝衣针变成了指南针呢？
小布丁你真聪明，已经发现缝衣针变成了指南针！是的，普通的铁针在摩擦了磁铁之后，也带上了磁性，它与地球磁场呼应，便能指出南和北了！

打乱指南针的阵脚

你需要准备的材料：

- 1 个指南针
- 1 块强磁铁

实验开始：

1. 拿起指南针，转动身体的方向，可以看到无论身体怎么转动，表盘上的指针都指向同一方向。

2. 把指南针放到磁铁旁边，静置几分钟。

3. 拿走磁铁，这时指南针却像喝醉了一般，再也无法正常工作了。

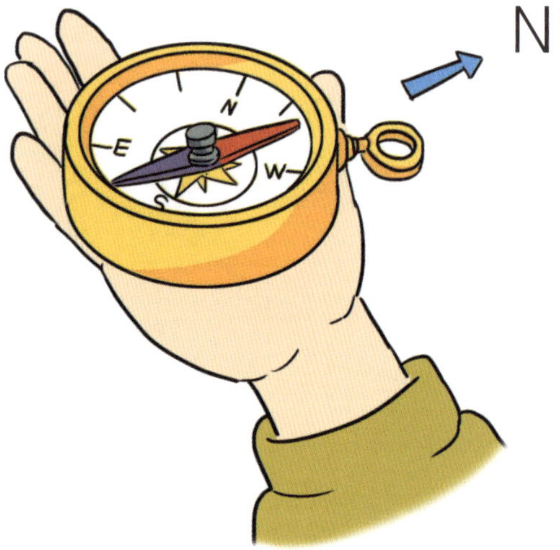

我们之前已经发现，指南针之所以能够指出方向，是因为它自身带有磁性。但是外加的强磁铁会扰乱磁场，降低指南针本身的磁力，所以最终导致指南针无法正常工作。
原来磁铁可以干扰指南针的工作啊！它是怎么做到的呢？

第5章

电和磁的关系

知道了地球的磁场和地球自身的电流有关，你可能会觉得，电和磁真像一对要好的双胞胎兄弟，它们的某些特性十分相像，还共同出现，真是有趣极了。

实际上，过去的人们并没有注意到这一现象。但当人们发现电和磁的关系之后，我们的生活才因此发生了翻天覆地的变化。

电和磁的关系到底是怎样的呢？还记得之前我们把指南针放在磁铁旁边，指南针的指向会受到磁铁影响吗？现在让我们把指南针放在通了电的电路旁边看看会发生什么事吧。

如果断开电路，你会发现指南针又变得一动不动。这说明，有电流通过的时候，导线周围有磁场产生，从而对指南针产生了影响。

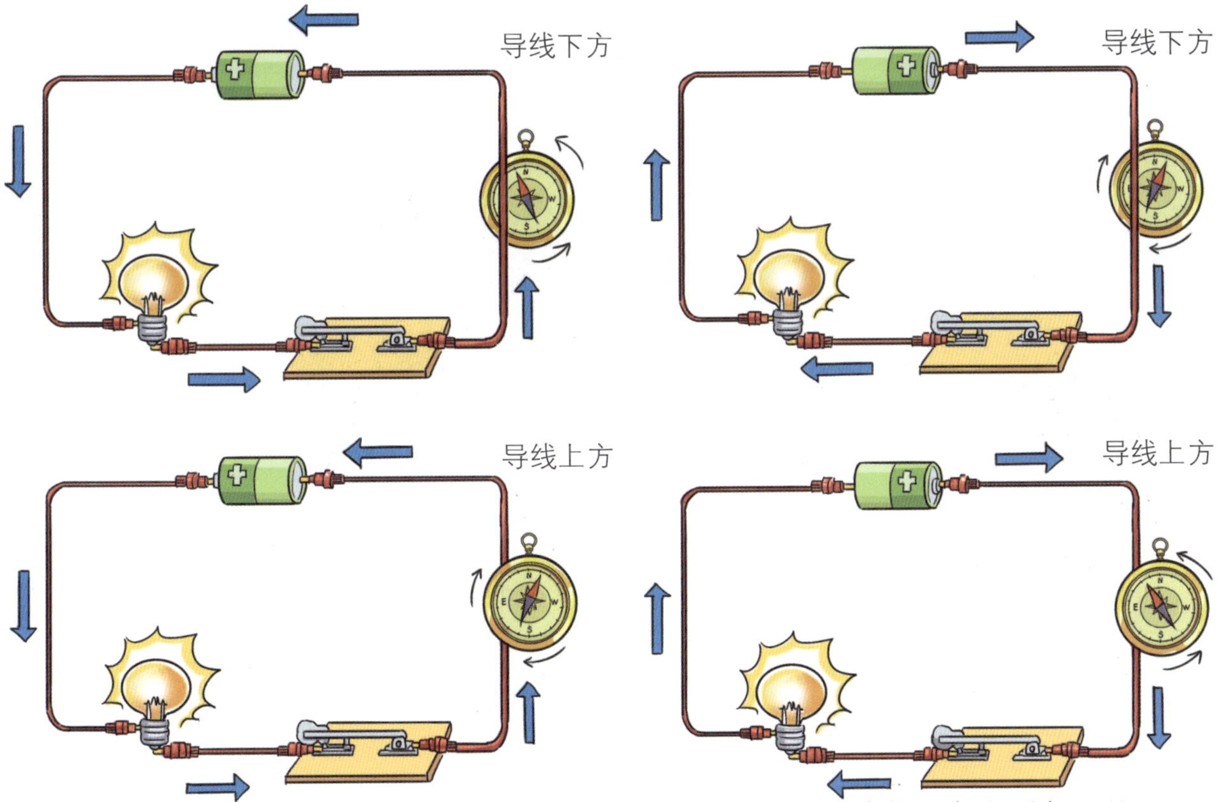

现在，让我们再进一步试试看，分别把指南针放在导线的上方和下方，以及改变电流的方向，可以发现指南针摆动的方向也各不一样。你能发现其中的规律吗？

科学家们把指南针在磁场内指向 N 极的方向称为磁场方向，如果我们换个角度来观察，你会发现磁场方向和电流方向的关系。

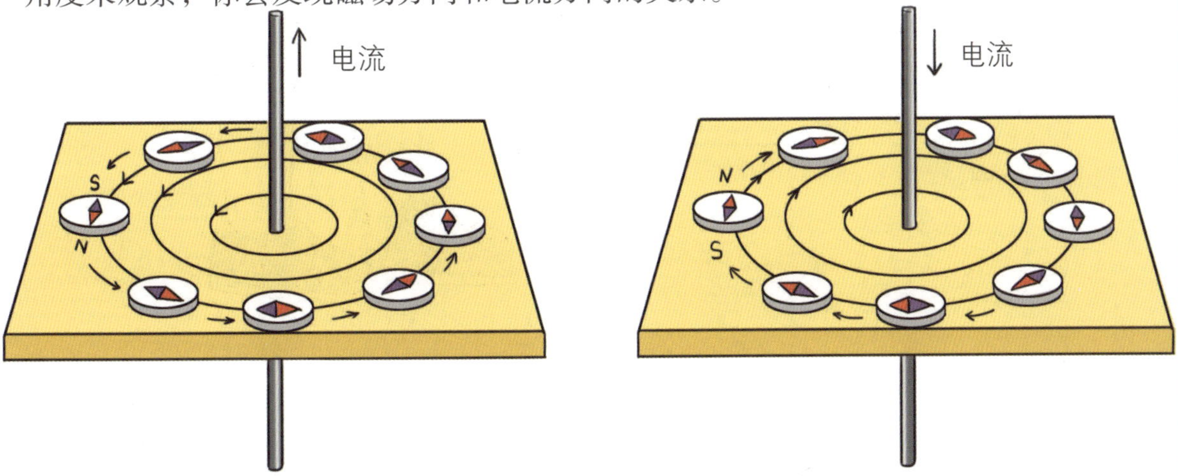

电流向上时，磁场方向为逆时针方向；电流向下时，磁场方向为顺时针方向。

其实，我们完全可以不依赖指南针，只用右手就能找到导线周围的磁场方向。怎么做呢？首先，你得知道电流的方向，然后用右手握住导线，以伸出的拇指代表电流方向，这样，其余的四个指头指向的就是磁场方向。

这个有趣的办法叫作右手定则，是我们之前提到的法国物理学家安培发现的。在判断呈直线状态的电线旁磁场方向时特别好用。但是，如果导线被卷成圆圈状时，电流旁的磁场又会发生什么变化呢？

首先我们只要知道一点就行了：不管电线怎么缠绕，只要是通电电路，电流总是有方向的。只要找到电流的方向，一切都会迎刃而解。

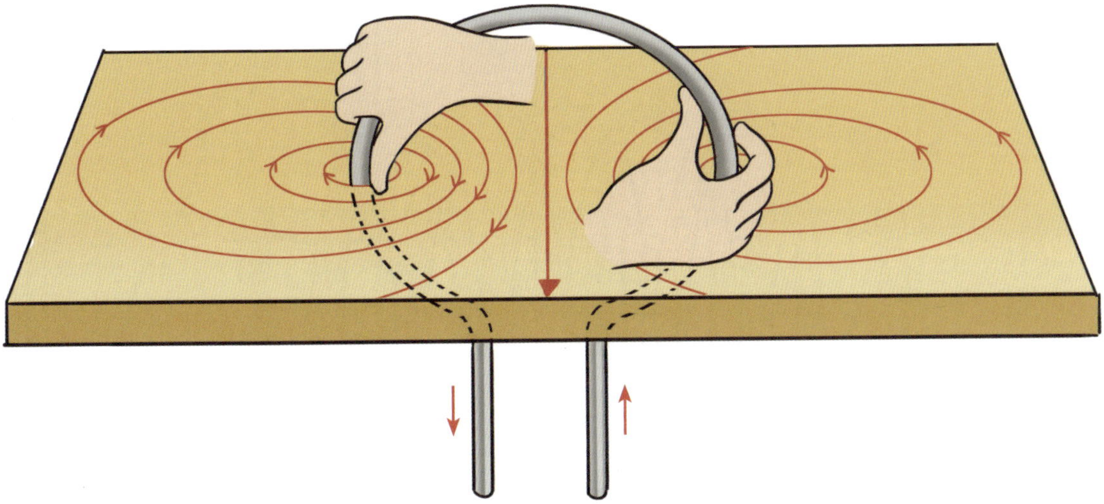

你可以把圆形缠绕的电线简化成上图这个样子，电流从一个方向流入，然后从反方向流出。那么，在电流附近形成了两个方向相反的磁场，现在你用右手定则根据电流流入和流出的方向模拟一下这个过程，看是不是这样呢?

实际上你会发现，只要根据电流方向，在导线上移动你的右手，磁场方向的指向始终是有规律的。我们可以把上图简化成下图这样：

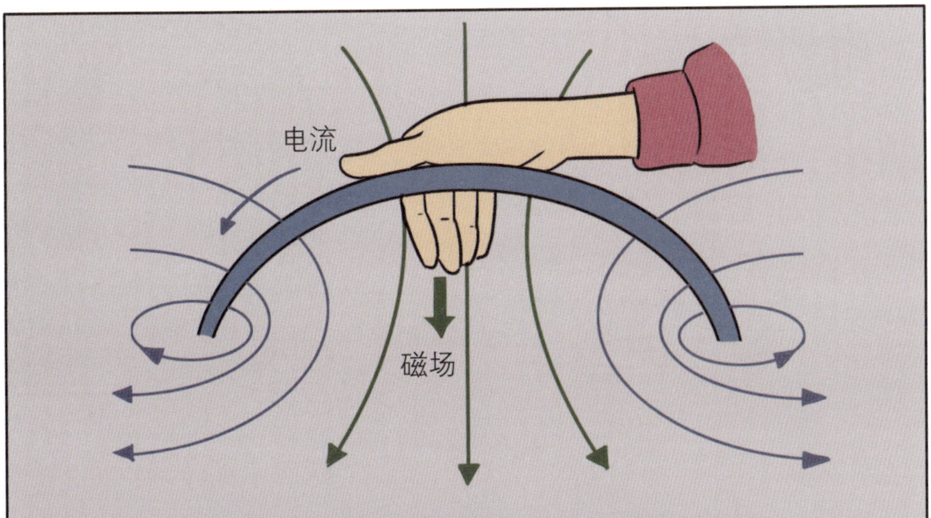

在此也可以利用右手法则。大拇指指向电流方向，4 个手指所指的方向就是磁场的方向。

你会发现，看上去随着电流方向变化而绕来绕去的磁场方向始终有着一个固定的指向。

如果导线把直线和圆形两种特点结合起来，也就是螺旋线缠绕，磁场方向又会是怎么样的呢？我们仍然可以用自己的右手来加以判断。而且不需要在每一次电流变换方向的时候都去模拟一下，就像下面这样做：

还是先确定电流的方向，然后伸出大拇指，朝向电流方向，但其余四个手指不要握住导线，而是指向螺旋线导线的中心，你会发现磁场看起来好像是从螺旋线导线中心穿过似的，四个手指的方向就是磁场方向。

实际上，这种螺旋线缠绕的导线叫作线圈，在我们的日常生活中是很常见的一种导线走向。

人们发现磁场的形成和电流有关，自然会想到利用电来制造磁铁，这就是电磁铁。它可以产生比天然磁铁强大得多的磁力。金属回收器、门磁、磁悬浮列车等都会广泛应用到电磁铁。

那么，怎么制造电磁铁呢？其原理是这样的：在铁棒上缠绕线圈后通电，就会产生强大的磁场。我们可以利用通电螺线管中的安培定则（安培定则二）来确定磁力方向，用右手握住通电螺线管，让四指指向电流的方向，那么大拇指所指的那一端是通电螺线管的 N 极。

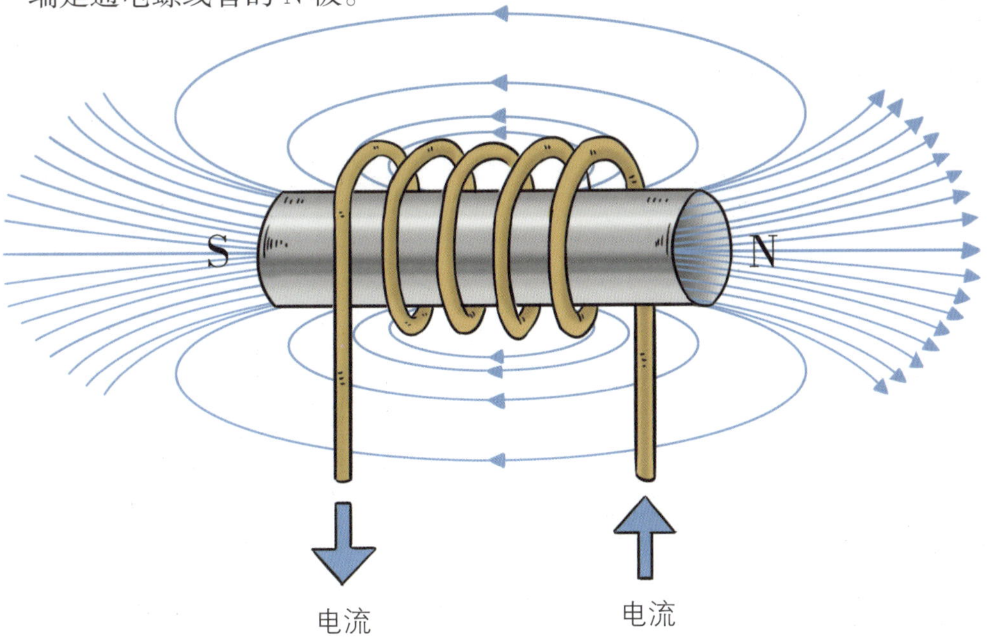

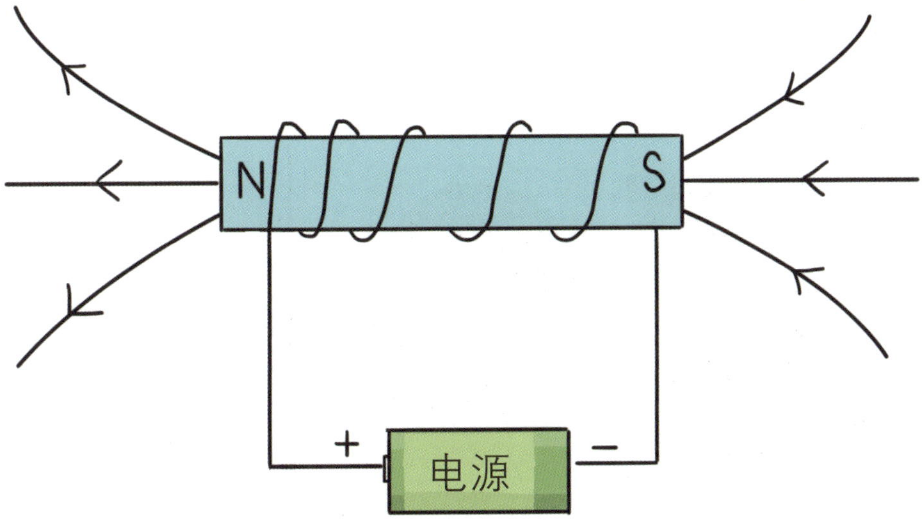

电磁铁不但磁力强大，还可以通过改变电流方向来改变磁场极性，通过开启或切断电流来控制电磁铁工作，因此十分方便。

电流带来电力，磁铁有着磁力，当人们发现了通电导线和磁场的关系后，同时也发现了通电导线在磁场中可以产生一种力来作用于其他物体。这种作用力被称为电磁力。

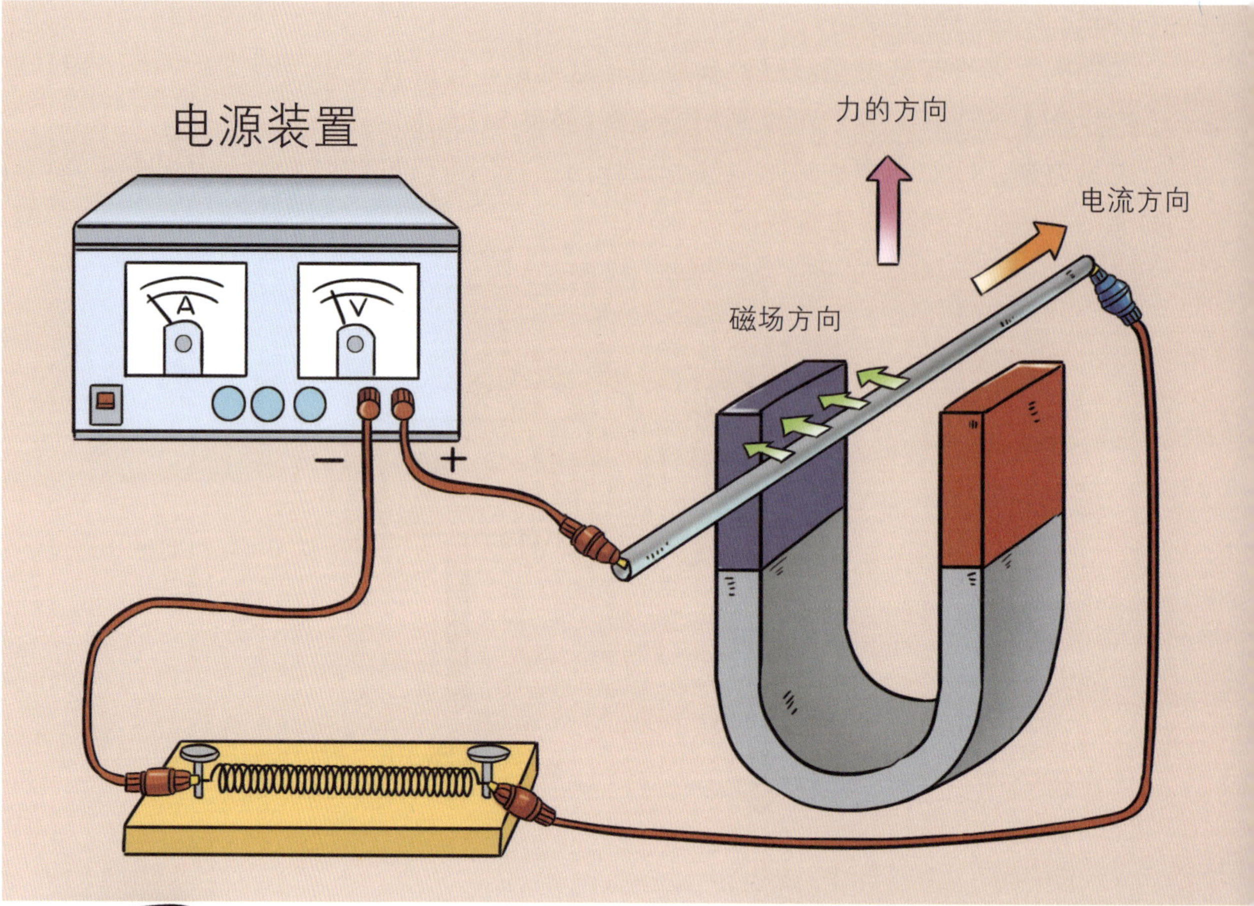

电磁力同时受到电流和磁场的影响，电流越大，磁场越强，那么通电导线在磁场中受到的电磁力也就越大。另外，在电流方向垂直于磁场方向时，电磁力最大。但电流方向平行于磁场方向时，电磁力会消失。

和其他作用力如推力、拉力、浮力等一样，电磁力也是有方向的。它的方向和电流方向及磁场方向有关。通过左手定则，我们可以一次性找到电流、磁场和电磁力的方向。平摊你的左手，让大拇指垂直于其他四个手指，让磁力线垂直穿过手心，四个指头指向电流方向，那么大拇指就是通电导线在磁场中的受力方向。

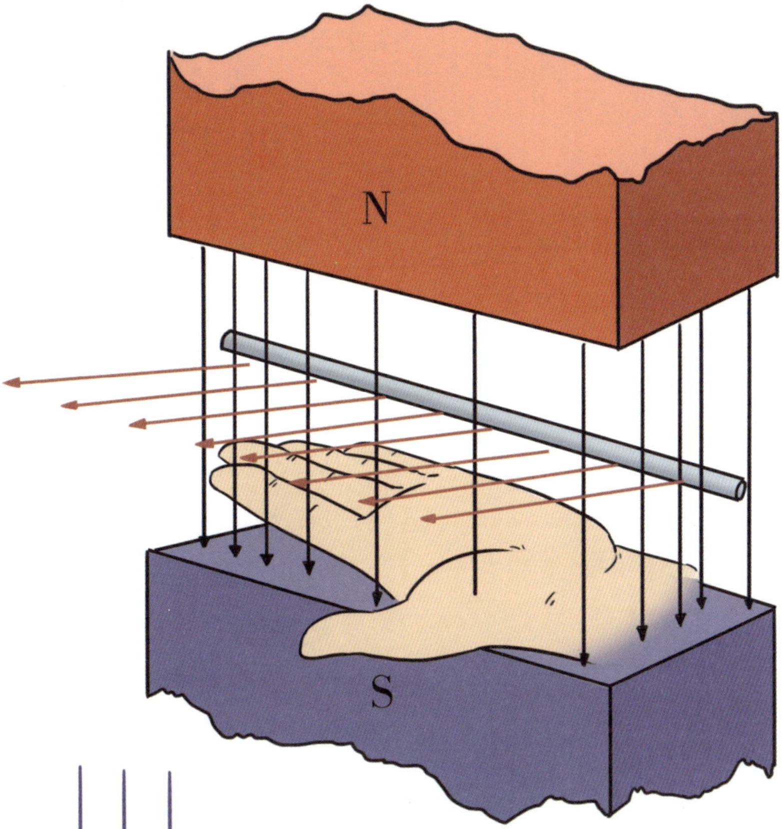

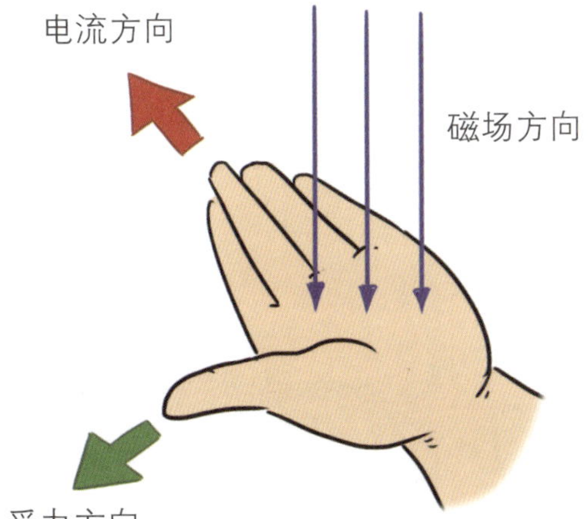

左手定则是英国电气工程师约翰·安布鲁斯·弗莱明提出的。有了电磁力，我们的生活大不一样了。因为日常的许多家用电器如电视机、电冰箱、电脑，乃至各种大型用电设备如电力机车等，都离不开电磁力。

悬浮的锡纸环

你需要准备的材料：

- 1 个圆规
- 1 张锡纸
- 1 把剪刀
- 1 个卫生纸筒芯
- 1 个电磁炉

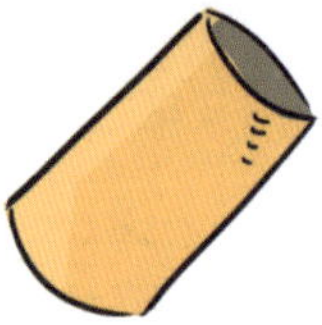

实验开始：

1. 在锡纸上用圆规画一个大圆，再把卫生纸筒芯放在圆环中心画出一个小圆。按照画的圆圈剪出一个空心圆环，并将其套在卫生纸筒芯上。

2. 把卫生纸筒芯立在电磁炉上，打开电磁炉的开关。

3. 很快，套在卫生纸筒芯上的锡纸圆环竟然凭空飞了起来！

我们竟然做出了一个悬浮的“飞碟”！
这个“飞碟”能飞起来，正是磁场相斥的结果！通电后的电磁炉产生了一个磁场，并让卫生纸筒芯上的锡纸圆环也带上了磁力。由于电磁炉的磁场与锡纸圆环的磁力是同性的，相互排斥，所以较轻的锡纸圆环便被推开，飞了起来！

第 6 章

电和磁改变生活

电和磁在我们的生活中实在是太重要了，以至于我们须臾都离不开它们。

在今天，可能你会觉得电比磁更重要一些，但实际上，电和磁是无法完全分开的。而且，磁对生物有至关重要的作用，也就是生物磁。

鸽子就是把生物磁利用到极致的鸟类。它的头部有着磁性物质，通过利用这些磁性物质，鸽子可以感受到地球磁场，并根据地磁来为自己导航。因此鸽子具有极其出色的定向能力。

针对生物磁的研究，还处于发展之中。特别是生物磁和人体健康之间的关系，一直是研究的热点。在不久的将来，生物磁技术可能会在医学领域中扮演着越来越重要的角色。

我们除了可以利用磁来指示方向，还可以用磁场来记录信息，这一点对今天的人们尤其重要。

导线通电后能在周围产生磁场，同样，移动磁铁也可以产生电流，二者相互依存，这叫作“电磁感应”现象。通过电磁感应可以让磁记录信息。具体怎么做呢？以磁条式银行卡为例。卡上的黑色磁条在插入读卡器后就会产生感应电流，读取或者写入相应信息，并将其记录在磁条上。除了银行卡或其他磁条卡如交通卡、电话卡等，磁带、电脑硬盘也采用了这种方式来记录和读取数据。

发现电磁感应现象后，人们试图打破干电池的限制，获得威力更强大，更源源不断的电流，这就是利用磁铁来发电的发电机。

具体怎样才能靠移动磁铁来得到电流呢？电流可不是随随便便就能被获取的，要像这样在螺旋线的导线线圈中快速地插入并抽出磁铁，才能使导线产生电流。除了抽插磁铁，快速地在线圈中转动磁铁也可以产生电流。

1831 年，英国物理学家迈克尔·法拉第首次发现了电磁感应现象和产生交流电的方法。

英国物理学家迈克尔·法拉第

他发明了人类的第一个发电机。所谓交流电，就是指电流的方向会周期性发生变化，这跟干电池所产生的电不同；后者的电流方向是不变的，因此产生的电又被称为直流电。

现在，让我们以火力发电厂为例，来看一看发电机到底是怎么工作的吧。

首先，依靠煤为燃料来把水烧到沸腾，产生大量的水蒸气。然后水蒸气推动涡轮旋转起来，这样就可以带动发电机的轴进行旋转。

发电机的轴上连接着磁铁，磁铁在线圈中高速旋转时就产生了电流。然后再把得到的电流输送到千家万户。我们就有了电。

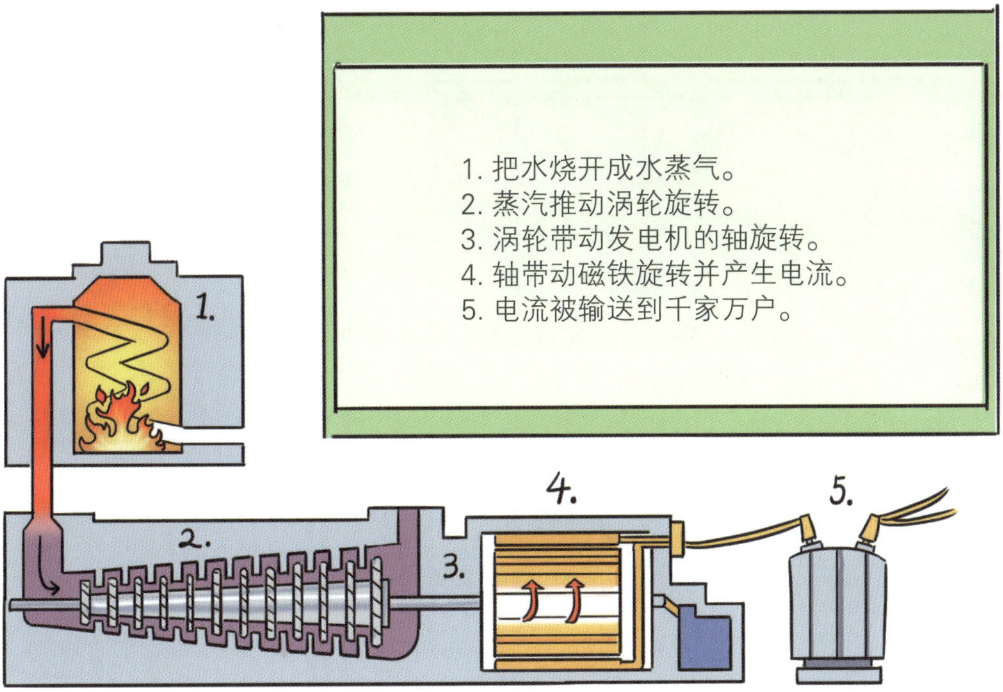

实际上你会发现，不管是水力发电、风力发电还是核能发电，都是要利用某种能源推动发电机旋转起来。

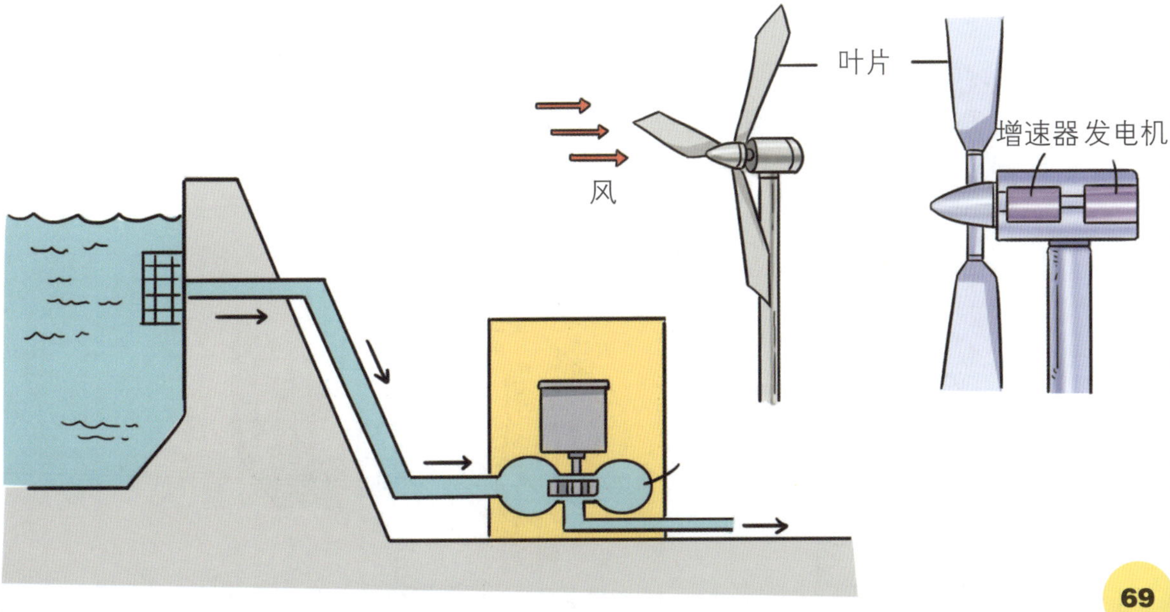

人们依靠推动磁铁转动而得到电能，这属于让动能变成电能。那么反过来想想，我们可以让电能转化为动能吗？当然可以。

电动机就是让电能转化为动能的好例子。它同样离不开电与磁。一个典型的电动机是这样工作的：内部装有一块U形磁铁，磁铁中央有可转动的连接轴和导体。一旦通电，带电的导体就会在磁场中受到磁力的作用而旋转起来。然后我们又会利用一系列机械传动结构将旋转的动力利用起来。比如通过这种动力来带动洗衣机的滚筒，带动车轮或者带动传送带等。

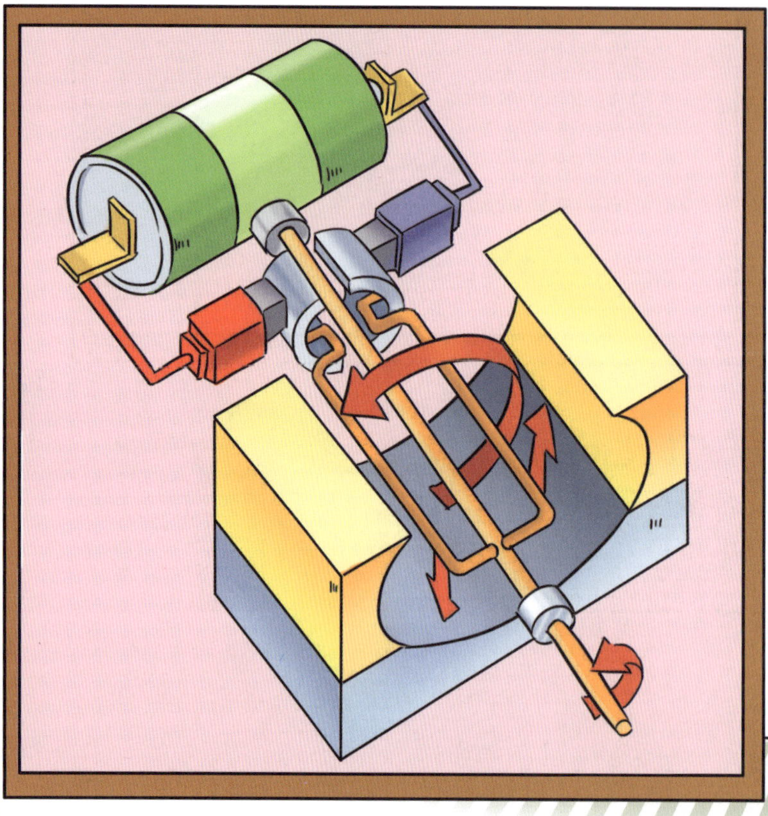

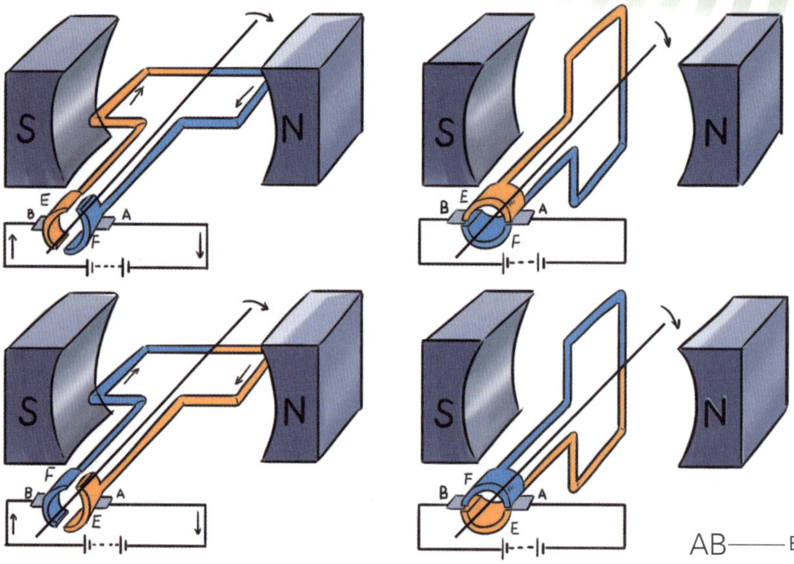

AB——电刷　EF——换向

丹麦物理学家汉斯·奥斯特

不过，电动机的原理跟电磁感应现象并不是一回事，它利用的是通电导体在磁场中受力的原理。导体接通电流后会产生磁力，但是导体所在的方向和 U 形磁铁不同，所以会使导体在磁场中受到 U 形磁铁的排斥推挤而旋转起来。最早发现这一原理的是丹麦物理学家汉斯·奥斯特。

可惜的是，汉斯·奥斯特在 1820 年发现这一原理后，并没有发明出电动机。发明人类历史上第一台最原始的电动机雏形的，还是迈克尔·法拉第。迈克尔·法拉第于 1821 年发明了以下示意图为原理的电动机：左边，磁铁绕固定的导线在水银杯中连续旋转。右边，导线绕固定的磁铁连续旋转。

除了电动机和发电机，人们还努力地探索着其他利用电和磁的办法。磁悬浮列车就是其中的一个例子。

我们都知道，摩擦力的存在使得物体的运动总会逐渐慢下来。要是有什么办法能够减少甚至消除运动过程中摩擦力的影响就好了。我们还有这样的体验，把两块磁铁极性相同的一面贴在一起，它们会互相排斥，这种力量会让两块磁体互不接触甚至被推出去。

假如利用这一原理，用磁铁来制造火车的车身和铁轨，不仅可以让火车高速行驶，同时又能减少摩擦、噪声和振动。

不过，自然界中没有这么强大的磁铁，因此人们想到了电磁铁。但并不是所有的金属都适合用来制造磁悬浮列车，因为这种列车需要强大的磁力和电流。如果金属的导电性能不理想。大量的电流就会在金属传导过程中被消耗掉，甚至使金属发热熔化。而磁悬浮列车所使用的电磁铁还不一样，它所使用的是超导磁铁。这种磁铁导电性非常强，能够减少对电力的需要，同时也能获得巨大的磁力。

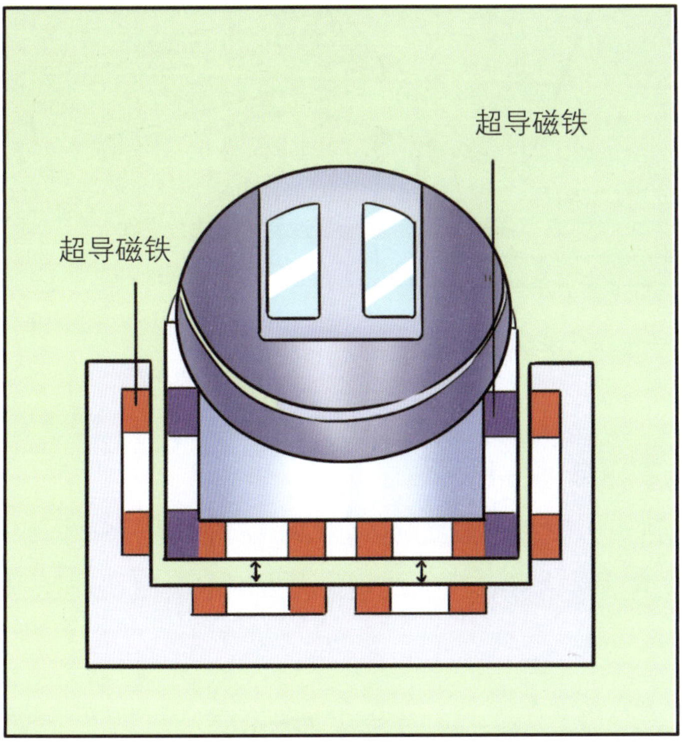

随着磁悬浮技术的进一步发展和成熟，相信未来它会像电动机和发电机一样，给我们的生活带来巨大的改变。

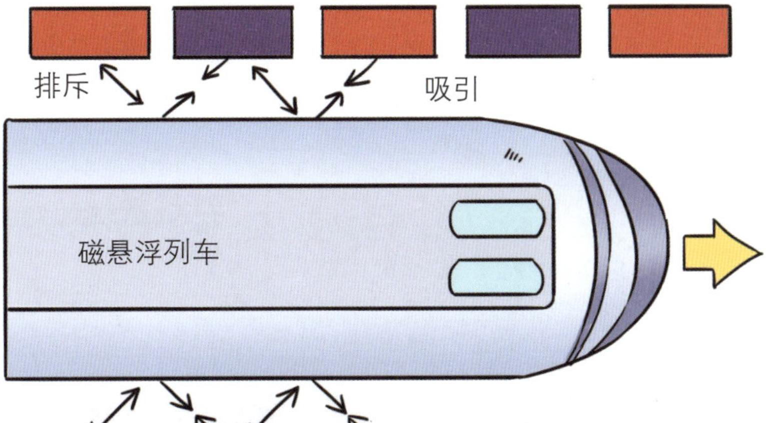

用电磁炉画圈圈

你需要准备的材料：

- 1 个电磁炉
- 少许铁粉
- 1 张白纸
- 1 根筷子

实验开始：

1. 将铁粉撒在白纸上，再把白纸放在电磁炉上。
2. 打开电磁炉的开关，用筷子轻轻拨一拨铁粉，会看到铁粉形成了一个圆圈。
3. 关掉电磁炉，再拨弄一下铁粉，可以看到铁粉又无规则地聚在了一起。

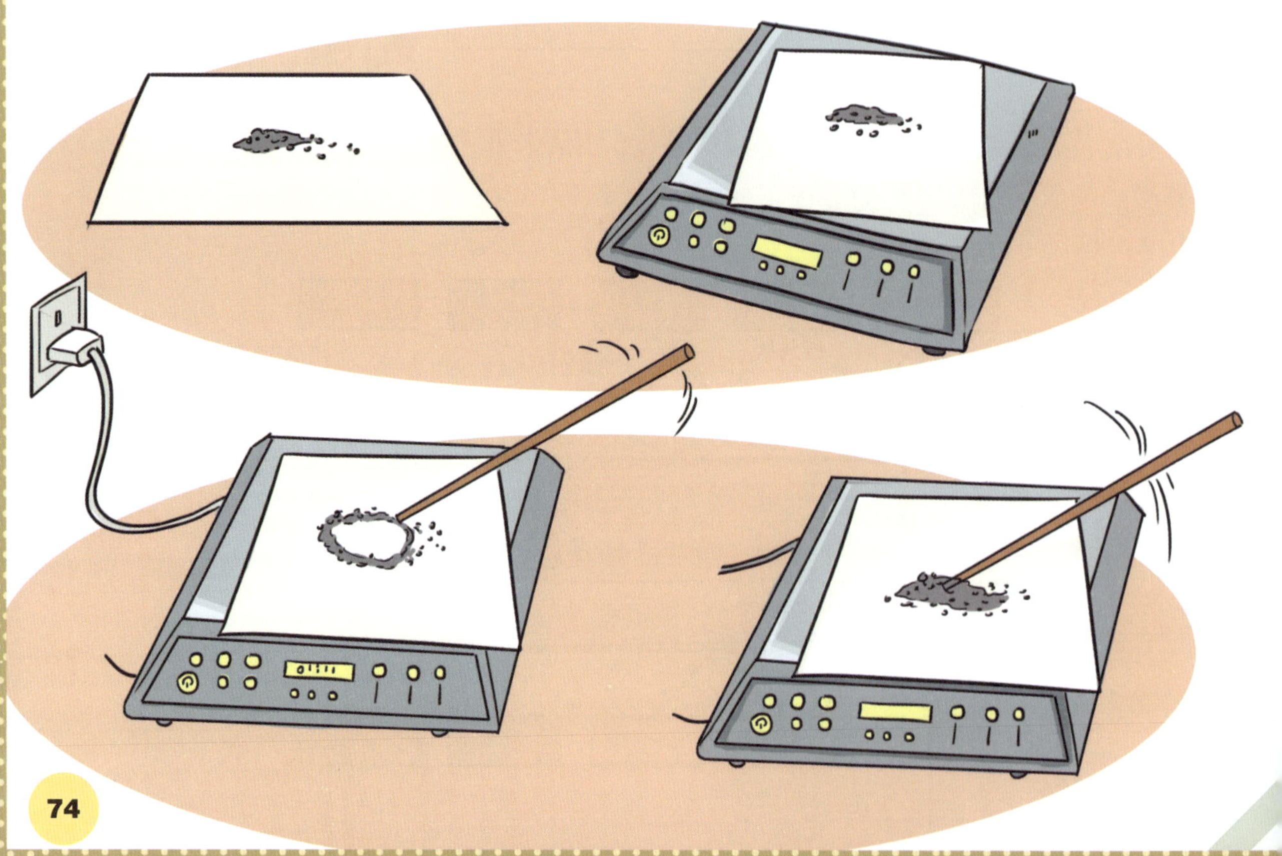

你说得对。我们之前已经通过铁粉观察过条形磁铁的磁场，这一次铁粉又为我们画出了电磁炉的磁场！
我知道了！这个圆圈是铁粉根据电磁炉的磁场描绘出的“磁力线”！

神奇的电磁魔术

你需要准备的材料：

- 1 个玻璃杯
- 1 节电池
- 1 卷透明胶
- 1 个指南针
- 导线若干

实验开始：

1. 将玻璃杯倒扣过来，把两根导线的一端用透明胶分别粘在玻璃杯底，再把其中一根导线的另一端粘到电池的某一极。

2. 把指南针放在玻璃杯底上，转动杯子调整指南针与导线的方向，使指南针的指针和导线呈平行状态。

3. 将另一条导线的末端连到电池的另一极上，在导线接通的瞬间，我们可以看到指南针的指针突然转向，转到了和导线垂直的方向。

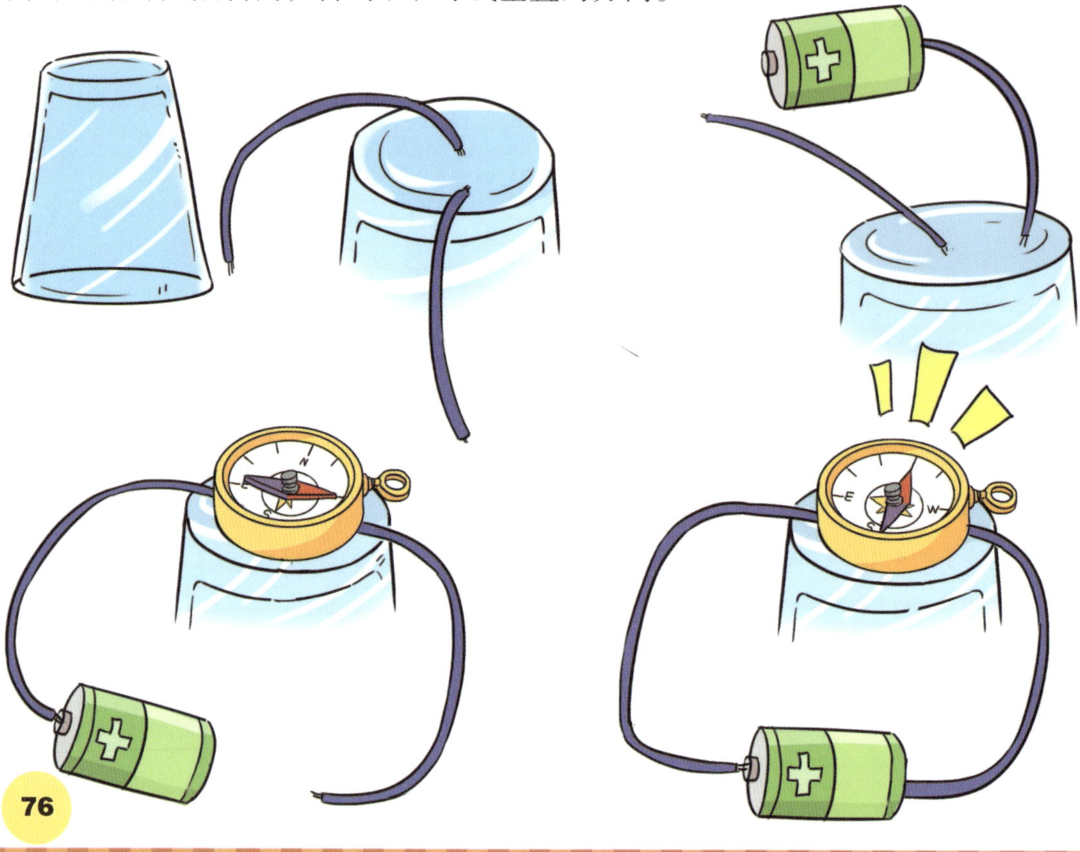

布朗叔叔，快告诉我，这次指南针为什么又乱动了呢？
指南针的指针指出方向的同时，也标识出了地球磁场的磁力线。但是我们的导线连通电池的瞬间，在玻璃杯底部形成了一个小磁场，这个磁场对指南针的影响比地球磁场大，于是指南针只得转换方向，去标识电池磁场的磁力线了。

跟着物理学家玩游戏

物态变化

王贵明　高湘萍　智慧鸟／主编

吉林科学技术出版社

前言

物理，顾名思义，研究的是万事万物的道理。眼睛为什么能看见东西？耳朵为什么能听见声音？我们为什么能站在地面上，而不是飘在天空中？有没有可以永远运动而不会停下来的物体？能量到底是什么？又是什么照亮了我们的生活？而未来，人类世界又将变成什么样子？这么多的问题，我们都得到物理的世界中去寻找答案。

电、磁、声音、光、力、能量……它们共同构成了物理的世界，这一切听上去好像高深莫测，但实际上，物理学的道理已经藏在了各种各样有趣的游戏中。打开这套书，你就能在物理的世界里畅快地游玩一番了，还等什么呢？

目录

第1章 谁偷走了我的雪糕

小松鼠跳跳和小白兔闹闹各自从家里带了一件小礼物，要送给对方。

“我带的礼物是雪糕。”跳跳说。

“我带的礼物是巧克力。”闹闹开心地蹦着说。

跳跳和闹闹不一会儿就遇见了对方。两个好朋友急着把礼物送给对方，没想到，巧克力已经变成了一摊泥浆，而雪糕已经变成了一摊水。

闹闹和跳跳气得哭了起来：“这是谁干的啊？好端端的巧克力和雪糕怎么变样子了？”

乌龟爷爷口中讲的物态变化是怎么回事呢？其实，物质有三种不同的存在状态，那就是固态、气态和液态。而物态变化是指物质从某一种状态变成另一种状态。比如，跳跳的雪糕和闹闹的巧克力就是从固态变成了液态。在这个过程中，并没有人偷走跳跳的雪糕，也没有人搞恶作剧。组成雪糕和巧克力的物质本身并没有发生变化，只是它们的状态发生了改变。

像这样的例子，生活中还有很多很多。把一杯水放进冰箱，它会冻成冰块。再拿出冰箱，冰块会慢慢融化。但如果把水烧开，它会变成气体并越来越少。那么，所有的东西都能在气态、固态和液态之间变化吗？一块铁、一块石头的不同状态又是怎么样的呢？让我们来看一看吧。

要注意，很多物质所发生的变化并不全是物质状态的变化。我们先来看看这些变化吧。

你吃过臭豆腐吗？如果没吃过，那么黄豆酱、奶酪、泡菜、酸奶……这些食物你总吃过其中一样吧。

这些食物都有一个共同的特征，那就是在加工制作过程中都引入了微生物来使食物发酵。这种微生物，主要是乳酸菌。别看它有个“菌”字，但却能使一种食物变成既美味可口，又对健康有益的新食物，神奇极了。乳酸菌可以让蔬菜变酸以得到泡菜，也可以让牛奶变酸以得到酸奶。

用乳酸菌来发酵的技术并不神秘，几千年前，人们就意外地发现了这一现象，并利用它来制作食物。

发酵的过程实际上是乳酸菌等细菌利用生物酶将食物进行分解的过程。但不是所有的分解过程都受欢迎。大多数时候，食物会在分解中腐烂变质，产生对人体有害的物质，这样的食物当然没法吃了。而有些食物经由分解发酵则会变得更加美味营养，成为餐桌上的宠儿。在这个过程中，原来的食物已经在乳酸菌的作用下变成了完全不同的另一种食物，可为什么这么说呢？

这是因为物质由分子、原子、离子构成，比如说金刚石和石墨就是由碳原子构成的。它们的物理性质有很大差异，例如金刚石不导电，石墨却导电，这是由于它们的碳原子排列方式不同导致的。

发酵会让原来食物的分子结构发生变化，变成新的分子结构，自然也就得到了性质完全不同的另一种物质，这种现象叫作化学变化。

氧气和氢气发生化学反应后形成了水

跟化学变化不同的是物理变化。一支冰棍和一摊糖水形状完全不同，但它们都是由同一种物质组成的。其性质并没有发生新的改变，当然，这也说明其分子结构还是和原来一模一样。就像把一块木头雕刻成雕像一样，构成它们的还是同样的分子，只是外表看上去不一样了。

现在我们知道了，物理变化指的是物质状态发生变化，但性质没有发生变化。可是，到底怎么来区分物理变化和化学变化呢？

实际上，蜡烛燃烧时，生成了二氧化碳和水，也就是产生了新的物质，所以在这个过程中发生了化学变化。

如果仅仅是把蜡烛切断，或者切成条儿，或者碾碎，这就属于物理变化。因为整个过程并没有新的物质产生。

其实，有一个简单的小窍门来帮助我们判断一种物质发生的到底是什么变化——如果物质变化后变成了另一种物质，而且无法还原，那就是化学变化。

蜡烛燃烧后不会再重新变回新的蜡烛，同样，酸奶也不会变回牛奶，臭豆腐无法变回豆腐，泡菜无法变回新鲜白菜，这些都属于化学变化。

但炼铁厂中，高炉可以把铁块熔化成铁水，铁水一旦冷却降温，又会重新变成铁块，这就是物理变化。

利用这一特点，我们可以用铁块铸造出各种各样的金属产品。农业时代，人们就会铸造锄头、铁锹等农具，还能铸造刀剑、盔甲等武器。今天，我们会利用铁等金属来铸造各种机械零件和构件，这是因为铁在熔化后会变成柔软易变形的液体，根据不同的需求来塑造形状，但一旦冷却，又会变成坚硬耐用的固体。

不过，铁在空气中暴露久了会生锈。铁生锈是因为金属铁和空气中其他的物质发生了化学反应，生成了新的物质。铁锈是红褐色、多孔疏松的物质，一碰就会碎成粉末，与坚硬的铁截然不同，而且，铁锈也无法重新变成铁。因此，铁生锈是一种化学变化。

坚硬的铁被熔化成铁水，然后在冷却过程中被锻造成斧子，斧子将大树砍倒，又将木头劈成木材……在这些变化过程中，物质的性质并没有发生变化，因此都是物理变化。不过，同样是物理变化，还是存在着一些区别。比如大树变成木头，又变成木材，这里的物质始终以固体的形态存在。而铁的上述变化过程却从固体到液体再到固体，虽然性质没变，但是状态变了，这种现象叫作物态变化，也就是说物体的性质没有发生变化，但状态发生了变化。

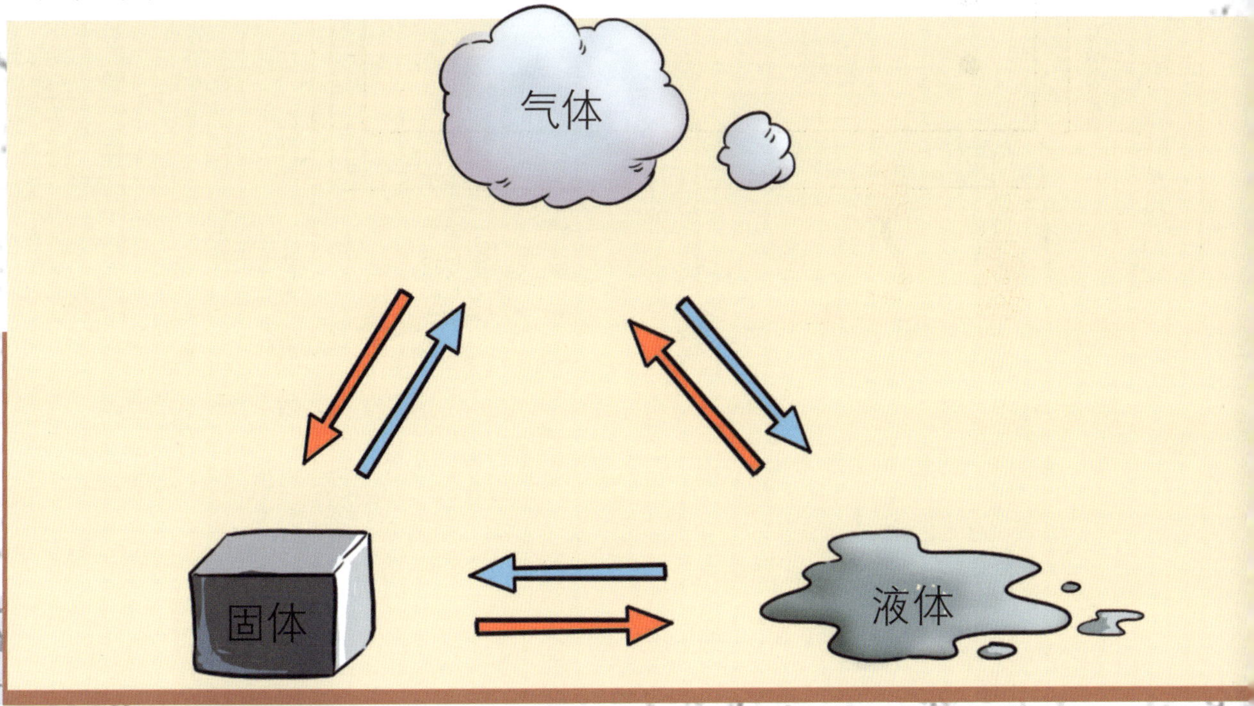

开水中的冰块

你需要准备的材料：

- 1个塑料杯　少量红墨水　1个滴管
- 1个试管　1个酒精灯　1个打火机
- 1个试管夹　1个冰箱　少量清水

实验开始：

1. 在塑料杯里装上半杯清水，滴入红墨水，摇晃均匀后把塑料杯放进冰箱。

2. 红色液体结成冰后取出塑料杯，取一小块冰放进试管里。

3. 在试管中加入清水，使清水占试管体积的三分之二。

4. 用打火机点燃酒精灯，然后用试管夹夹住试管，将试管的上半部分（也就是装清水的部分）放到火苗上方加热。很快，试管中的清水就开始沸腾了，但底部的红色冰块仍没有融化。

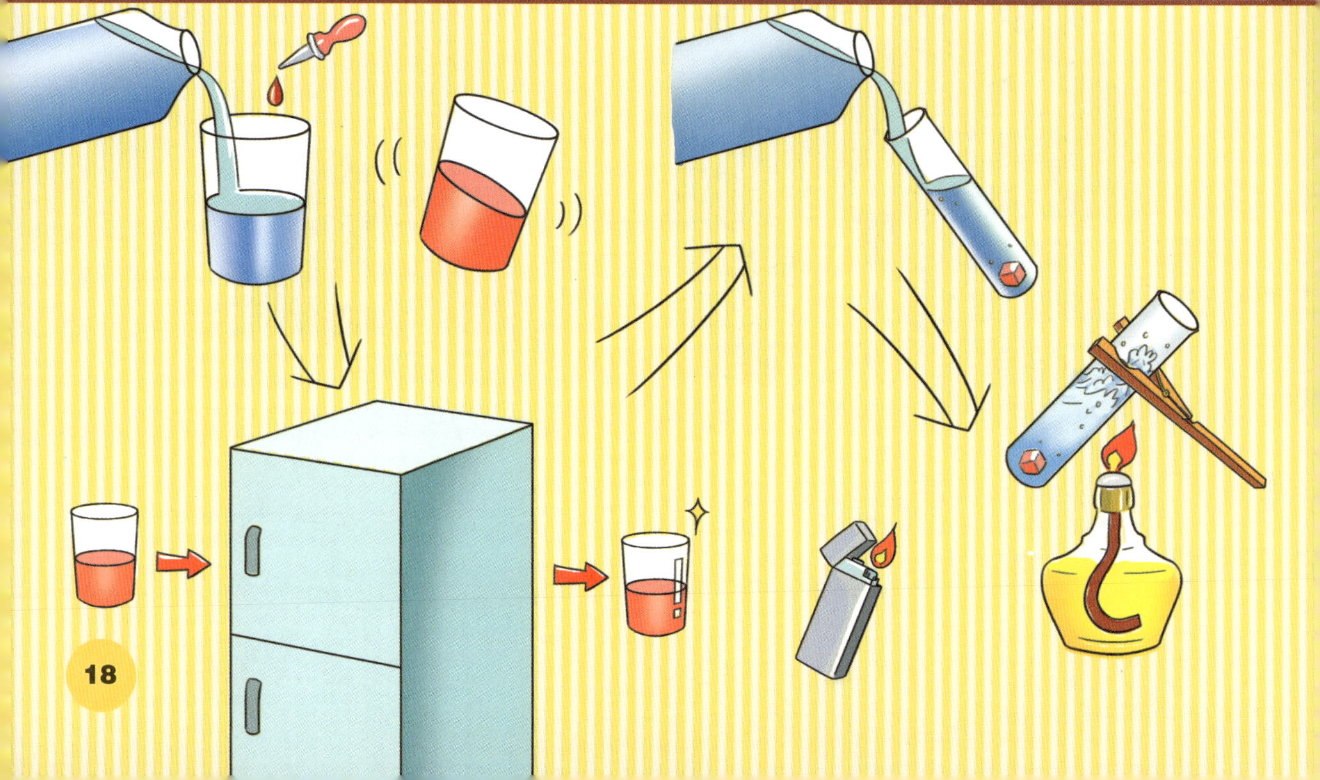

布朗叔叔，冰在开水中都没有融化，真是不可思议啊！
其实这种现象的原理并不复杂。首先，我们选择的试管和清水，导热性都很差，无法很快地将热量传递到冰块上；其次，我们加热的是试管上半部分，上半部分的水受热以后，形成的水蒸气会继续向上传导，而不会向下对流。所以，试管底部的冰块短时间内不会融化。如果我们加热的是试管底部，那么结果就不一样了。

能烧开水的冰

你需要准备的材料：

- 1 个带塞子的试管　1 根橡皮筋
- 1 个试管夹　1 个酒精灯
- 1 个打火机　1 块冰　少量清水

实验开始：

1. 用打火机点燃酒精灯。在试管中注入三分之一的清水，用试管夹夹住试管并放在酒精灯上加热。

2. 待试管里的水沸腾后，熄灭酒精灯，用塞子塞住试管口，并套上橡皮筋固定。

3. 把试管倒立起来，然后把冰块放到试管底部。过了一会儿，试管里的水竟然重新沸腾了起来！

怎么回事啊？冰块不是降温的吗？为什么水又沸腾了呢？
这是因为水的沸腾不仅与温度有关，还与气压有关！水在低气压的环境中，沸点也会降低。我们加热试管时，试管中的部分空气因为热胀冷缩被排到了试管外，这时将试管密封，会使试管里面的气压变小。我们再用冰冷敷试管，试管中的气压会进一步减小。所以这时水没有达到100℃，依旧会沸腾。

第2章 物态变化

生活中，最能体现物态变化神奇之处的，无过于水了。

一般情况下，水以液体的形态存在，当温度足够低时，水就会变成固体，也就是冰。当温度足够高时，水又会变成气体，也就是水蒸气。不过，你只能和它打一小会儿照面。因为白色的水蒸气很快就扩散到了空气中，消失得无影无踪了。

那么，水，冰，还有水蒸气，它们到底是同一种东西呢，还是不同的东西呢？

我们得说，它们既相同，又不一样。相同的是组成它们的物质，实际上都是水分子。不同的是它们所表现出来的物态。

在太阳的照射下，水以气体的形态蒸发到了空气中。

物态不一样有什么关系呢，它们的本质都还是水，这不就够了。

当然不够，比如说，你可以往可乐里加冰块来让可乐变得更加清凉可口，但你没办法往里面加水蒸气吧。

再比如说，洗脸时你一定会用水，而不是用冰块吧。

你看，物态不一样，区别也大不一样。

物态变化就是物质的物理状态发生了变化。那么我们首先得弄清楚，到底什么是物态。

其实，把物态分为固态、气态和液态三种，只是一种简化的说法。除了这三种状态外，物体还有等离子态等其他状态。不过，在日常生活中，固态、液态和气态更为常见，与我们的生活也更加息息相关。

由一种或多种物质构成了我们生活中常见的物体，而组成物体的物质又可能同时具有多种状态。

比如一瓶饮料是一种物体，里面装的是液态的饮料，可它却被固态的塑料或者玻璃瓶身所包裹着。再比如氢气球，外部是固态的橡胶球体，而内部却填充着氢气。如果不是把两种不同状态的物质组合起来，你就不会有氢气球可玩了。

不过，在日常生活中最常见的还是固体，也就是以固态存在的物体。你的文具盒、书包、玩具……都是固体。

固体的形状基本保持固定，除非在外部力量的作用下才会改变形状。有的固体很容易就会被改变，比如一张纸可以被轻松撕碎，也有的固体很难变形，比如一块铁板或者一块砖头。

跟固体相比，液态物体，也就是液体，平时出镜率会少一些。水，就是生活中最常见的液态物体。

液体和固体相比，在外观上有一个明显的区别，那就是形状十分容易改变。你用什么容器来装液体，它就呈现出什么样的形状。

液体还有一个特点，那就是总会从高处流向低处。实际上，这一特点固体同样也有。不管你把一个小东西向上抛得多高，它总会掉落回地面，这是受到地心引力的影响，液体流向低处的特点也同样如此。只不过，因为液体形状易变，所以受到地心引力的影响要明显得多。

所以，液体可不像固体那样喜欢安安静静地待在一个地方。只要没有了束缚，它总是不断地流动着，从较高的地方流向更低的地方。

此外，液体还能溶解其他物质，混合了其他物质的液体叫作溶液。用于溶解某种物质的液体叫作溶剂。水就是一种用途十分广泛的溶剂，它可以溶解白糖，还可以溶解盐。溶解的物质不同，尝起来也不同。

除了喝，溶液的作用可大极了。我们体内的血液也是一种溶液。血液里含有红细胞、血小板和多种营养物质。消化器官提供的养分全靠血液输送到全身各处，以维持身体的正常运转。可以说，血液是生命之源，凡是生物，体内都有各种颜色和成分的血液。不过，它们都是液体，要不就没办法很好地流动了。

人体血液里包含红细胞、白细胞、血小板、血浆。其中血浆占血液总量的一半以上，其包含 90% 的水分和各种蛋白质、电解质、激素、维生素等物质。

既然液体的一个特点是形状易变且易流动，那么，糖粉和盐粉算不算液体呢？把它们握在手中，就会像水一样从指缝中溜走，把它们装在不同的容器中，它们也会随着容器的样子而改变形状，看上去，跟液体也没什么区别嘛。

实际上，如果把糖粉放在放大镜下观察，你会发现它们仍然是由许多晶体状的固体小颗粒组成的。当然，你可以把它们碾得更细，细到得用显微镜来观察，但它们仍然是固体颗粒。因此，粉末状的物体还是固体，而不是液体。

还有一种物态，是气态。绝大多数时候，呈气态的物体都是看不见摸不着的。比起液体，气体的形状更加易变，而且也更容易流动。可以说，气体的形状也是由容器所决定的。

气体分子彼此之间的距离很大，不像液体分子之间的联系那么紧密，更无法与手拉手紧紧抱在一起的固体相比。如果人们对容器里面的气体施加压力，可以强迫它们暂时挤在一起。不过，气体分子们十分抗拒这样做，因此你越是挤压它们，就越能感觉到它们的反抗。

当外界的压力撤销时，气体会第一时间恢复到原来的样子。就像你挤压一个气球，气球会变小，但一松手，气球又会变大。这个过程是具有弹性的。利用这一特点，我们可以发明出许多让生活更美好的东西。

安全气囊就利用了空气不同状态下产生的弹性。当发生严重碰撞时，汽车里的安全气囊会瞬间充气膨胀。它的弹性能有效地吸收冲击力，避免人直接撞在坚硬的车体上而受伤。

充气城堡也利用了这种弹性，它相当于一个更大、更结实的气球，使我们可以在充气城堡里蹦蹦跳跳而不至于受伤。此外，消防救援时所用的充气救生垫也是如此，从高处坠落的人如果掉在救生垫上，此时的救生垫在一定程度上可以减轻伤害，挽救生命。

因为气体易变形且易流动，因此运动速度也特别快。在风平浪静的时候我们感受不到这一点。但当起风时，我们就能体会到气体的流动速度。人们对风力进行了分级，我国一般将风力分为 13 个等级。12 级大风的速度大于 30m/s，而龙卷风的中心附近的风速约为 100 ~ 200m/s。

吹不熄的蜡烛

你需要准备的材料：

- 1 个漏斗
- 1 根蜡烛
- 1 个打火机

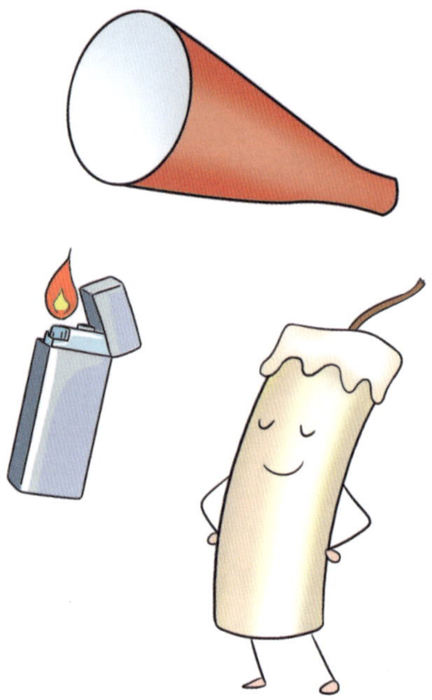

实验开始：

1. 用打火机点燃蜡烛，并将蜡烛固定在桌面上。

2. 对着蜡烛吹气。在蜡烛被吹熄的瞬间，观察火焰偏移的方向。

3. 再次点燃蜡烛。这次对着漏斗的小口吹气，将漏斗的大口对着蜡烛。

奇怪了，这一次蜡烛火焰没有熄灭，反而向着漏斗的方向偏了过来。

隔着漏斗吹气好累啊，我已经很用力了，但是蜡烛还是没有熄灭！

我们之所以吹不灭蜡烛，是因为漏斗改变了我们吹出的气流的形状。在第一次吹蜡烛时，你将嘴唇嘟在一起，吹出的气流便像一根棍子一样，冲击力很大，很容易就吹灭了蜡烛。但是隔着漏斗吹气，气体会沿着漏斗壁扩散开来，分散了气流的冲击力，使得火焰不容易被熄灭。同时漏斗的中心区域气压会比外部低，使得外部更大的气压压迫着火焰朝漏斗的方向靠近。

第3章

三种物态下的分子运动

气体为什么运动得那么快，固体为什么总是很结实，液体为什么会流动但又不具有气体那样的弹性呢？

要搞清楚这一点，我们就得看看固体、液体和气体物质的分子结构是怎样的。

如果你在热门旅游景区游览过，你可能有过这样的经历：人山人海的游客挤在一起，以至于每个人都寸步难行，想动也动不了。

但如果是在放假后的校园操场上呢，你可以自由自在地跑、跳、翻跟头，不用担心会踩到谁的脚或者撞到谁，分子也是一样。

你可以把物质想象成一个特定的空间，而组成物质的分子就相当于空间里的人。分子与分子之间的间隔越大，分子的运动也就越自由，反过来，分子也就越受到限制。

那么，是什么力量推动着分子运动呢？是温度。

温度越高，分子就动得越厉害。温度越低，分子就越懒，甚至于一动都不想动。

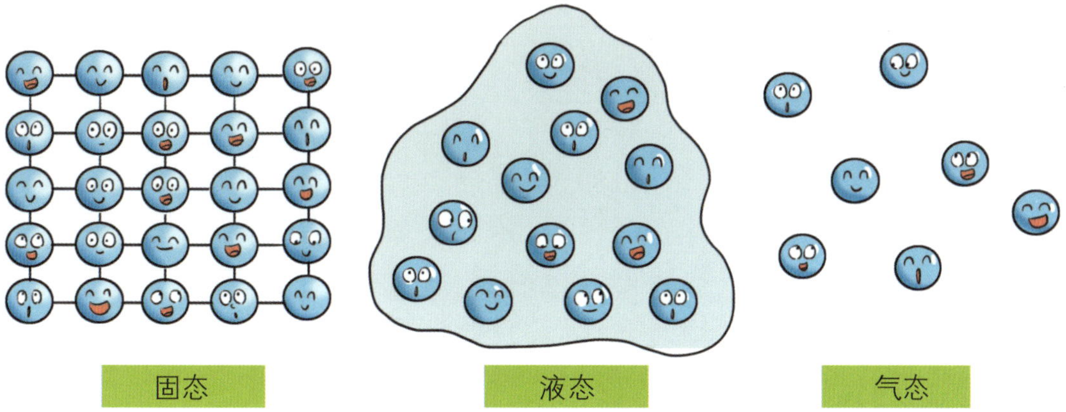

一起来看看水这种物质吧。当温度下降到0℃以下时，水会结成冰，这是因为水分子的运动变得极其缓慢，大家牢牢地抱成一团，变成了固体。

随着温度升高，水分子开始活跃起来，又逐渐变成液体、气体，最后无拘无束地跑到空气中。

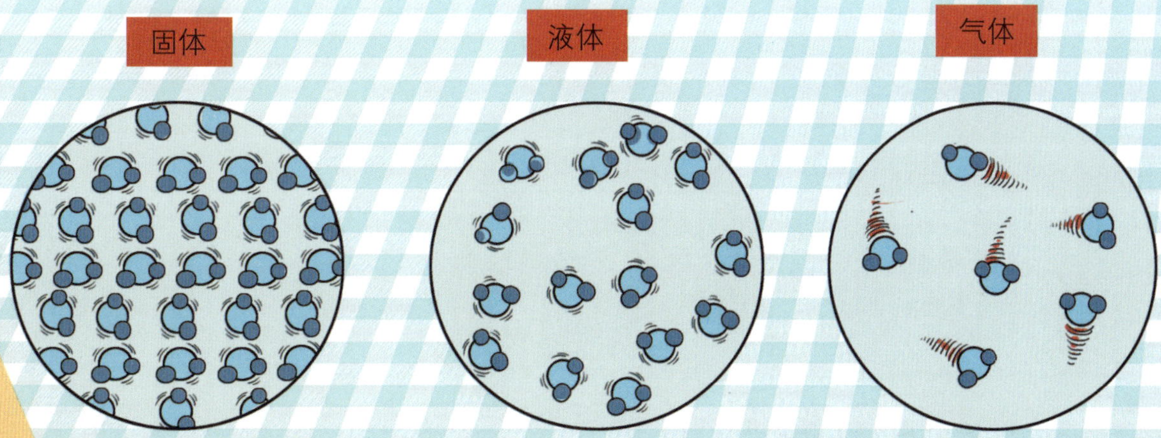

温度越高，分子间距离也越大，分子运动变得越快。

固体物质，就好比一间十分拥挤的房间，分子你挤我、我挤你地挨在一起，彼此的间距十分小。而且，分子们有个怪脾气，那就是挤得越近，分子间就越是互相吸引。这种相互作用力使它们更加牢牢地抱成一团，几乎没有自由活动的空间，甚至连动一动都很不容易。

不过，固体物质的分子也不是完全纹丝不动的，只是我们的肉眼无法察觉而已。

温度升高时，分子的运动就开始活跃起来，而分子之间的距离也开始变大。温度越高，分子运动就越剧烈，终于达到了肉眼可见的程度：固体开始变成液体，不再受到原来形状的束缚，而是到处流动起来。

液体就是当物质的分子自由运动和间距大到一定程度时所呈现的状态。因为距离变得大了，分子之间通过互相吸引来固定位置就变得很不容易。不过，又不至于大到完全失去吸引力的地步。所以，你会看到液体虽然到处流动，但总的来说，还是聚成一团的。

想证明这一点，我们可以做一个小实验：把一杯水倒满，直到水面高过杯口形成一个凸面。为什么高过杯口的水不会流出来呢？就是因为水分子之间还存在一定的吸引作用，可以拉住它们。但这个力量不会太强，如果继续倒水，就会打破表面水分子之间的相互作用力，水从杯中流出。为什么水滴落到光滑的表面上会呈半球形，也同样是这个道理。

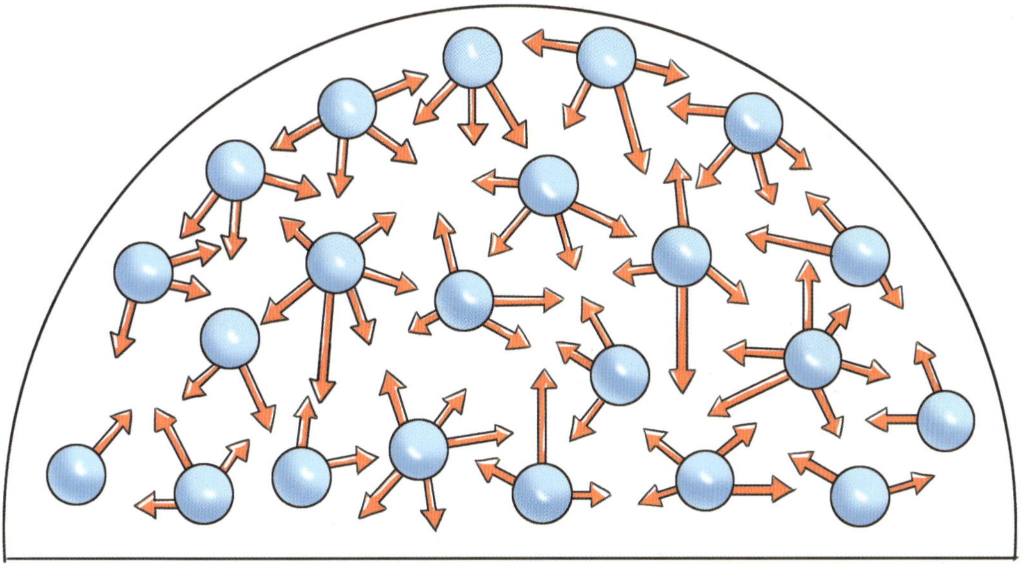

半球边缘的水分子之间互相吸引就好像小朋友们紧紧手牵着手一样，把大家围在一起。

因为液体分子运动相对自由，所以在运动过程中，会经常混进其他物质的分子。这就是像水这样的液体可以作为溶剂的原因。

不过，并不是只有液体才能作为溶剂，实际上，气体和固体也可以作为溶剂。在物理学上，同样把固体混合物和气体混合物称为溶液。比如空气实际上就是氮气混合了氧气、二氧化碳等气体的气态溶液；而药物在载体中，或载体在药物中以分子状态分散开来时，也被称为固态溶液。

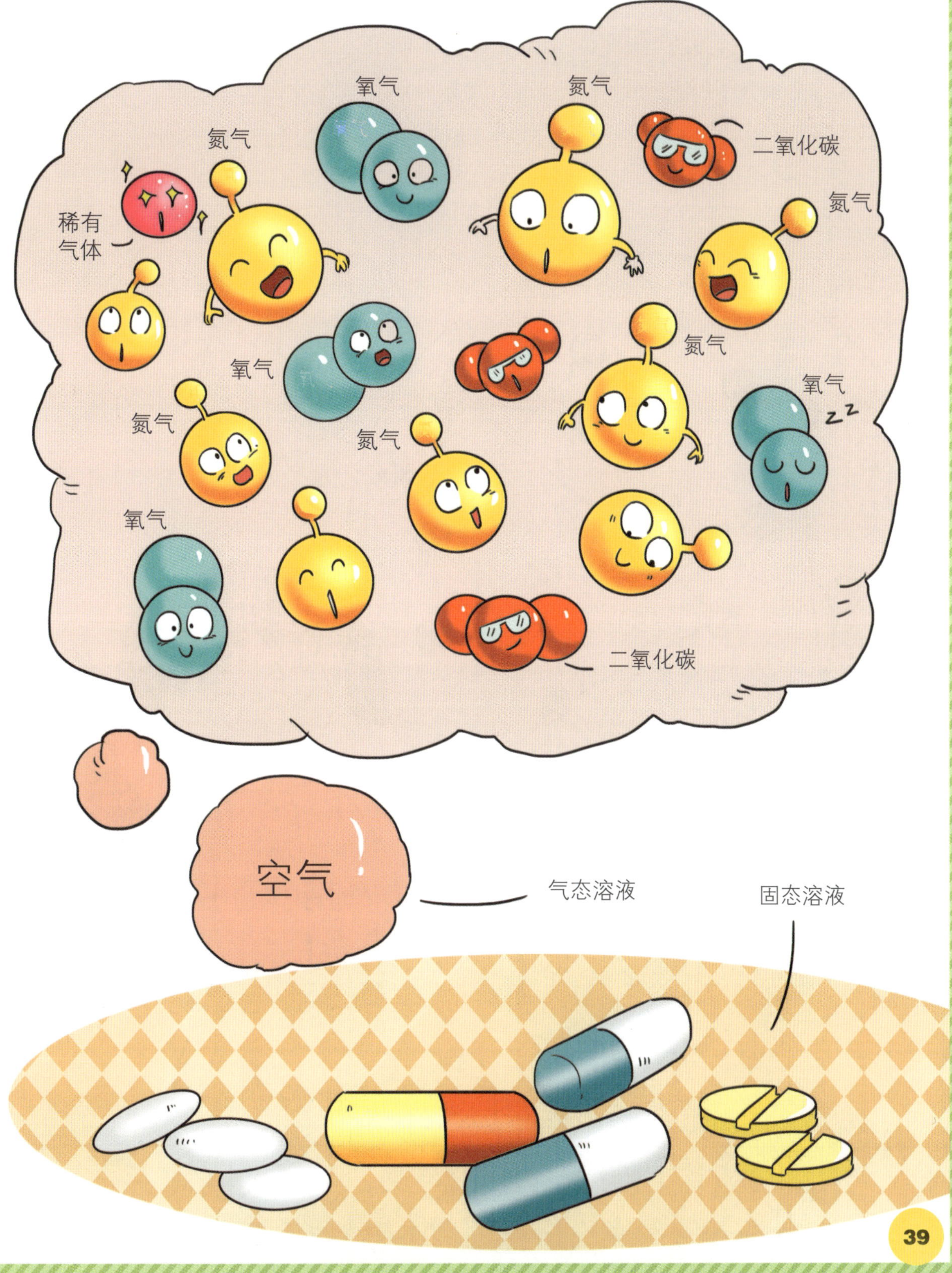

与液体相比，气体才是自由自在的旅行家。还是以水为例，当一瓶水变成气体时，体积会增加到原来的 1700 倍。可水分子还是原来那么多，是什么使水的体积变大了呢？还使水分子之间的间隙增加了 1700 倍。这么远的距离，可想而知水分子没办法再互相挨在一起。只要没有外部容器的约束，它们会很快三三两两地消失在空气中。

因为间隔距离远，吸引力小，本身质量轻，所以气体分子的运动很快。如果在 27℃ 的室温下，气体分子的运动速度甚至可以高达 600m/s。但实际上，气体分子会和空气中其他各种分子发生剧烈的碰撞，这会大大阻碍它们的扩散速度。

我们能用肉眼看到分子吗？能，也不能。

说能，是因为我们能用肉眼看到固体或液体，但那是分子聚集在一起的状态。而当分子单独分散开来，比如气体，我们就看不到了。实际上，如果把固体或液体分割到分子层面，我们也是看不到的。

为什么肉眼看不到分子呢？眼睛要想看到东西，就必须要能接收物体反射的光线。我们人类的眼睛能接收的光线波长为 400 ~ 760nm，而分子一般只有 0.1nm 左右，无法使光粒子发生反射，因此，我们无法看见单个的分子。

喜欢“吃”糖的牙签

你需要准备的材料：

- 1 块方糖　1 个脸盆
- 适量清水　1 小块肥皂
- 2 根牙签

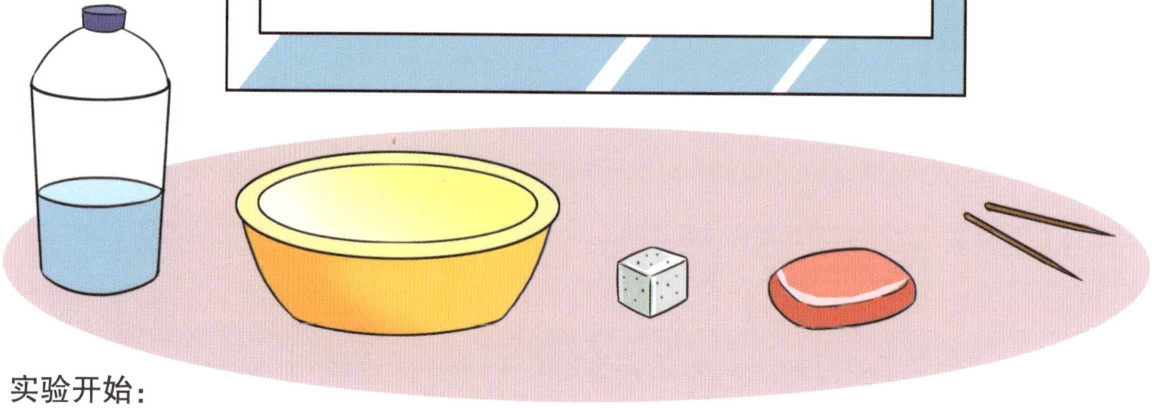

实验开始：

1. 在脸盆中倒入三分之二的清水。

2. 把牙签放在水中，让它漂浮在水面上。在离牙签不远的地方放入一块方糖，会看到牙签慢慢地往方糖的方向靠近。

3. 取出牙签和方糖。换一盆清水，再放入牙签和肥皂，过了一会儿，牙签却朝着远离肥皂的方向漂走了！

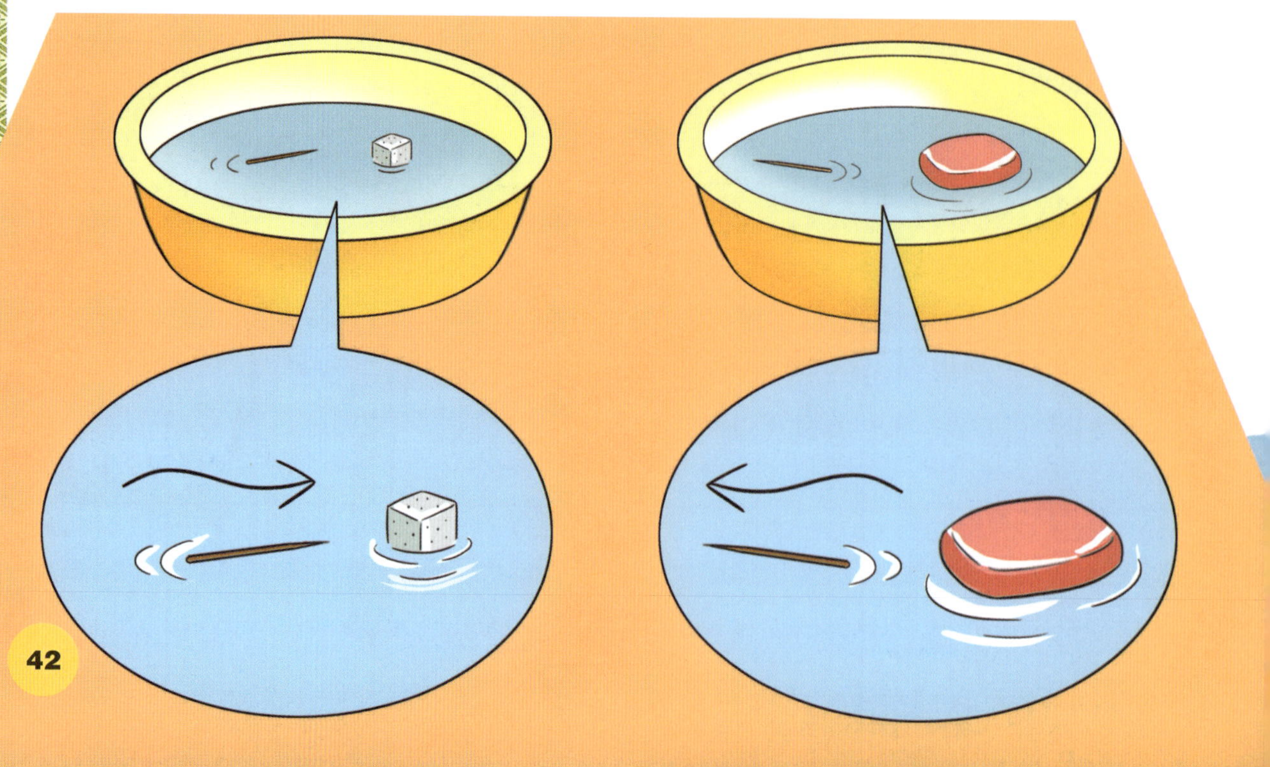

难道牙签跟我一样，也喜欢吃糖？
牙签可不知道身边是糖还是肥皂，它是随着水分子移动而移动的。方糖在水中时，会吸收水分让自己溶化，这样水分子便会向方糖的方向靠近，带动牙签也漂了过去；但肥皂在溶解时，会增加水的张力，水分子之间的距离变大了，于是牙签也跟着水一起被挤远了。

让树叶“下雨”的魔术

你需要准备的材料：

- 1 根带着叶子的树枝　1 个玻璃杯
- 少量食用油　少量清水
- 1 个大玻璃罩

实验开始：

1. 在玻璃杯中注入半杯清水，将树枝插入水杯中。注意树叶要露在水杯外。

2. 往水杯中滴入一些食用油，油会形成一层油膜覆盖在水面上。

3. 把水杯放在太阳底下，并用玻璃罩罩住水杯。过了一下午，我们会看到玻璃罩壁上有一些小水珠。

布朗叔叔，玻璃罩上的水就是水杯中的水蒸发后形成的吗？但是这一次，我们没有加热水杯啊！
没错，小布丁，在这次实验中，我们在水面上滴了油，确保了水杯中的水不会直接蒸发到空气中，但是水却通过树枝和树叶蒸发到了空气中。空气中的水分子在遇到较冷的玻璃罩后，再次凝结成了水珠。

第4章 物态的变化过程

有一个十分浪漫的说法：天上的星星构成了我们的身体。

这么说的理由是，我们的身体由碳、氢、氧等元素组成，它们在亿万年前曾经也是某颗恒星或行星的组成部分，恒星毁灭后，这些元素在宇宙中到处流浪，不断组成新的分子，然后这些分子形成各种新的物质。

其实，也不必追溯到亿万年前去找我们与这些分子之间的关系，就是你此刻呼吸的空气，可能也曾被某位赫赫有名的大人物呼吸过呢。

之所以会这样，是因为物质会发生各种变化并运动，具中最重要的变化之一，就是物态变化。

前面说过，给固体提供热量，固体内部的温度会升高，固体内部的分子会逐渐变得不安分起来，开始变成液体，再然后，会变成气体。

随着温度的升高，分子运动速度越来越快，彼此间的距离也越来越大。

那么，如果在同样的物态下，温度变了，分子运动的快慢也会有区别吗？当然有，只是我们肉眼很难观察到而已。

首先来看气体，温度高的时候，气体分子会运动得更快一些，所以扩散得也更快一些。虽然我们肉眼看不见气体分子，但很多气体分子是可以被鼻子闻到的，比如花香味儿、东西烧焦的味儿、臭味儿等。

液体也是如此。最常见的液体是水，热水内部的分子比冷水运动得更快。如果你在一冷一热两杯水里同时滴入红墨水，你会发现红墨水在热水杯里扩散得更快一些。

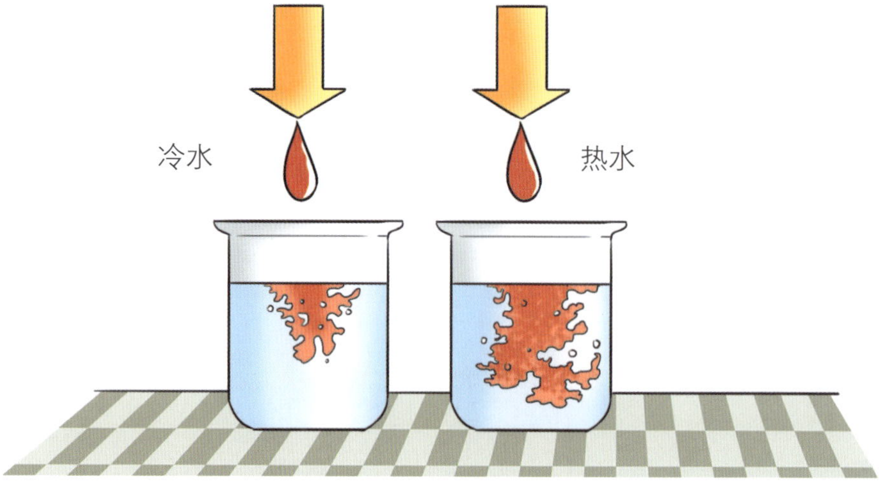

最不好理解的可能是固体。既然是固体，说明内部的分子运动已经很慢了，在低温下内部分子运动得更慢的固体会怎么样呢？

以固态的水，也就是冰为例。虽然水在0℃时就会结冰，变成固体，但同样是冰，-50℃的冰比0℃的冰要更为坚硬。这是因为低温让分子们运动得更慢，挤得更紧。

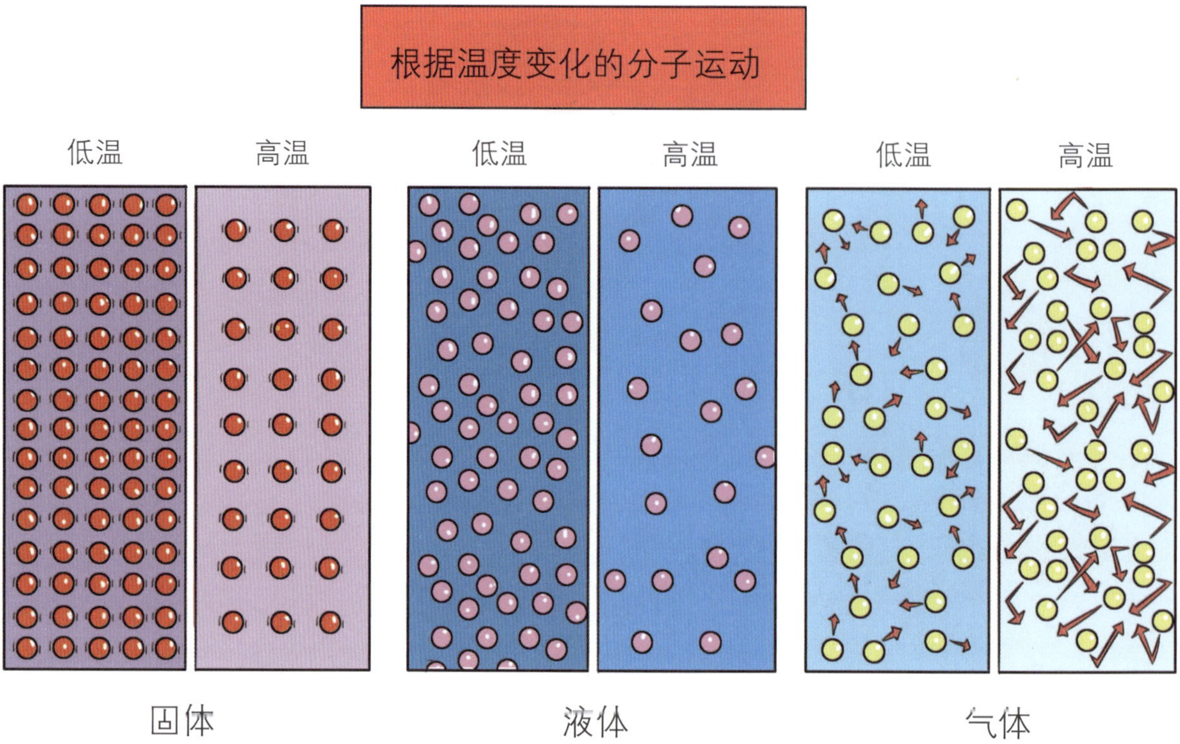

原本动得很慢的固体分子在温度升高时会变成运动较快的液体分子。如果温度再升高，就会变成来去自由的气体分子。

那么，固体分子是怎么运动的呢？它们在原地做振荡运动，就好像一个小朋友在原地跳绳。

为什么会这样呢？这是因为组成物质的分子之间互相吸引，而固体分子因为大家都紧紧地挤在一起，来自各个方向的引力使得彼此都没有多少活动空间，只好在原地振荡。而分子之间的排列还会影响到物体所呈现出来的形态。比如水分子从液态凝固为固态的过程，也就是结冰的过程，水分子会互相挤压形成冰晶，它们试图寻找一个最稳定的排列方式，也就是以六角形结构将六个水分子聚拢在一起。因此，冰晶总是六角形的构造。雪花也是冰晶，因此雪花都是六角形的。

单个水分子

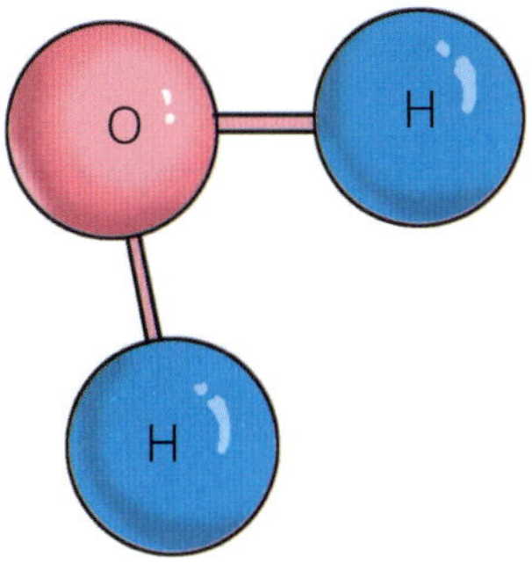

水分子形成的冰晶结构

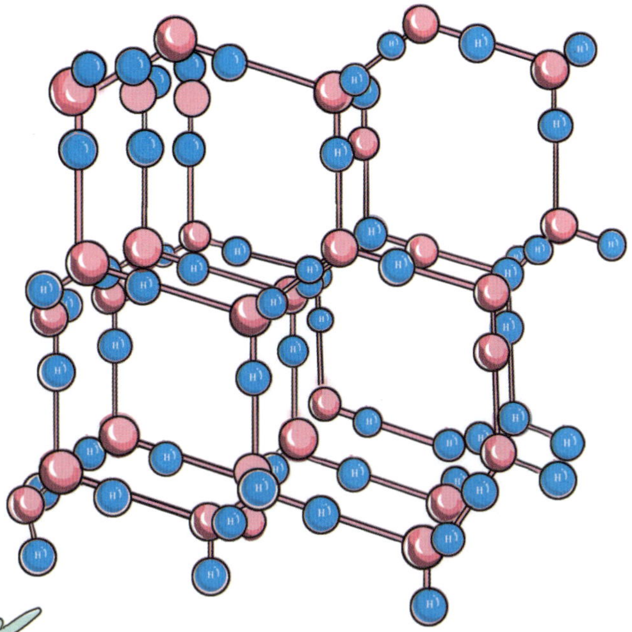

雪花

当我们加热冰块时，冰块吸收热量，分子运动越来越快，开始融化成水。

如果我们继续对水加热，水就会开始变成水蒸气。不过这个过程并不是均匀进行的。底部靠近火源的水吸收的热量最多，最先变成水蒸气。而水蒸气的密度小于水，因此它们会以一个个气泡的形态浮起来，当浮出水面时，气泡会爆裂开来，这就是烧水时我们所听到的“咕嘟”声。

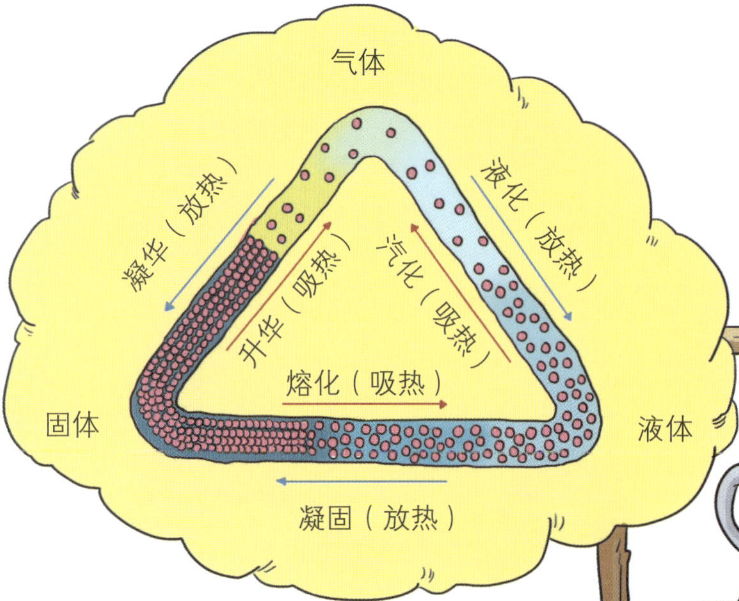

水变成水蒸气的过程叫作汽化，不光水，所有的液体变成气体都是这样。而反过来气体变成液体的过程叫作液化。汽化需要吸收热量，而液化需要释放热量。冬天温度很低时，对着空气中哈一口气，你会看到许多“白气”。其实，那不是气体，而是一团小水滴，是你所呼出的气体突然遇到外界寒冷的空气而液化所形成的。

因为水的蒸发需要吸收大量热量，因此恒温动物也找到了利用这一特点来维持和调节体温的方法，也就是通过出汗来降低体温和身体的热量。在炎热的环境中，如果不能把多余的热量从身体中释放出去，身体的温度就会升高，当温度过高时，身体许多机能都会受到影响甚至停止运转，继而面临死亡的威胁。

出汗时，体表的汗液会在空气中蒸发。蒸发时会吸收大量的热量，从而让升高的温度重新降到正常值。

不过，不同物质发生物态变化时，所需要的温度都是一样的吗？显然不是这样，一般水在 0℃结冰，在 100℃汽化，但金属汽化的温度无疑要高得多，从液态变成气态时的温度也高得多。

而且，有的时候，在同样的温度条件下，有的物质还可以以固态、液态和气态的形式同时存在。比如在南极洲，水同时以水蒸气、冰和海水的方式存在。

首先，物体从固态变为液态，又变为气态的过程，是吸收热量的过程。冰块在空气中融化成水，是因为空气中的温度比冰块高，热量从空气流向冰块。水被烧开变成水蒸气，是因为炉灶的火苗提供了大量热量，热量再传递到水。冰块或水吸收的热量逐渐增加时，其温度也会逐渐上升。我们可以用手来感受，但为了防止受伤，还是用温度计来测量更安全。

不过，在得到热量的过程中，温度并不会均匀地升高，而是像下图这样：

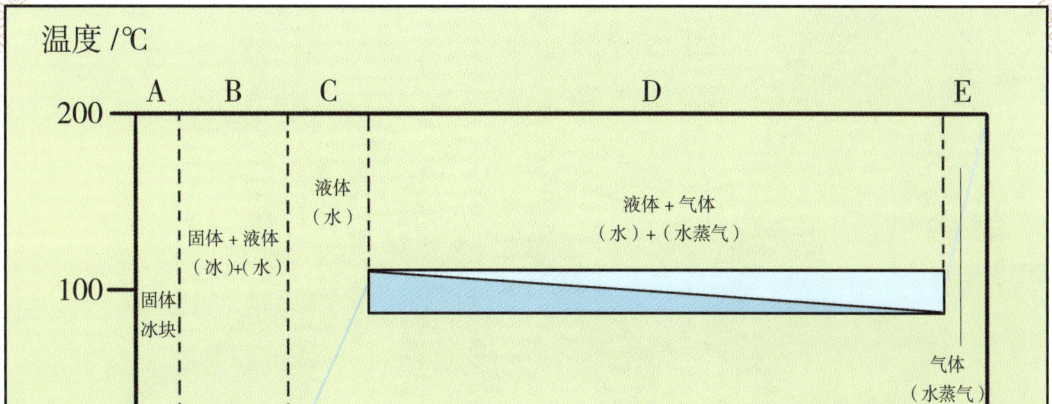

你会发现，在持续加热的过程中，–20℃的冰块在升温到 0℃，逐渐液化成水时，哪怕得到更多的热量，它的温度也不会改变。直到它完全液化后，温度才会开始上升，但到 100℃并开始变成水蒸气后，温度又会停止上升，直到完全变成水蒸气才继续开始升温。

真奇怪，为什么在物态发生变化的过程中，虽然吸收了大量热量，但温度却没有上升呢，吸收的热量都跑到哪里去了呢？

这是因为物态变化是一个很“辛苦”的过程，本来固体物质的分子之间靠引力牢牢地抱在一起，现在要强行把它们分开，就需要花一番“大力气”。也就是说，吸收的热量全用来打破分子间的引力了，温度当然暂时不会上升，而液化的过程也同样如此。

人们把固体液化时的温度称为熔点，液体汽化时的温度称为沸点，而液体变为固体时的温度称为凝固点，同一种物质的熔点和凝固点是相同的。

不同的物质，分子间引力是不一样的。因此液化和汽化时的温度也不一样。引力越强的物质，熔点和沸点也就越高。反过来，熔点和沸点也就越低。

物质的熔点和沸点

物质	熔点 /℃	沸点 /℃	室温（20℃）下的状态
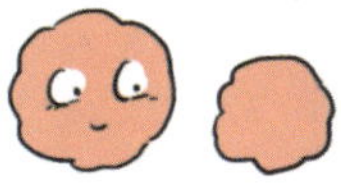 氨气	−77.73	−33.33	气体 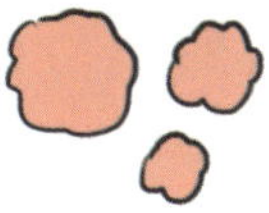
 氧气	−218.79	−182.95	气体 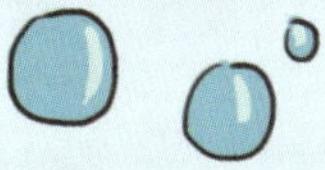
 乙醇	−117.3	78.5	液体 
 水	0	100	液体 
 钙	842	1484	固体 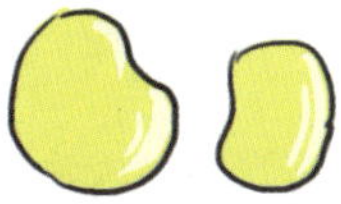
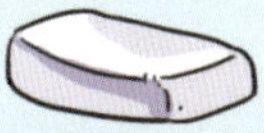 银	961.78	2162	固体 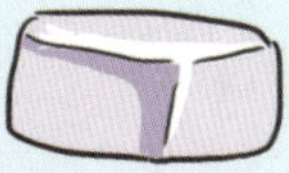
 金	1064.18	2856	固体 
 铁	1538	2861	固体 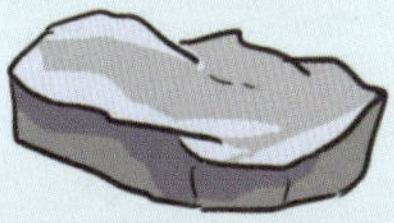

除温度之外，压力也会影响物质的物态变化，特别是对那些分子间隙很大的物质来说会更明显，比如气体。

如果你把气体装在容器里，让它们无处可逃，然后不断地向其施加压力，气体分子间的距离就会越来越小，相互之间的吸引力也会越来越大，距离小到一定程度时，气体就变成了液体，如果再持续施加压力，还能让气体变成固体呢。

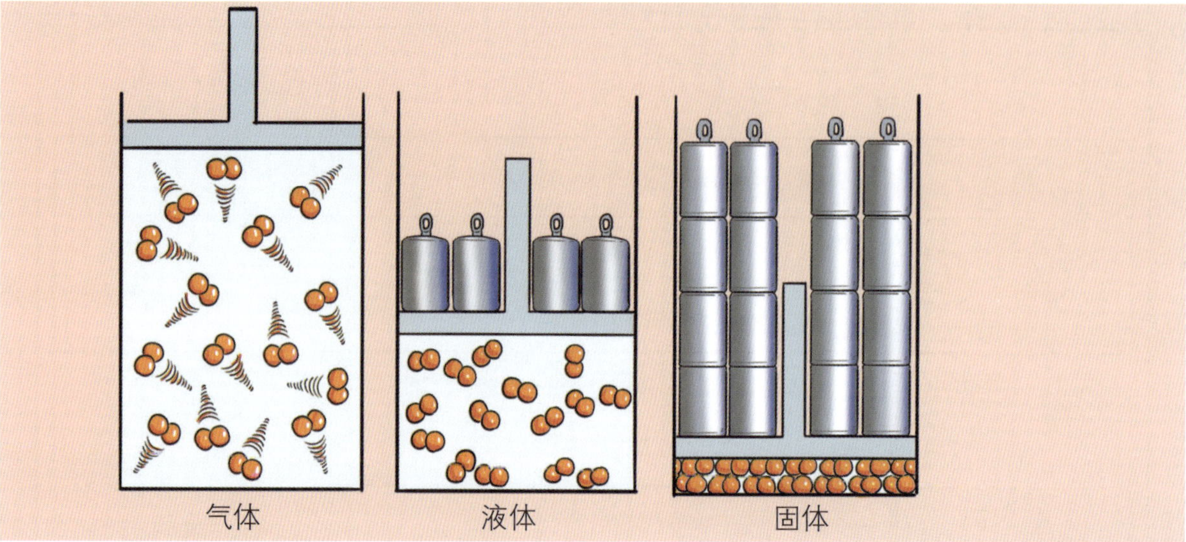

我们可以利用这一点，把体积很大的气体转换成体积更小的液体，这样就能便于运输和储藏。比如天然气，可以被转化为液化天然气。再比如一次性打火机里的液体，实际上是液化的丁烷等可燃气体。

运输没有经过液化处理的天然气包，既不方便，又十分危险。如果把天然气进行压缩，就能使之变成液体，使运输体积和难度变小，而且更加安全。

不过，冰却是一个异类，如果对冰块施加压力，它反而会融化，而不是变得更加坚固。这是为什么呢？原来，和其他固体不一样的是，固态水分子彼此之间的间距比液态水分子反而要大。对冰块施加压力，当然首先是让固态水分子之间的间距变小了，从而逐渐变为液态水分子的状态，也就是从冰变成了水。实际上，你可以用简单的实验来证明这一点：把一杯水冻成冰，你会发现冰的体积略微变大了。这是固态水分子间间隙更大的缘故。把冰块放进水里，冰块会浮起来，而不是沉下去。这是因为冰的密度比水小。

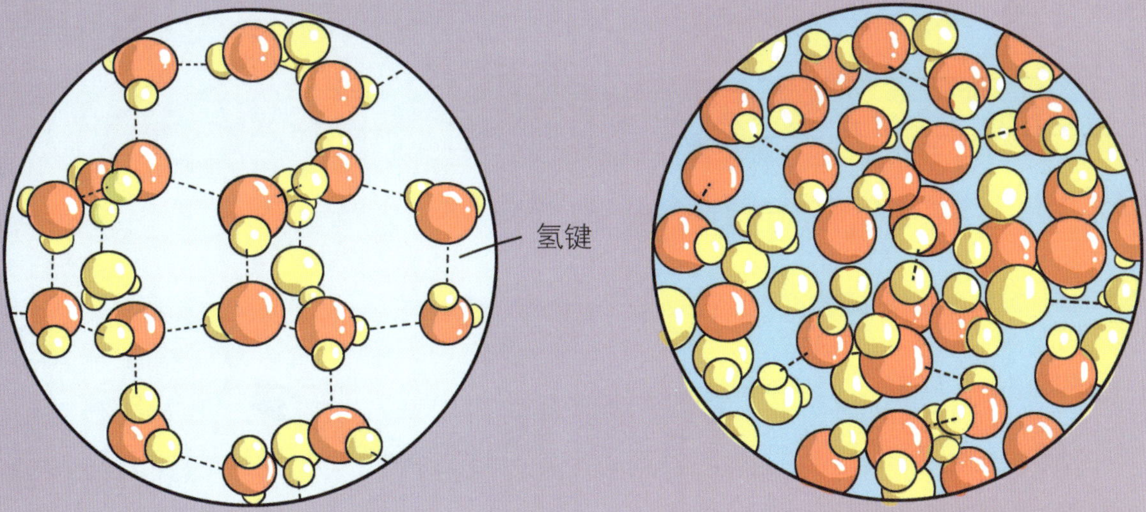

冰　　水（液态）

烧不破的纸盒

你需要准备的材料：

- 1 个纸盒　少量清水
- 4 根细绳　1 个锥子
- 1 根蜡烛　1 个打火机

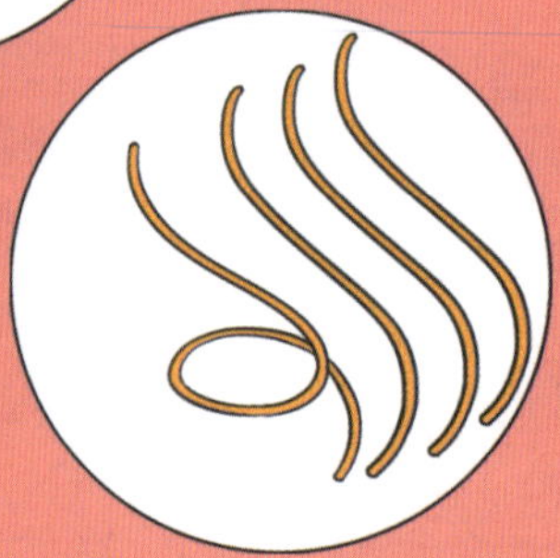

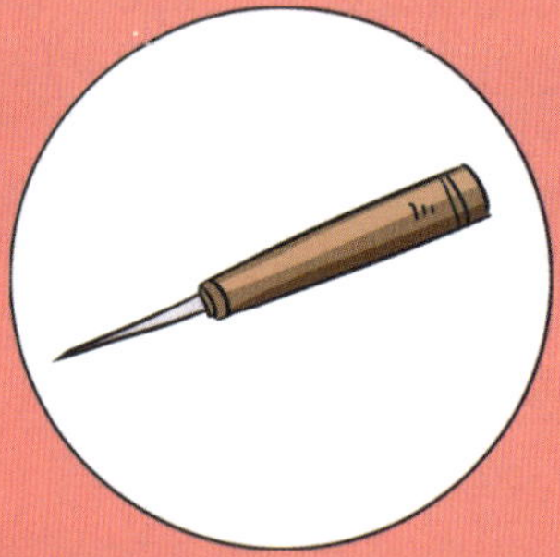

实验开始：

1. 在纸盒的四面用锥子各戳出一个小洞，用细绳穿过小洞，打结，做成一个提手。

2. 在纸盒中装入半盒清水，放到已经用打火机点燃的蜡烛上加热。

3. 不一会儿，盒子里的水已经被烧得沸腾起来，但是纸盒依然完好无损，没有烧起来。

纸做的锅竟然烧不破！
很神奇吧！这是因为纸盒中装了水，水的沸点只有100℃，远远低于纸的燃点。水在沸腾的过程中会不断地吸收热量，这样，纸盒和水的温度便不会超过100℃，所以纸盒无法燃烧起来。

能抓住气球的杯子

你需要装备的材料：

- 1 个气球
- 1 根细绳
- 1 个塑料杯
- 少量热水

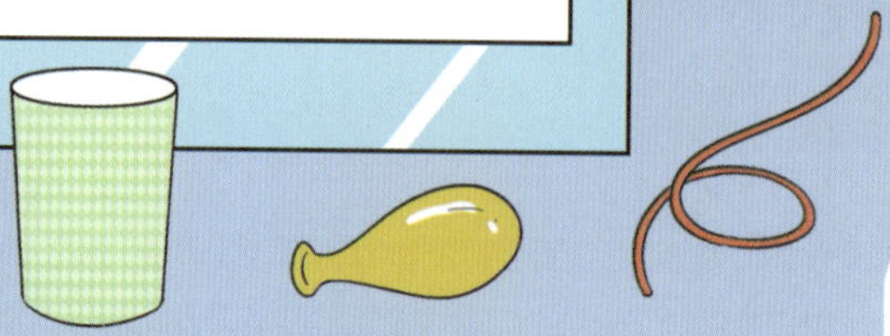

实验开始：

1. 往气球中吹气，然后用细绳扎紧气球口。
2. 把热水倒在塑料杯中，等 1 分钟，然后倒掉热水，把杯子扣到气球上。
3. 松开拿气球的那只手，只提着杯子。哇！气球被吸在了杯子上！

小布丁，现在你可以自己解释这种现象了吧？
我知道！这是由于杯子里的空气受热膨胀后，一部分空气被挤到了杯子外面，这时候把杯子和气球贴合起来，会阻止外界的空气重新进入杯子，这样杯子里的气压就比外界小，在外界大气压力不变的情况下，气球就被挤压着贴在杯子上了！

第5章

多种多样的物态变化过程

物态变化和温度有关，水沸腾后会变成水蒸气，但需要100℃的温度才能让水沸腾。可是如果你在桌上倒一摊水，它也会慢慢地消失无踪。把洗过的衣服晾在太阳下，过一段时间衣服会变干，水也会消失。那么，水去哪里了呢？

答案是，水变成了气体，消失在了空气中。可是，我们并没有把水加热到100℃，它怎么能从液体变成气体呢？

实际上，液体不用达到沸点也可以变成气体，这种现象叫作“蒸发”。蒸发跟沸点下的汽化是不一样的两种过程。液体在蒸发时，是不会沸腾的，也不需要从外界吸收大量的热量，自然也不会有多高的温度。当然了，这个过程就会缓慢得多。

汽化是通过提高温度来加快物质分子的运动速度，打破分子之间吸引力的过程，使运动得越来越快的分子逃开液体的束缚，飞到了空气中。可是在温度没有达到沸点的时候，液体分子怎么跑得掉呢？

实际上，即便是同一种液体，也不是所有的液体分子的运动速度都一样。有的分子运动得相对快一些。这些“淘气”的分子就有机会从液体表面逃脱出去。当然，温度越高，这样的分子也就越多。衣服晒在有太阳光照射的温暖的地方比晒在没有太阳光照射的阴暗的地方干得快，就是这个道理。

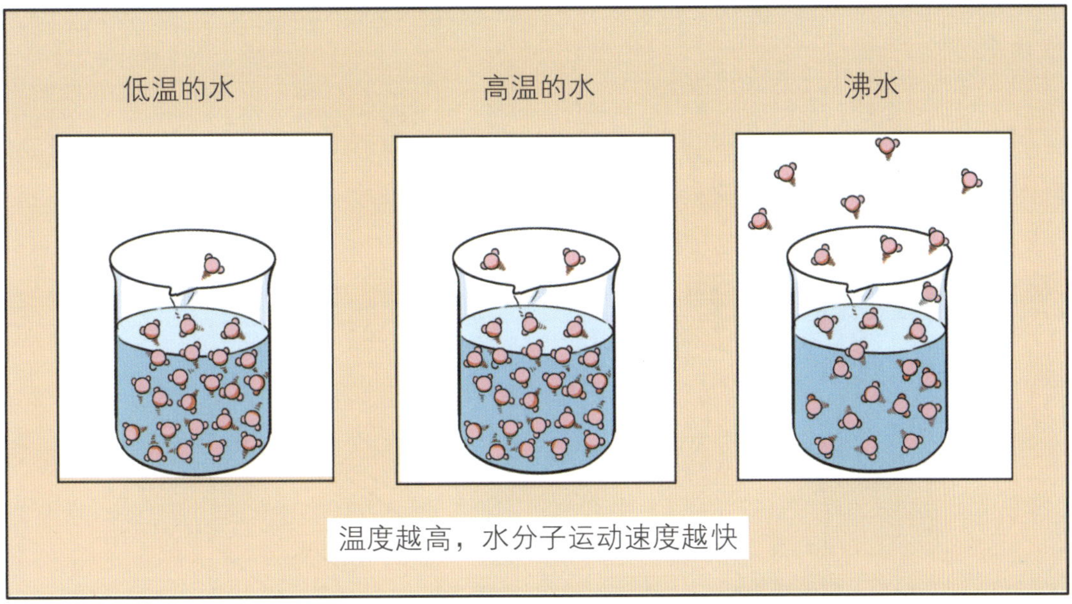

温度越高，水分子运动速度越快

蒸发现象的存在给世间万物带来了生机。前面已经说过，人类等哺乳动物需要通过汗液蒸发来带走身体多余的热量，以保证身体机能的正常运转。而植物也依靠蒸发现象来吸收土壤中溶有大量营养物质的水分，然后再把多余的水分通过叶片表面的小气孔蒸发到空气中。

不同的物质沸点不一样，蒸发的快慢也不一样。

把水和酒精放在一起比较，前者的沸点是100℃，后者的沸点是78.5℃。那么，酒精的蒸发速度会不会也比水更快一些呢？

酒精实际上是液态乙醇。从沸点我们可以猜到，液态乙醇分子相互间的吸引力比液态水分子要小一些。那么，在常温下，部分运动得更快的乙醇分子也更容易从液态乙醇的表面逃走。也就是说，酒精比水蒸发得更快一些。

蒸发和沸腾一样，都会吸收热量。所以当我们把酒精涂在皮肤上时，会感觉凉飕飕的，而涂抹水并没有这么明显的感觉。这也是因为酒精蒸发得更快，同样时间内带走的热量更多。

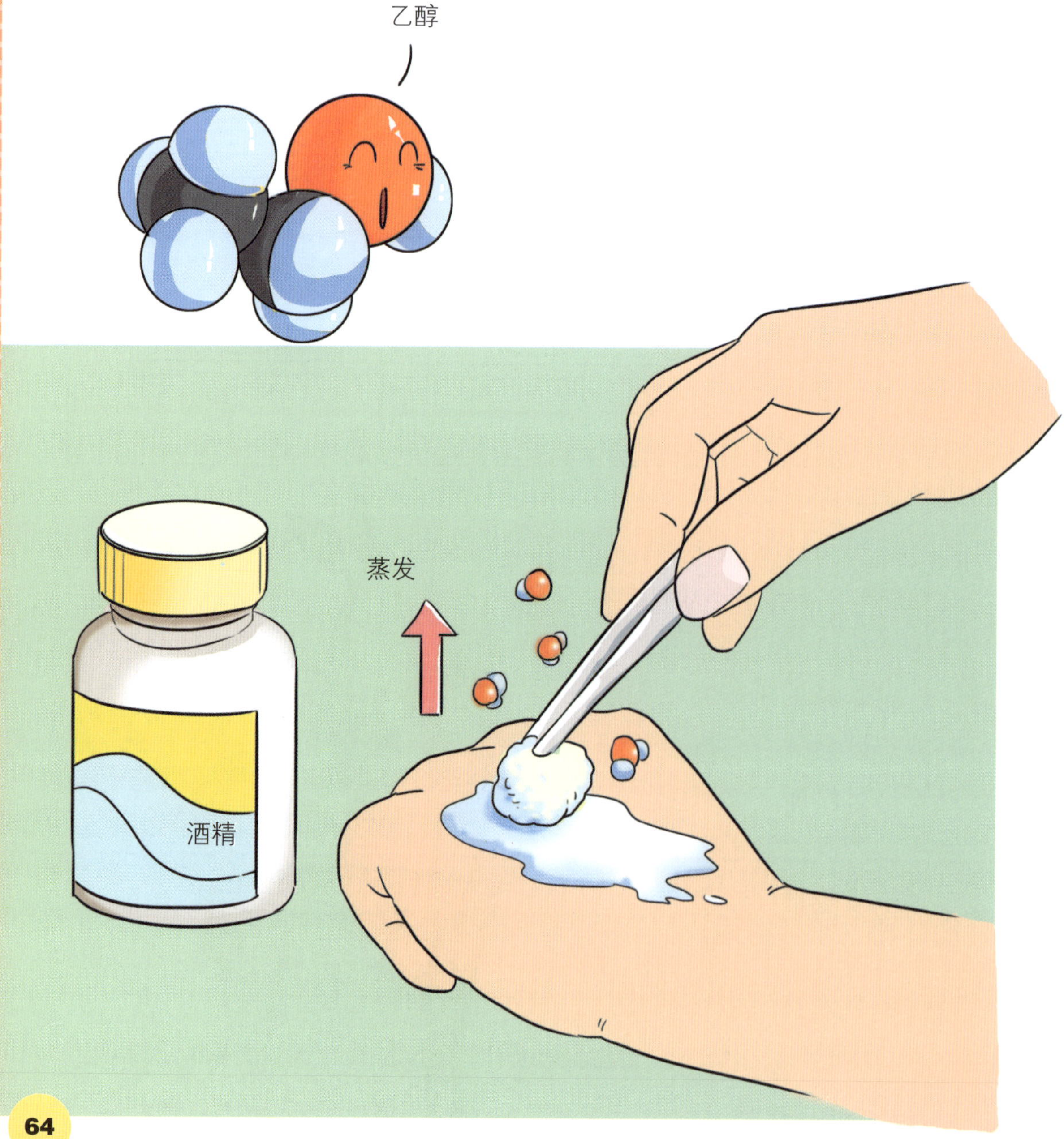

除蒸发外，还有很多液体的分子能在很低的温度条件下跑到空气中，这叫作挥发。挥发性强的物质除乙醇外，还有乙醚、丙酮、氯仿、氨水、汽油等。像汽油、酒精这样的物质如果挥发到空气中，极易造成火灾或爆炸；像氯仿等有毒物质挥发后，还会对环境造成污染和毒害。

液体受热会变成气体，那么，如果继续加热气体，它又会变成什么呢？

受热的气体分子会运动得更快，加速向四面八方逃走，很快消失在空气中。结果仍然是以气体的形态存在。

那么，把气体都“关起来”再加热呢？

受热的气体分子之间的间隙会进一步扩大，因此整个体积会逐渐膨胀。人们利用这个现象发明了热气球——通过加热上方空气袋使之温度升高，让空气袋里的气体分子向袋外扩散，这样一来，袋子里的空气就轻于周围的空气，从而带动下方的篮子升空。

那么，如果把装气体的容器密封起来再加热会怎么样呢？受热膨胀的气体会急于逃走，从而对容器施加压力。

但如果设法让气体在无法逃走的情况下再加热，持续升温的气体最终会变成第四种物态——等离子态。

很难直观地想象等离子态的物质到底是什么样的，因为日常生活中我们很少见到它们。但实际上，宇宙中绝大多数物质都是以等离子态存在的，比如太阳等恒星。这下你可能会对等离子态有了一个初步且直观的印象吧。

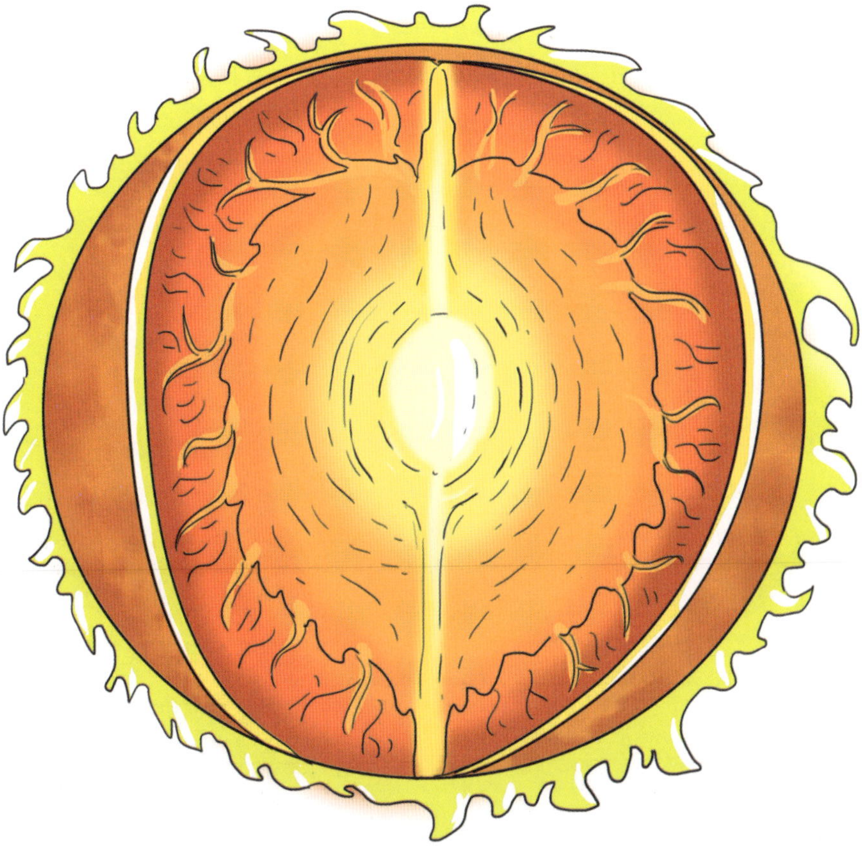

固态、液态和气态都是物质分子层面的变化，与分子之间的距离有关。然而等离子态却不一样。我们都知道，物质是由分子组成的，而分子又是由原子组成。原子是由原子核和围绕原子核运动的电子组成。有的原子有好几个电子，也有的原子只有一个电子，比如氢原子。

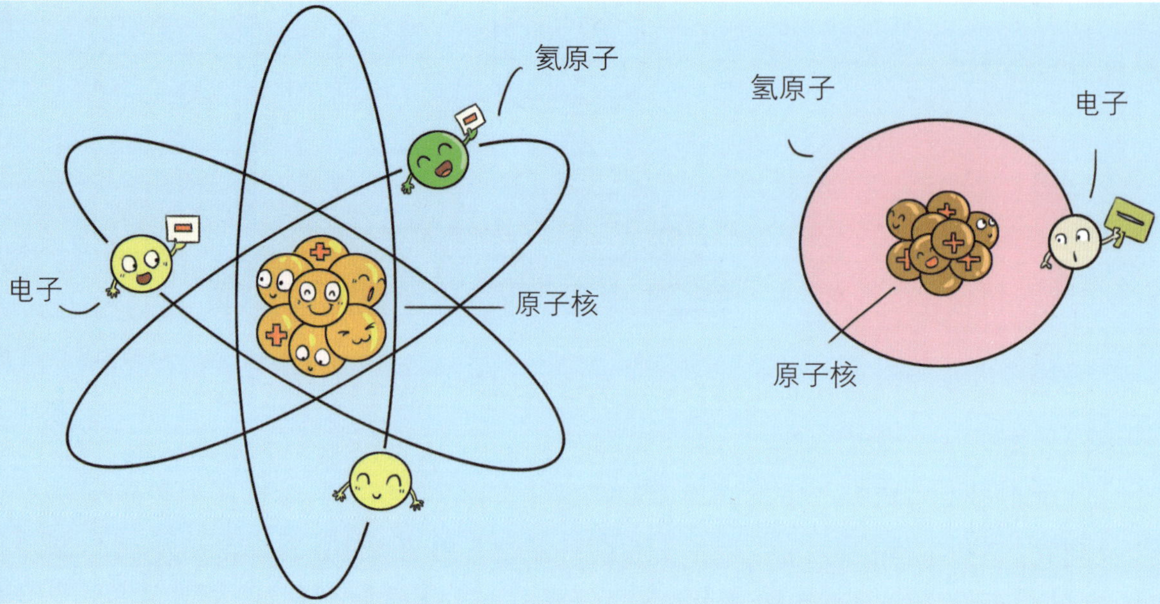

当温度升高到几千摄氏度时，原子就无法维持稳定的状态，电子会开始乱跑，形成带负电的自由电子和带正电的原子核，物质也就从气态变成了等离子态。

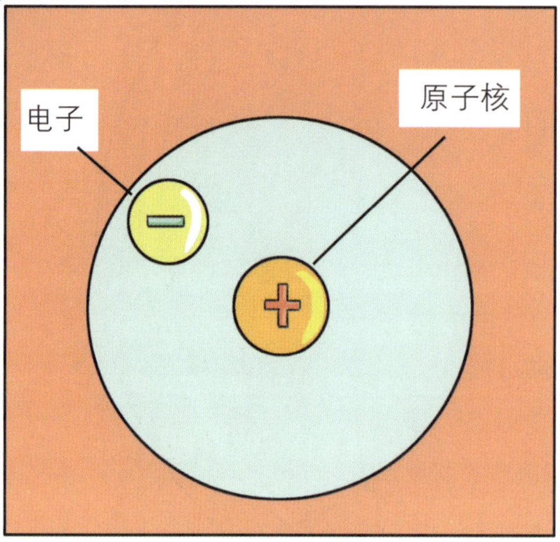

原子在稳定状态下由带正电（+）的原子核和带负电（-）的电子组成。

此外，物质也不一定非要经过固体—液体—气体的变化阶段，而是可以直接由固体变成气体，物理学上把这个现象叫作升华。当固态物质吸收热量后，内部的分子会激烈地相互碰撞起来，经过多次碰撞后的某些分子获得了逃脱吸引力束缚的能力，进入空气之中，这就是升华。

许多物质都可以在常温下直接升华。冰受热后会直接变成水蒸气，放在衣橱中的樟脑丸会随着时间的推移而逐渐变小，而最神奇的升华现象是干冰受热后变成气态的二氧化碳，当这一现象发生时，会出现白雾，十分美丽。

与升华相对的，是凝华。也就是物质不经由液态，直接从气态变成固态的现象。在北方的冬天，我们会发现室内的水蒸气在窗玻璃上凝华成冰晶，雪糕从冰箱里取出来后又结了一层霜，这些都是凝华现象。

在北方的冬天，屋外的树上会挂满银白色的雾凇，这也是凝华。不过，南方就很难看到这些景象。

这是为什么呢？这是因为凝华也需要一定的条件。比如气体要达到一定的浓度，环境温度要急剧下降且比凝固点的温度还低。云的出现也和凝华有关。当含有大量水蒸气的空气随上升气流进入温度很低的高空时，水蒸气的温度骤降，一部分水蒸气液化成小水滴，另一部分水蒸气凝华成微小的冰晶，这样就形成了云。

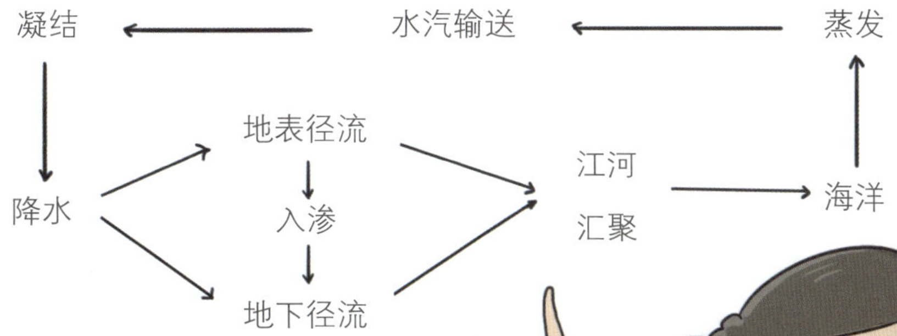

金属和岩石能汽化吗？

既然固态、液态和气态是物质所具有的三种形态，那么可以想象，只要是日常生活中的物质，在条件具备的情况下，都能在这三种形态之间转化。不过，要让我们想象坚硬的岩石和金属也能够变成到处流动的液体，甚至看不见摸不着的气体，确实有些为难。

但实际上，岩石和金属同样要遵守物态变化的规律。以金属铁为例，铁的熔点为1538℃，而沸点在2861℃，比金、银、铜等金属的熔点都高。

岩石往往是由多种矿物组成的，因此其熔点差异很大，从800℃到2000℃都有可能。地壳深处流动的岩浆就是熔化或半熔化状态的液态岩石，当火山爆发时，它们就被喷发出来。

除水蒸气外，氧、氢等气体可以变成固态物质甚至金属吗，当然也可以，但除了温度之外，还需要压力的参与。

氧气在 –218.79℃会变成固态氧，而氮气的凝固点是 –210℃，氢气的凝固点是 –259.14℃。

如果在实验室条件下，对固态氢施加高压，就可以得到金属氢，用这种方式得到的金属氢还没有一根头发的直径大，却需要耗费大量的能源。

不过，金属氢可用于超导磁悬浮、可控核聚变等一系列领域，可使人类的生活发生翻天覆地的巨变。

虽然金属氢在地球上难得一见，但木星却因为其巨大的压力而拥有大量的金属氢。

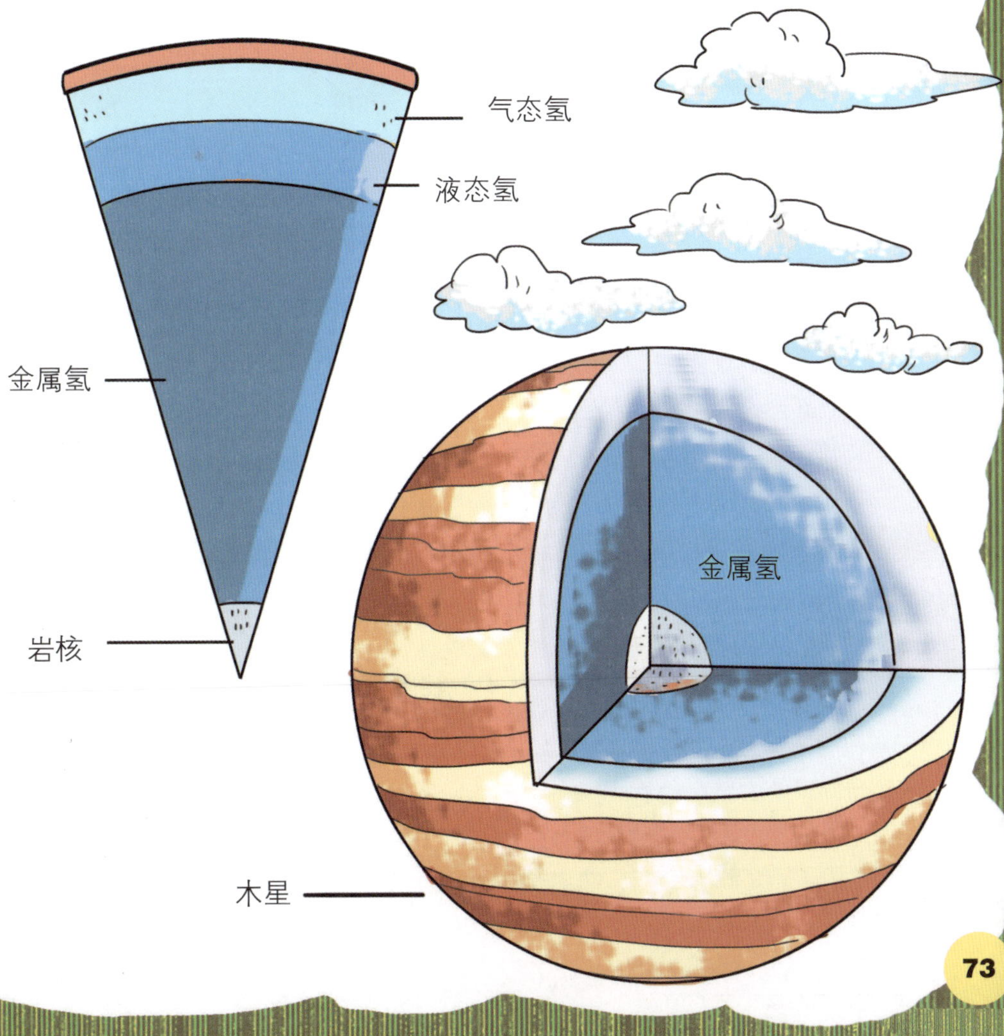

会“长大”的回形针

你需要准备的材料：

- 1 个回形针　1 把钳子
- 1 根吸管　1 块硬纸板
- 1 个打火机　1 把剪刀

实验开始：

1. 用钳子把回形针掰直，仅留一端弯曲。

2. 在硬纸板上剪出一块凹陷，把回形针的弯曲处卡在这个凹槽上。

3. 把吸管放在桌子上，手拿纸板，使回形针被掰直的一端垂直于吸管。回形针不碰触吸管，两者间留约 1 毫米的距离。

4. 用打火机来回加热回形针，会看到回形针越变越长，甚至将吸管推了出去！

布朗叔叔，这个实验中，回形针是不是发生了热胀冷缩呢？
加热后的长度
加热前的长度
没错，小布丁。在之前的实验中，我们已经发现气体受热会膨胀，但其实液体、固体受热也会膨胀。构成回形针的分子受热之后，分子间的距离增大了，于是回形针就“长大”了！

干冰“大爆炸”

你需要准备的材料：

- 2 个玻璃碗
- 1 瓶泡泡水（或用洗洁精代替）
- 少量清水　少量热水
- 1 根粗棉绳　1 只厚实的手套
- 几根干冰棒

实验开始：

1. 在一个玻璃碗中倒入泡泡水（或洗洁精和清水），然后把吸水的厚棉绳浸泡进去。

2. 在另一只玻璃碗中加一点清水，然后把干冰棒丢进去。（注意：一定要戴上厚手套才能抓干冰棒，否则会被冻伤）

3. 干冰接触了水之后，会迅速升华，冒出白色雾气。这时再往碗里倒一点热水，干冰升华得更剧烈了！

4. 将之前浸泡过泡泡水的绳子绷直，贴着装有干冰棒的玻璃碗口滑动一次，这样碗口便形成了一层透明的水膜。

5. 干冰形成的白色雾气被包在了水膜中，直到水膜破开。哇！我们见证了一次干冰“大爆炸”！

哇！太漂亮了！干冰球炸开的一瞬间真像一朵绽开的云！
是的，小布丁，在这个好玩的实验中，我们不仅可以直观地看到干冰升华的过程，还可以学到很多物理知识！首先，干冰遇热后会直接升华成气体，这个过程中，它的分子间的空隙增大了许多，所以体积膨胀了很多倍。另外，和清水相比，泡泡水的表面张力更大，所以能形成一个透明的水膜，用来封住干冰气体。有了这两个要素，我们才看到了这次“大爆炸”！

微信扫码

跟着视频做趣味实验

· 科学知识玩着学，轻松玩出聪明大脑 ·

- 趣味实验室：30个在家就能做的小实验
- 科学家故事：走近科学家，感受榜样力量
- 科学小常识：那些生活中常见的科学现象
- 阅读打卡站：记录阅读，和书友分享感悟

还有科学家故事和趣味科学书推荐哦~

跟着物理学家玩游戏

奇异的光

王贵明　高湘萍　智慧鸟 / 主编

吉林科学技术出版社

图书在版编目（CIP）数据

跟着物理学家玩游戏 / 王贵明，高湘萍，智慧鸟主编. -- 长春 : 吉林科学技术出版社，2023.10
ISBN 978-7-5744-0419-9

Ⅰ. ①跟… Ⅱ. ①王… ②高… ③智… Ⅲ. ①物理学—青少年读物 Ⅳ. ①04-49

中国国家版本馆CIP数据核字(2023)第098774号

跟着物理学家玩游戏

GENZHE WULIXUEJIA WAN YOUXI

主　　编　王贵明　高湘萍　智慧鸟
出 版 人　宛　霞
责任编辑　郑宏宇
助理编辑　李思言
封面设计　王　婧
制　　版　美印图文设计有限公司
幅面尺寸　185mm × 260mm
开　　本　16
印　　张　30
千　　字　380 千字
印　　数　1–8 000 册
版　　次　2023 年 10 月第 1 版
印　　次　2023 年 10 月第 1 次印刷

出　　版　吉林科学技术出版社
发　　行　吉林科学技术出版社
地　　址　长春市福祉大路 5788 号出版大厦 A 座
邮　　编　130118
发行部电话 / 传真　0431–81629529　81629530　81629531
81629532　81629533　81629534
储运部电话　0431–86059116
编辑部电话　0431–81629516
印　　刷　长春新华印刷集团有限公司

书　　号　ISBN 978-7-5744-0419-9
定　　价　192.00 元（全 6 册）

前言

物理，顾名思义，研究的是万事万物的道理。眼睛为什么能看见东西？耳朵为什么能听见声音？我们为什么能站在地面上，而不是飘在天空中？有没有可以永远运动而不会停下来的物体？能量到底是什么？又是什么照亮了我们的生活？而未来，人类世界又将变成什么样子？这么多的问题，我们都得到物理的世界中去寻找答案。

电、磁、声音、光、力、能量……它们共同构成了物理的世界，这一切听上去好像高深莫测，但实际上，物理学的道理已经藏在了各种各样有趣的游戏中。打开这套书，你就能在物理的世界里畅快地游玩一番了，还等什么呢？

目录

第1章

光从哪里来

你是个怕黑的孩子吗？到了晚上，一盏明亮的灯是不是会带给你温暖和安全感？不过，灯光是从哪里来的呢？为什么按一下电源开关，满屋子的灯光就会瞬间消失得无影无踪，再按一下，它们又会突然出现呢？

和电灯一样，篝火和太阳都能发光。可它们发出的光是一样的吗？在灯光或者日光的照耀下，玻璃也能闪闪发光。它们的光又是一样的吗？张开你的手，你能抓住光吗？可如果抓不住它，为什么我们又能看见它呢？

看来，光留给我们的谜团太多了。要想解开谜团，我们首先得搞清楚光是怎么来的。

有很多东西都可以靠自己发出光来，像这样的东西，我们叫它们光源。身边的光源有燃烧着的蜡烛、亮着的 LED 灯、点燃的柴火，还有离我们比较遥远的太阳。

我们通过眼睛来感受光，从而看到周围的一切。如果你闭上眼睛，眼前就会一片黑暗。如果没有光，同样也是如此。

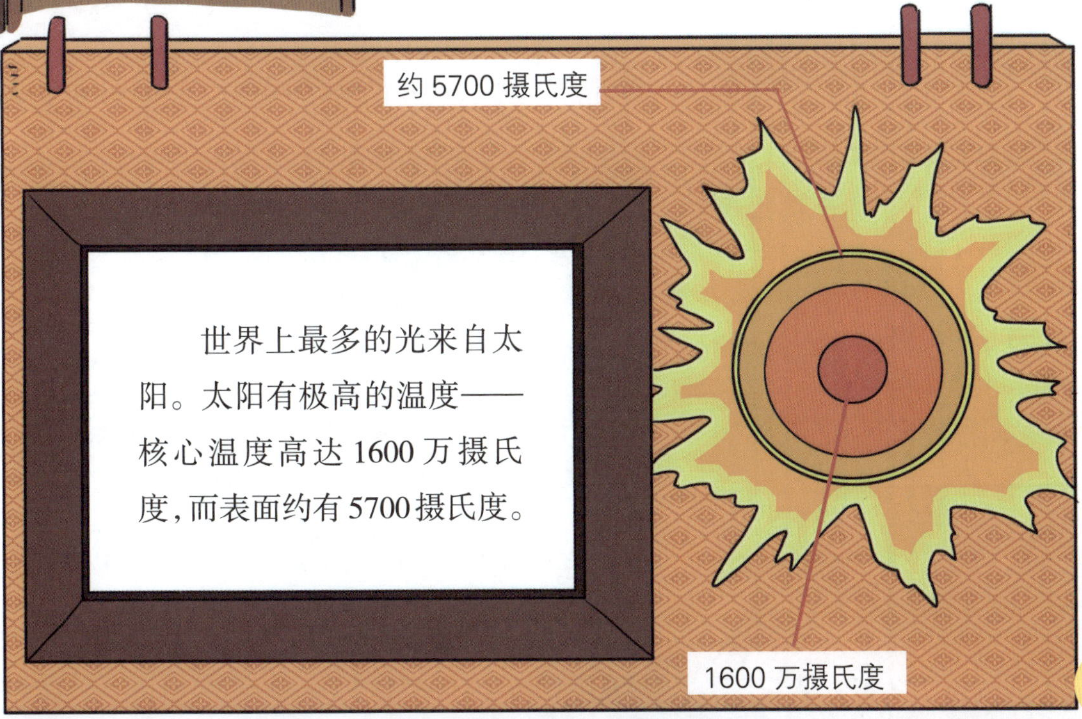

光源发出的一部分光进入我们的眼睛，让我们能够看到它。但另一部分光会射到其他不发光的物体上，再被反射出去，其中一部分又会进入我们的眼睛，这样，我们就能看到很多不发光的物体，比如你心爱的玩具或者桌椅板凳等。

光源不一样，同一个物体显现出的颜色也不一样。比如在自然光下，物体的颜色都很自然均匀。但在白炽灯下，黄色和红色会更明显。而在荧光灯下，绿色看上去更加抢眼。在钠灯下，任何颜色都显得灰暗。

在自然光下，各种颜色都很鲜明

在白炽灯下，黄色和红色会更鲜明

在荧光灯下，绿色会更鲜明

在钠灯下，任何颜色都不突出，显灰暗

有一种神奇的灯叫钠灯，点亮时会发出透射力强且柔和的黄色光，在这种灯光下，各种物体都可以被看得很清楚。在公路隧道里，你可以找到这种神奇的光源。

从光源发出来的光是沿怎样的路线射到世间万物上，又是沿怎样的路线进入我们的眼睛的呢？虽然我们的眼睛大多数时候看不见光的传播路线，但科学家们可以通过一系列简单的实验来抓住这个神秘的家伙——它只喜欢走直线。

大部分情况下，我们很难看到光的传播路线，但也不是说我们完全看不到光的传播路线。通过向较稀的牛奶中发射激光的实验，便可以看到光的传播路线。通过观察，我们可以知道光是沿直线传播的，这就是光的直射。

不过，因为只愿意走直线，所以当前面出现障碍物的时候，光就伤脑筋了。

障碍物如果是透明的，比如空气和玻璃，光可以轻松地穿过它们，然后一直朝前方“跑”下去。但要是不透明的物体，光就无能为力了。

如果光被物体挡住，会在物体后面形成一个比较暗淡的区域，这就是影子。这从侧面证明了光是沿直线传播的。想想看，要是光不沿直线传播，那也就不可能在物体背后形成影子。不过，如果光从多个方向射向物体的话，影子就会变得比较淡。

影子有什么用呢？我们可以和影子玩捉迷藏的游戏，它就像一条缠人的小尾巴，怎么也甩不掉。除此之外，影子还可以告诉我们时间。早在古代的时候，人们就利用影子制成了日晷。

最简单的日晷用棍子插在地上就可以得到。当太阳移动时，棍子的影子就会改变方向和长度，这样我们就知道现在是白天中的什么时候。当然，晚上就没法依靠日晷来判断时间了。

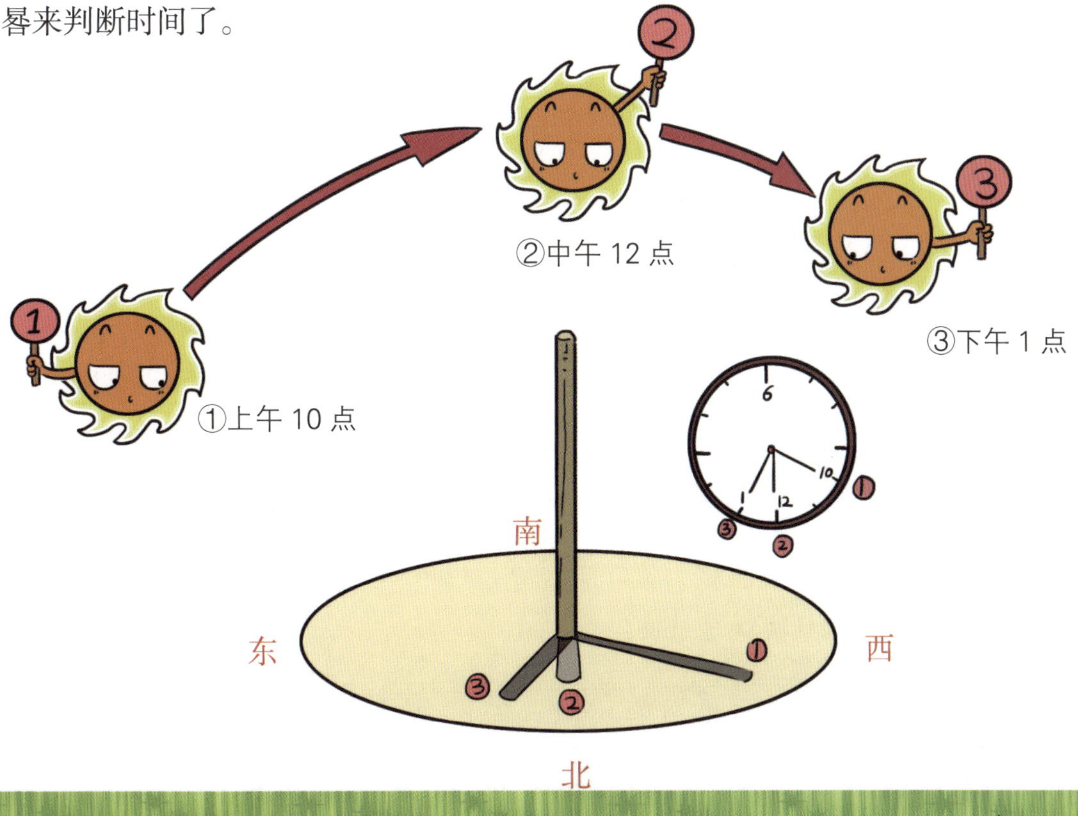

我们能看到地球的影子吗？

开什么玩笑？地球那么大，我们生活在地球上，怎么可能看到地球的影子呢？

其实，还真的可以，只不过我们要借助月亮。当月食发生的时候，我们就能在月球表面看到地球的影子了。

这个时候，地球的影子盖住了月球，也可以说是月球的表面出现了地球的影子，这其实就是月食。

太阳、月亮和地球之间的位置一直在变化，这是因为地球绕着太阳转，月亮又绕着地球转。有时候它们会排列成一条直线，当直线顺序为太阳—地球—月亮时，射向月亮的阳光就会被地球给挡住。

烟花的秘密

你需要准备的材料：

- 1 支蜡烛　　1 个打火机　　1 勺镁粉
- 1 勺蔗糖粉末　1 勺硫黄粉
- 1 个盘子　　少许清水

实验开始：

1. 将蜡烛用打火机点燃后固定在盘子中央，再往盘子里加入少许清水。

2. 用汤匙把镁粉撒向火焰处，可以看到火焰发出了耀眼的白光。

3. 再分别向火焰处撒入蔗糖粉末、镁粉、硫黄粉，可以看到火焰分别发出了蓝色、白色和绿色的光。

镁粉在燃烧时会发出耀眼的白光，蔗糖粉末燃烧时会发出蓝色的光，硫黄粉燃烧时会发出绿色的光。
镁粉
蔗糖粉末
硫黄粉
这些火焰真漂亮啊！
火焰是物质燃烧时产生的发光、发热现象。不同的物质——比如镁粉、蔗糖粉末等，组成成分不同，燃烧时产生的火焰状态自然也就不同了！

纸板上的小光斑

你需要准备的材料：

- 3 张穿孔的小纸板
- 1 只手电筒　　　3 段绳子
- 1 根长木棒　　　1 根铁丝

实验开始：

1. 用一根笔直的铁丝穿过三张小纸板上的孔洞。

2. 将小纸板分别拴上绳子，挂在插在墙上的长木棒上。

3. 将铁丝抽出。这样，三块纸板上的孔洞就在同一条直线上了。

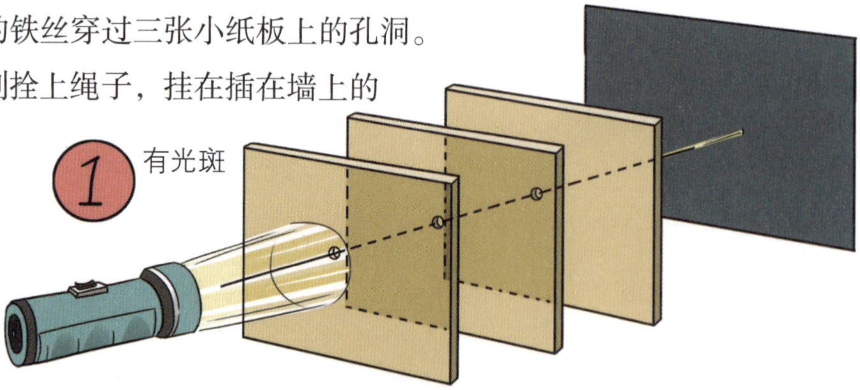

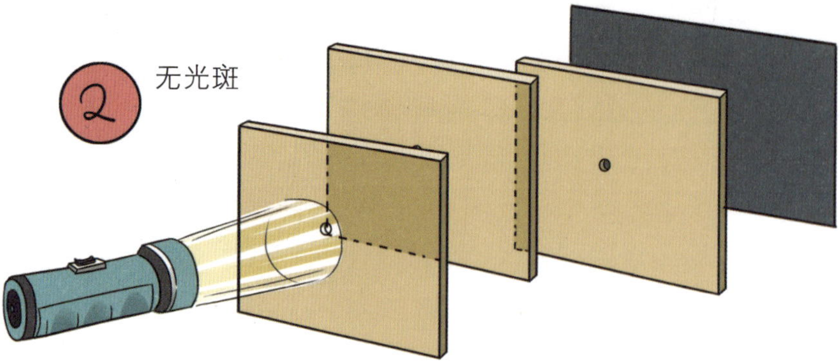

4. 用手电筒照射纸板上的孔洞，会看到光通过孔洞，在墙上形成了光斑。

5. 任意移动一至两张纸板后，再用手电筒去照小孔。咦？光穿不过去了！

光斑是手电筒的光穿透小孔后形成的。当纸板上的小孔处于一条直线上时，光就能顺着这条直线照射到墙上。

但是移动纸板后，小孔的位置错开了，光无法穿透纸板，所以没法形成光斑。

第2章

被挡住的光去了哪里

当光被射到不透明的物体上时，光会被挡住。然后它们会怎么样呢，会停下来吗？

光是一刻都不停歇的小淘气，它会被障碍物反射出去，沿直线继续自己的旅程，然后，很有可能又一头撞到下一个障碍物上……

这真是一个十分有趣的特点。

人们把光的这一特点用在了镜子上。拿出你的镜子看一看，当你面对镜子时，镜子里面的人是不是和自己一模一样？

要是没有光照在镜子上，你是看不见自己的。要是镜子没有把光反射到眼睛里，你仍然看不见自己。

观察一下画出来的电灯发光图，这下也许你就可以明白为什么站在任何方向都能看见灯光了吧。只要有光进入我们的眼睛就可以了。

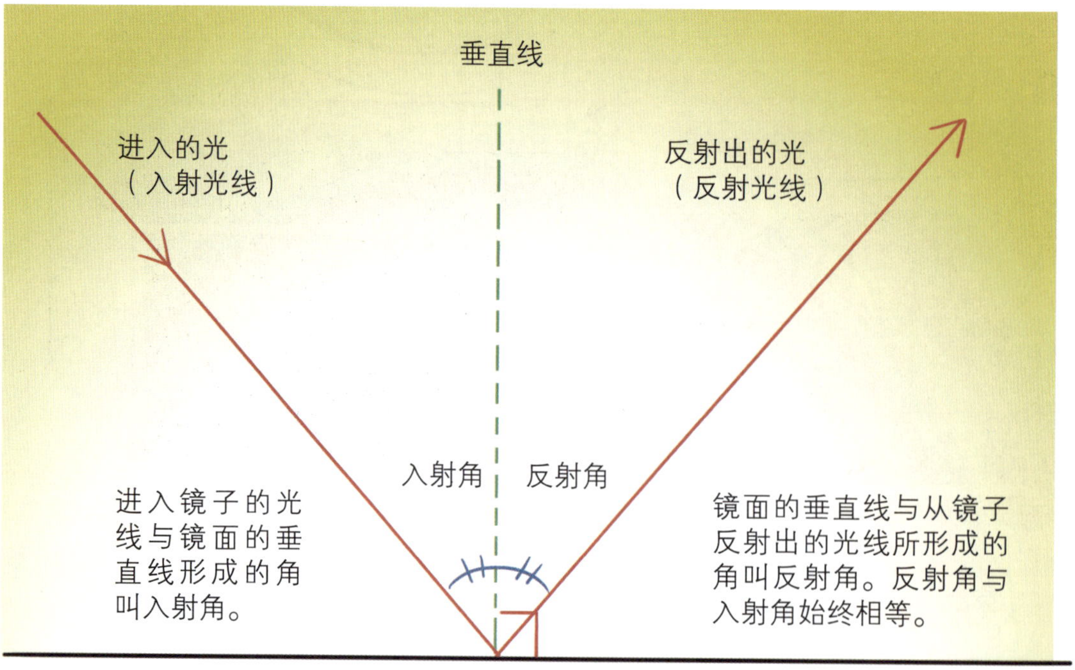

接下来，让我们再来看看光线射向镜子会发生什么。

射向镜子的光线叫入射光线，被镜子反射出来的光线叫反射光线。它们分别与垂直于镜子的直线形成了入射角和反射角。

反射角和入射角总是相等，这是反射定律定义之一。

不光是射到镜子上的光线要遵循反射定律，射到任何物体上的光线都遵守这一定律。不过，反射定律在不一样的物体上会呈现出不同的视觉效果。

当光线被镜子反射到眼睛里后，我们会觉得物体是在镜子的后面。镜子里照出的物体叫作像。

不过，从不同的位置看镜子中的物体，会觉得它的位置也在变动。找一面镜子，在它前面竖起一支铅笔，看看是不是这样。

镜子里铅笔的准确位置到底在哪里呢？像图中那样，把镜子里的铅笔和你的眼睛用一条直线连起来，然后换一个位置，再照样画一条直线。两条直线在镜子上的交点就是镜子中铅笔的实际位置。

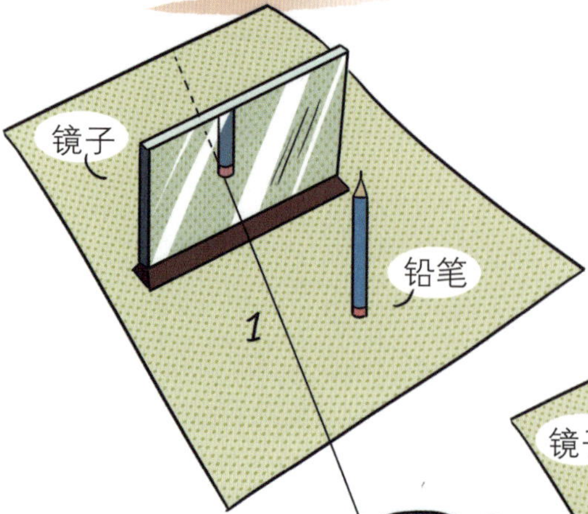

虽然都是镜子，但镜面的不同却能带来不同的效果。

我们见得最多的是平面镜，平面镜成像与实物的大小相等，但镜像的左右和实物的左右却是相反的。

镜面凸起的，叫凸面镜，简称凸镜。凸镜可以看到比平面镜更广的范围，但镜中的物体小于实际物体。我们在超市角落或车行道的转角处常常会看到凸镜，这可以扩大人的视野。

凹镜则更特别一些，远处的物体在凹镜上的成像会更小，而且是倒过来的。但近处物体的成像会变大。

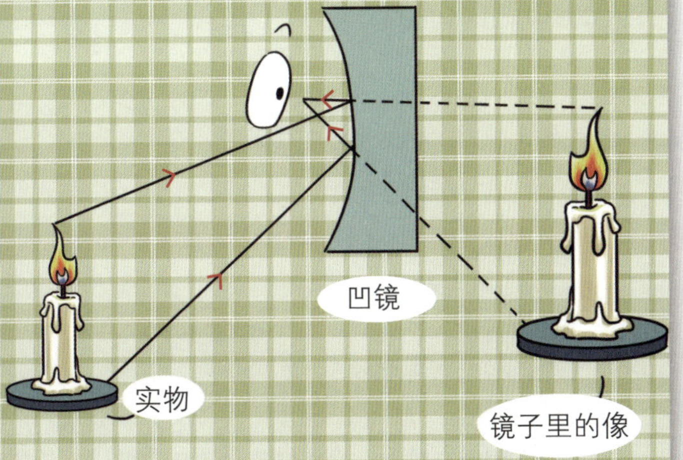

凹镜还可以会聚光线，甚至可以用聚焦的太阳光来点火。另外，太阳灶和汽车前灯的反射装置里也会用到凹镜。

和自己拔河的小朋友

你需要准备的材料：

- 1 张白纸　　　1 盒水彩笔
- 1 面平面镜子

实验开始：

1. 在白纸上画出两个小朋友正在拉绳子的画面。

2. 把画面靠近镜子，调整镜子的角度，就会看到镜子中也出现了两个小朋友。两队人好像在拔河一样。瞧！他们都使出了最大的力气，在和另一面较劲呢！

哈哈镜中的人

你需要准备的材料：

- 1 张硬纸板　　1 面平面镜
- 1 面凸面镜

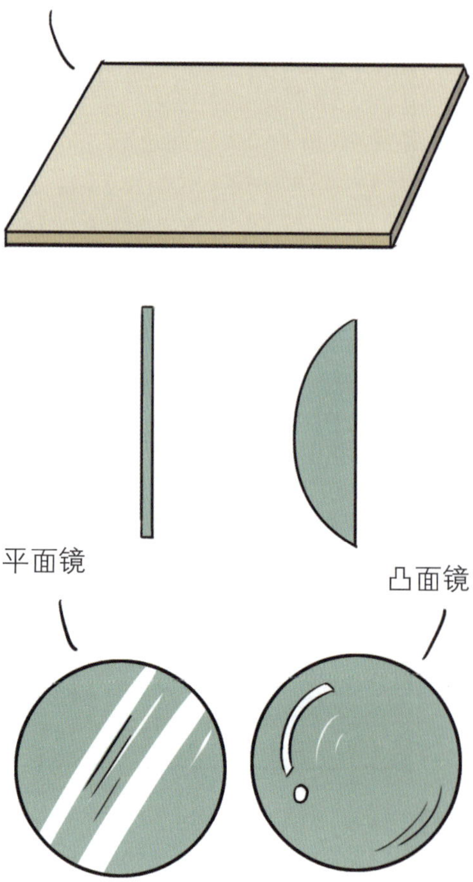

实验开始：

1. 在硬纸板上挖出相同大小的两个圆孔。

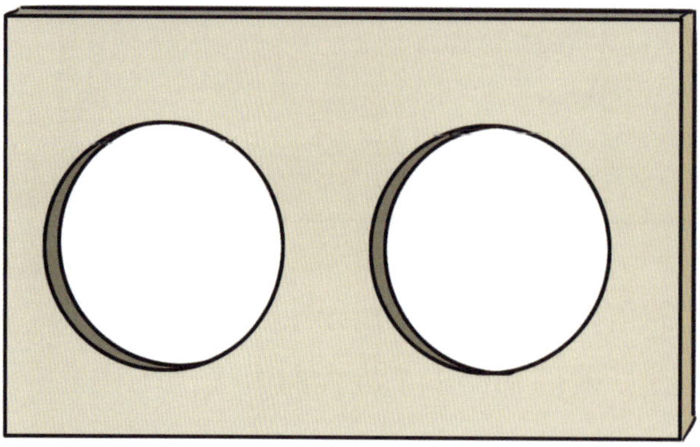

2. 分别将平面镜和凸面镜嵌入孔洞中，使镜面露出的面积相同。

3. 分别透过平面镜和凸面镜观察外界。咦？通过凸面镜看到的人变瘦了！

用易拉罐点燃火柴

你需要准备的材料：

- 1 个易拉罐　1 张砂纸
- 1 张白纸　若干火柴

实验开始：

1. 用砂纸把易拉罐的罐底打磨光滑，让它的反光性能更好。

2. 把打磨好的易拉罐罐底放在阳光下，用一张白纸斜着放在罐底上方（不要遮住太阳光），白纸上会有一个小光点。

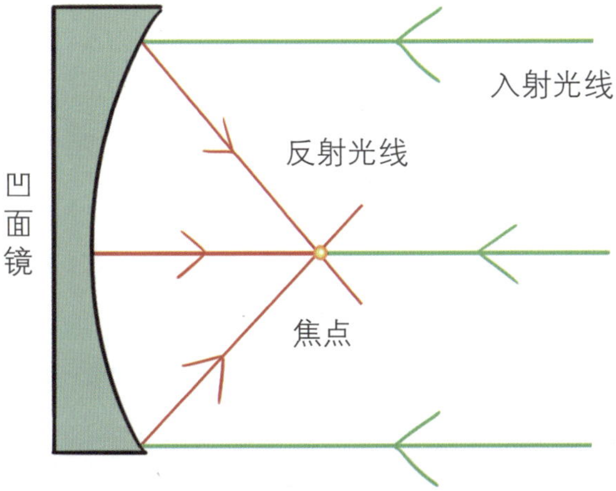

3. 移动白纸的位置，测试光点的大小。当光点变得最小时，将火柴头放到光点处。

4. 移开白纸，让阳光照射一会儿，就会看到火柴被点燃了！但要小心不要被火苗烫到手哦。

第 3 章 光总是走直线吗

光都是沿直线前进的，遇到不能穿过的障碍物会被反射回去。

不过，有的时候，光的前进路线也有些不一样喔。

看起来，它们就好像“迷失”了方向一样。

这是怎么回事呢？

光粒子

有时候，“迷失方向”的光线还能让我们上当哦。

一个新手渔夫提着鱼叉跑到溪水边，看着溪水里游来游去的鱼儿，他高兴极了，说道：“今天一定会满载而归的。”

新手渔夫举起鱼叉，对准水里的鱼儿叉了下去，可却叉了个空，一连几次都是如此。他气坏了：“难道这些鱼会魔法？为什么看得见，叉不着？”

另一位老渔夫笑了起来，说道：“你得往比看起来更深一些的地方叉鱼，否则是叉不到鱼的。”

新手渔夫试了试，还真是如此。可是，怎么叉上来的鱼比在水里时小了不少呢？

其实，这是因为光在水里发生了偏折。
真空中跑得真快！
光最喜欢在真空中传播，因为真空中几乎什么也没有，自然也不会有妨碍光前进的东西，所以光的运动速度最快。
在空气里，光会稍微慢一点，因为空气里有各种肉眼看不见的分子和尘埃颗粒。
与真空比起来，跑得有点慢了。
啊～怎么有这么多妨碍我的东西啊！
在水里，阻碍光前进的东西可就更多啦。

如果光垂直射入水面，虽然速度会变慢，但方向不会受影响。

如果光倾斜着射入水面，不仅速度会变慢，方向也会在空气和水面的交界处发生偏折，这叫作光的折射。

这是为什么呢？我们可以想象一辆从公路上开进泥地的汽车，当左轮接触泥地的时候，速度会变慢，但右轮还在公路上，仍然保持了较快的速度。

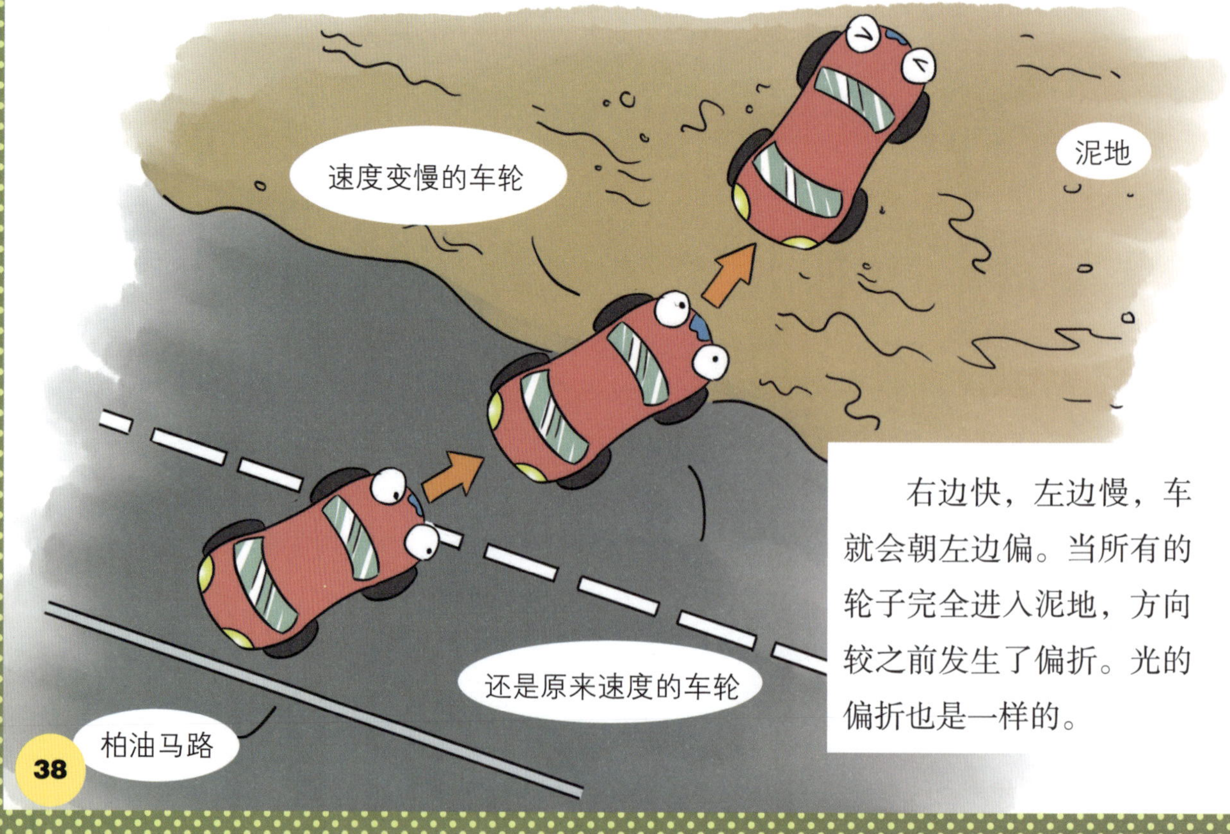

右边快，左边慢，车就会朝左边偏。当所有的轮子完全进入泥地，方向较之前发生了偏折。光的偏折也是一样的。

不管是水中还是空气中，射入的光线叫入射光线，射入后发生偏折的光线叫折射光线。入射光线和垂直线形成的角叫入射角，折射光线与垂直线形成的角叫折射角。

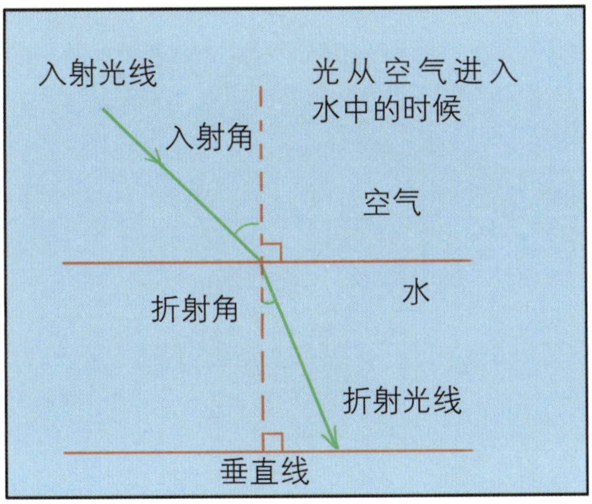

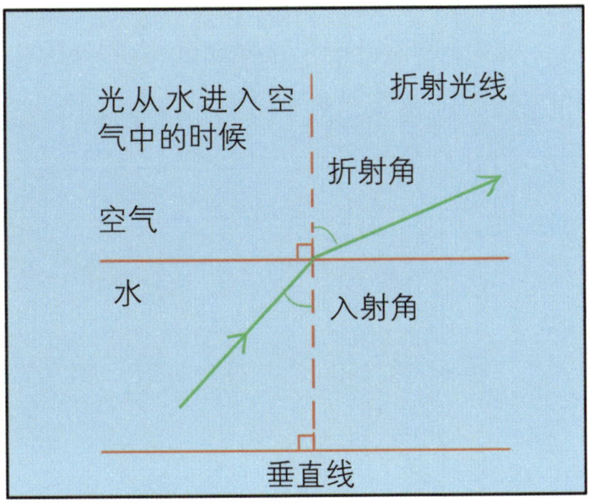

光一定会选需时最少的路径通行。这是法国数学家皮埃尔·德·费马（1601–1665）发现的。

就像画中那样，看上去 B 路线是两人间最短的路线，可最短不代表最快。因为光在水中通行的距离更长，这会拖慢速度。因此光会选择看上去更长一点的 C 路线前进。因为它在水中停留较短，自然也更快一点。

因为光的折射的原因，我们才会在水边“受骗上当”，还记得新手渔大的故事吗？鱼儿实际所在的水位，比他所看到的鱼的位置要更深。这都是折射搞的鬼。看看这幅图，你就会明白原因。

所以，当你站在小溪边，觉得溪水很浅，可不要冒冒失失地踩下去，说不定会踏空。

由于光的折射，站在水里，你还会觉得水里的腿短了一大截。

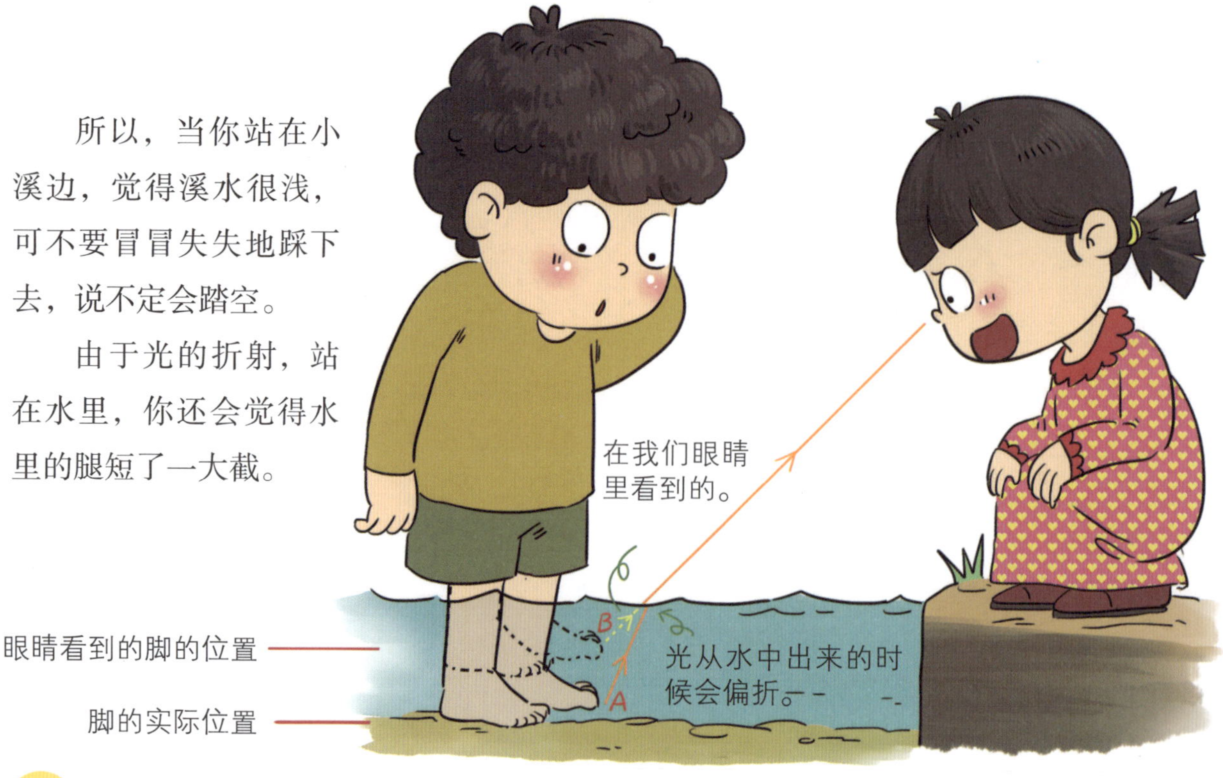

光的折射还有其他的表现方式。比如，找一个圆形的鱼缸，分别从上面和侧面观察鱼缸里的金鱼，你会觉得从侧面观察到的金鱼比从上面观察到的金鱼显得更大一些。

但如果换成方形鱼缸，再从侧面看，金鱼就没那么大了。实际上，装满水的圆形鱼缸起到了凸透镜的作用。它跟之前我们提到的凸镜可不一样哟。

透镜，就是可透过光的镜子，一般用玻璃这样的透明材料制作。

中心比边缘厚的透镜叫凸透镜，光通过凸透镜时会向里偏折，但眼睛认为光仍然是直射的，所以物体看上去比实际更大。利用这一特点，我们可以制作放大镜、显微镜和望远镜。当然，显微镜和望远镜往往需要用多个凸透镜组合起来，才能起到更好的放大效果。

透过凸透镜看到的世界

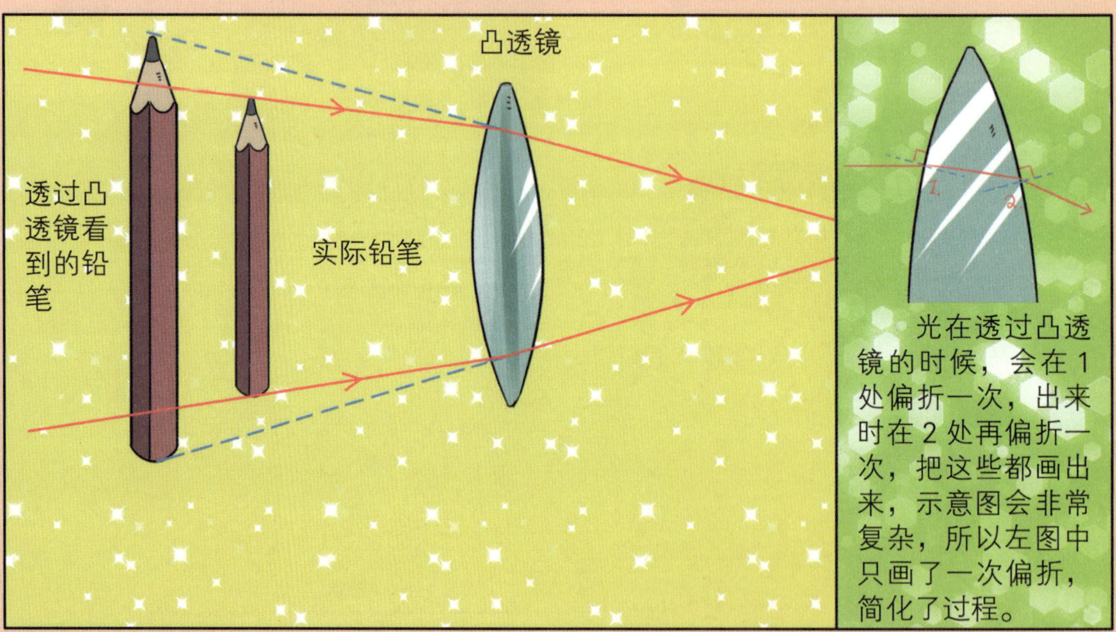

光在透过凸透镜的时候，会在1处偏折一次，出来时在2处再偏折一次，把这些都画出来，示意图会非常复杂，所以左图中只画了一次偏折，简化了过程。

现在你可能已经开始想，如果形状和凸透镜相反的透镜，是不是可以缩小物体呢？是的，这叫凹透镜。它的边缘比中心更厚，因此光通过凹透镜时会向外侧偏折。但眼睛会认为光是直射出来的，所以误以为物体比实际的要小。

透过凹透镜看到的世界

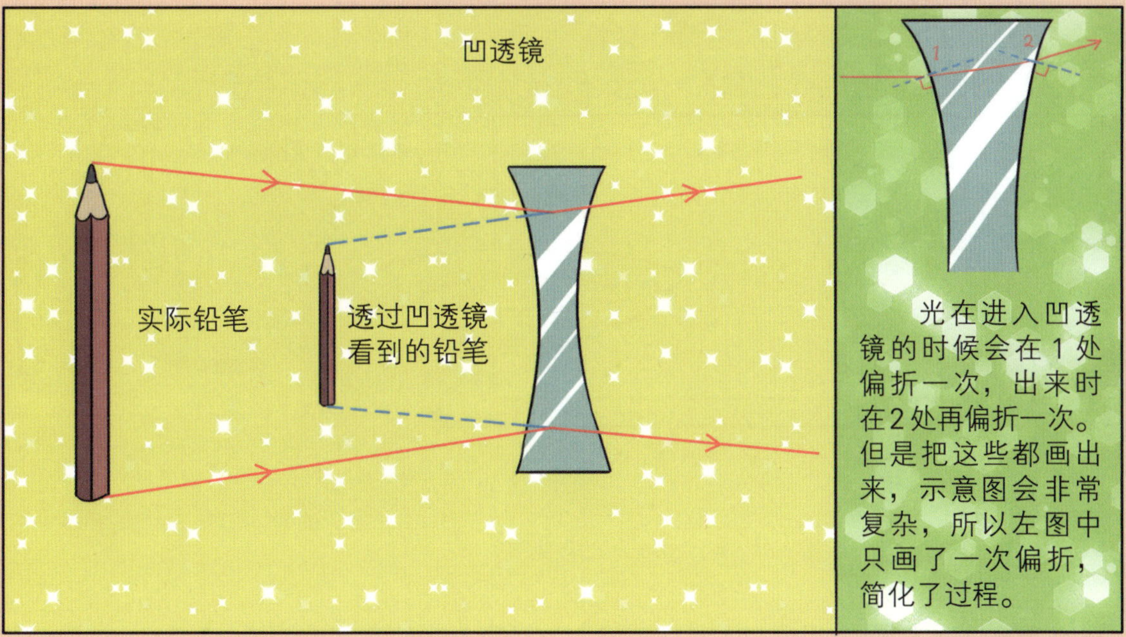

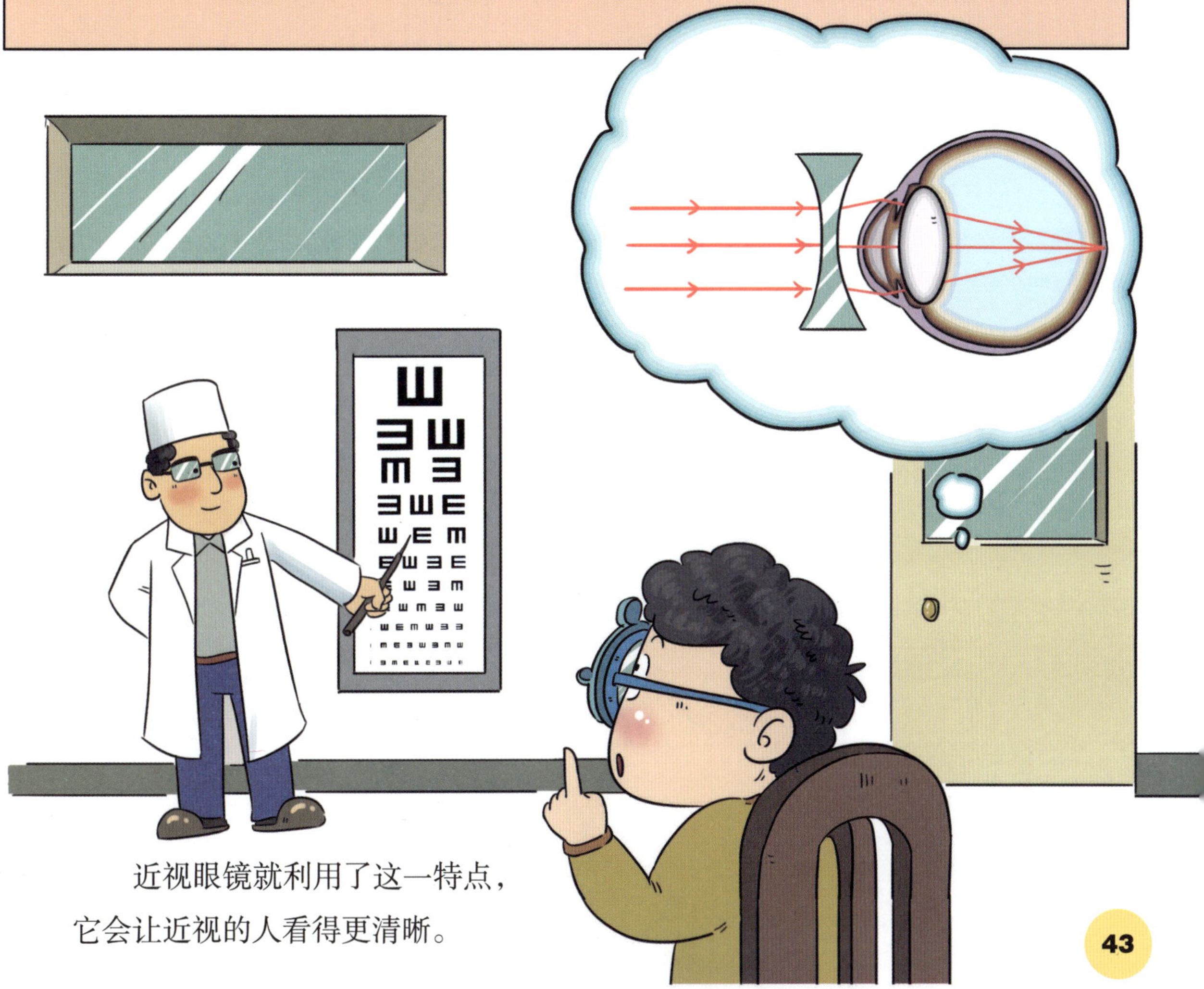

近视眼镜就利用了这一特点，它会让近视的人看得更清晰。

消失的硬币

你需要准备的材料：

- 1 个盘子
- 1 个玻璃杯
- 1 枚硬币
- 1 壶水

实验开始：

1. 将硬币放在盘子中央，再把空的玻璃杯放在硬币上。

2. 往杯子里倒水。我们会看到杯底的硬币竟然消失了！

3. 我们再往盘子里倒水。这时，消失的硬币竟然又出现了！

这可不是我变的魔术，而是光给我们大家变的魔术！当光从注水的杯底进入空气之后，它发生了折射，挡住了杯底的硬币，让我们误以为硬币消失了。但再向盘中注水后，硬币的影子也被折射出来了，这样硬币就又出现了。
布朗叔叔，你什么时候学会变魔术的？快教教我！

用水做成的放大镜

你需要准备的材料：

- 1 个装满清水的塑料瓶
- 1 张空白纸
- 1 支水彩笔
- 1 把剪刀

实验开始：

1. 把空白纸裁剪成和塑料瓶差不多宽度的纸条。

2. 用水彩笔在纸条上写上文字，如“科学小实验”。

3. 把纸条放在塑料瓶的后面，不断拉远或拉近，我们会看到字的大小也随着纸条与塑料瓶的距离变化而变化。当纸条拉远到一定距离，纸条上的字竟然颠倒了！

扫码领取
- 趣味实验室
- 科学家故事
- 科学小常识
- 阅读打卡站

第 4 章

光到底是什么颜色

你见过光的颜色吗？

有人会说，光没有颜色，因为平时我们压根连光的样子都看不见，更不要说颜色了。

也有人说，光是白色的，不信，你看看太阳发出的光就是白色的。

还有人说，光是五颜六色的，比如霓虹灯，黄色、绿色、红色、紫色……应有尽有。

那么，光到底是什么颜色呢？

我的颜色是这样的！

我们先从彩虹说起，它有红、橙、黄、绿、蓝、靛、紫七种颜色，往往会在雨过天晴的空中出现。

不过，在喷泉旁、瀑布旁，或者阳光下洒水车喷出的水雾里，你也能看见彩虹。

那么，想想看，要看到彩虹，需要哪些条件呢？

对了，阳光和水滴。

有人觉得阳光是白色的，可这并不是光颜色的真面目。要搞清楚这一点，我们要先知道，光分为可见光和不可见光。

可见光，就是人类能看见的光。在可见光里，藏着红橙黄绿蓝靛紫多种颜色。当它们汇在一起时，就是白色的。但当彩虹出现时，这些颜色都一一显露出了真面目。

扩展知识

彩虹的颜色实际上并不是界限分明的，你也可以把它分为5种或10种颜色。但最早提出“7种颜色”的，是大名鼎鼎的艾萨克·牛顿。

想知道白色的可见光为什么会被分成不同的颜色吗？那你得先知道：不同颜色的光有不同的特点，就好像都是人，但高矮胖瘦也并不一样。

其中，最重要的区别，就是波长不同。光像声波、电波那样按一定周期和规律颤动着传播，这叫波的振动。

而波在一个振动周期内传播的距离叫波长。更直白地说，就是两个波峰或者波谷之间的距离。

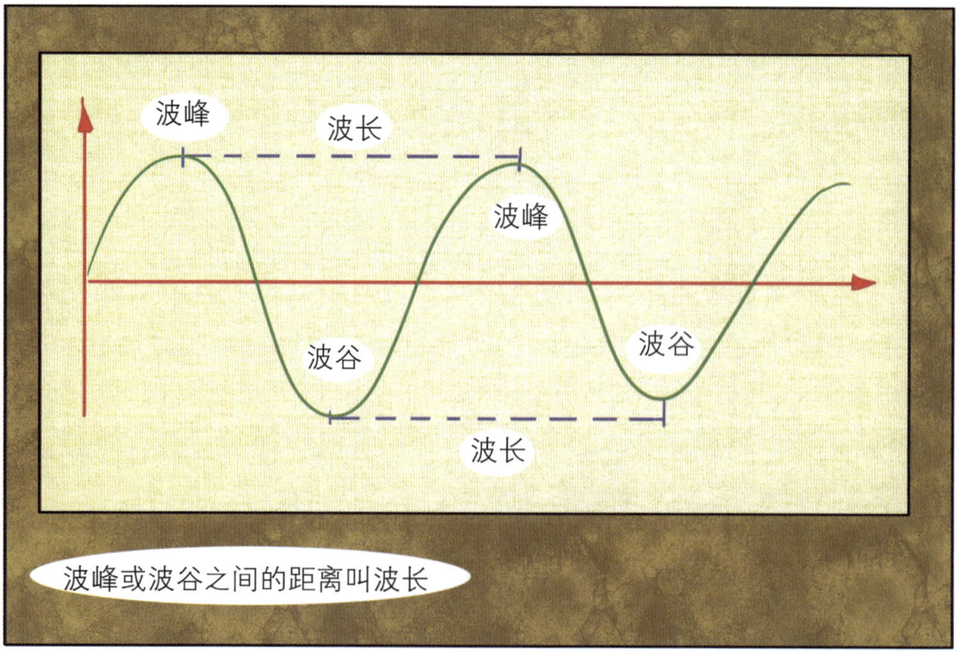

波峰或波谷之间的距离叫波长

不同颜色的光，波长也不一样。波长越长，越接近红色。波长越短，越接近紫色。

另外，波长不同的光，在碰到某种透明物质时，被折射的角度也不一样。可见光中，紫色光被偏折的角度是最大的，其次是黄色光、橙色光，最小的是红色光。因为偏折角度不一样，可见光就被分散成了各种颜色。

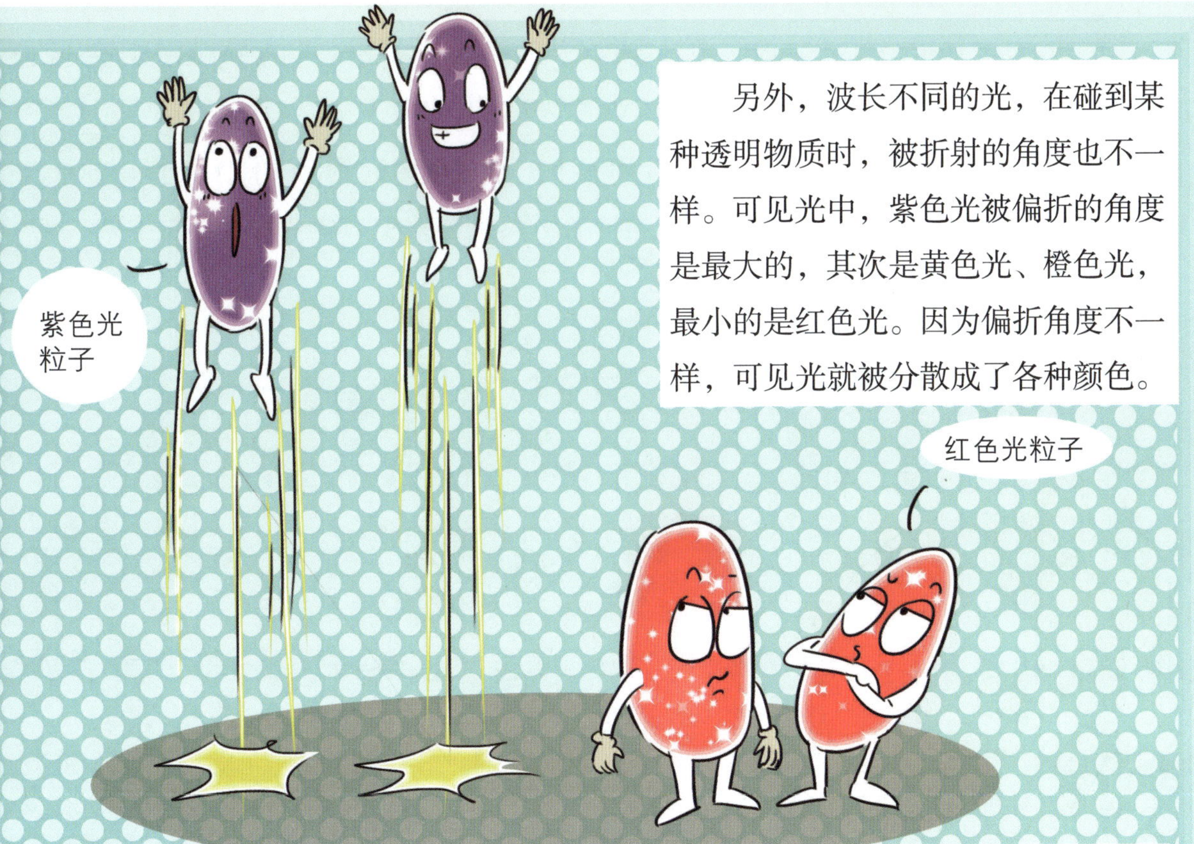

不过，这种差异一般很小，肉眼是观察不到的。但我们可以通过三棱镜来让光多折射几次，让不同颜色的光更分散一些。

光通过三棱镜被分成了各种颜色。红色光折射的程度最小，紫色光最大。所以，从光入射的方向，依次显示出红橙黄绿蓝靛紫。

经过三棱镜的两次折射，单一的白色光被分成了彩虹般的颜色，这个现象叫光的色散，而你看到的“彩虹”叫作光谱。

聪明的小朋友可能已经猜到了，阳光下的小水滴也起到了三棱镜的作用。雨停后，空气中还漂浮着不少小水滴，当阳光照射到小水滴上时，会发生两次偏折，像三棱镜那样。

太阳光进入水滴时红色光的偏折会小一点，紫色光的偏折会大一些。当光从水滴中出来的时候，紫色光会在上面，红色光在下面，其他颜色的光都在红色光和紫色光之间。

奇怪了，既然是紫色光在上，那彩虹应该是紫靛蓝绿黄橙红啊，为什么我们看到的却是反过来的呢？

实际上，不是所有小水滴折射出的光线都能进入我们的眼睛。

在我们看到彩虹时，彩虹最顶端水滴所折射的紫色光到橙色光这一部分光线会被折射到更高的地方，无法进入我们的眼睛，因此我们看不到它们。我们所能看到的，是处于光谱最下方的红色光。

而彩虹最底端小水滴的红色光又正好被折射到更低的地方，同样也无法进入我们的眼睛，所以我们看见的是红色光之上的紫色光。

这样一来，我们眼中的彩虹就变成了红色在上，紫色在下了。

白色的光可以分散成不同的颜色，反过来，不同颜色的光也可以合成白色的光，这叫作光的组合。

不过，对人类来说，红色、绿色和蓝色是白色光中最重要的组成部分，我们叫它们为光的三原色。它们是视网膜中的视锥细胞所能感知到的颜色。700 多万个视锥细胞让我们眼中的世界不再是黑白的。

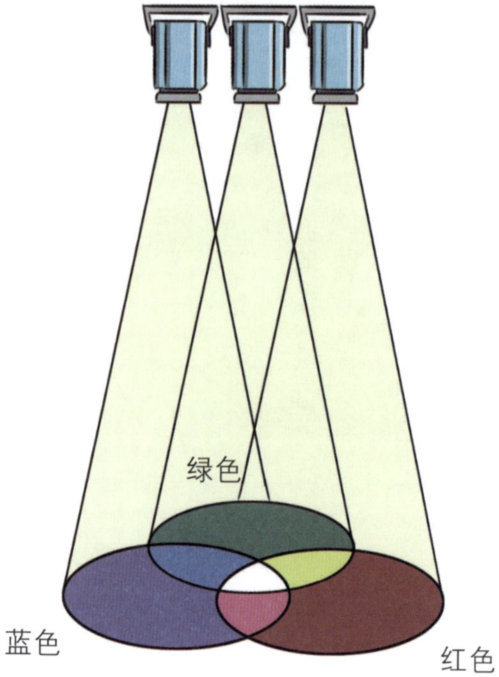

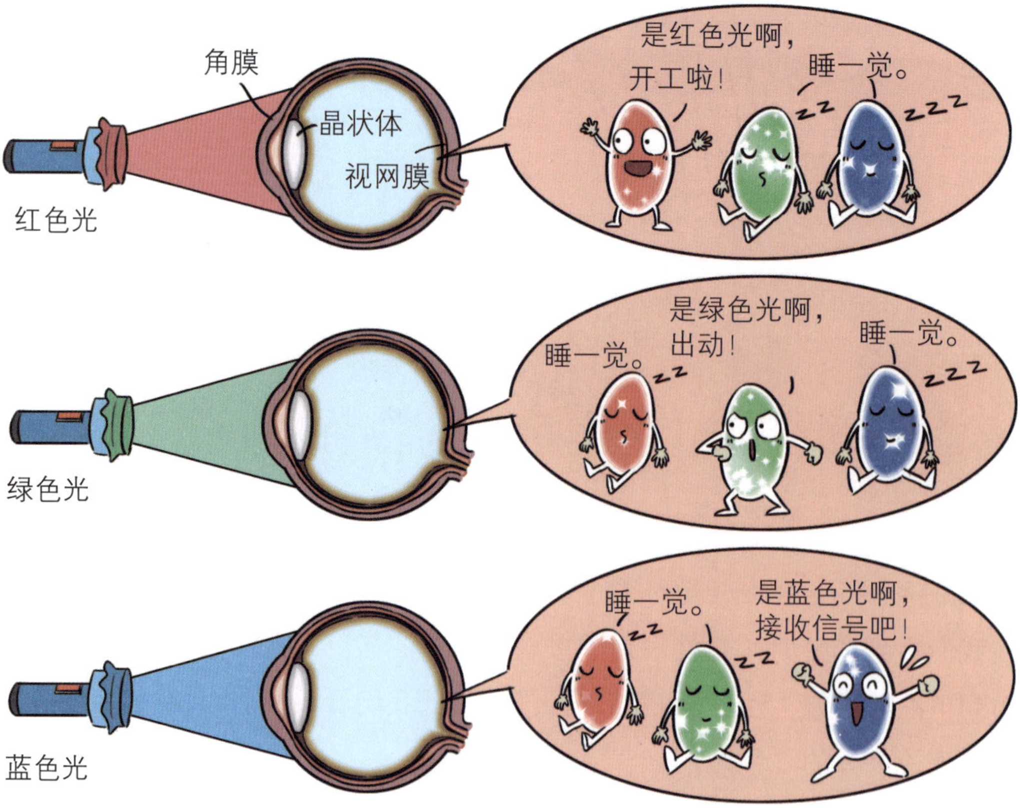

当红色光进入眼睛时，负责感知红色光的视锥细胞就会被激活，我们也就看到了红色。同理，绿色光和蓝色光也是一样。

另外，视锥细胞还能通过合作的方式，让我们感受到三原色之外的颜色。比如黄色光进入眼睛后，负责感受红色光和绿色光的视锥细胞会被激活。如果是洋红色的光，则会激活感受红色光和蓝色光的视锥细胞。而青绿色光能刺激感受蓝色光和绿色光的视锥细胞。

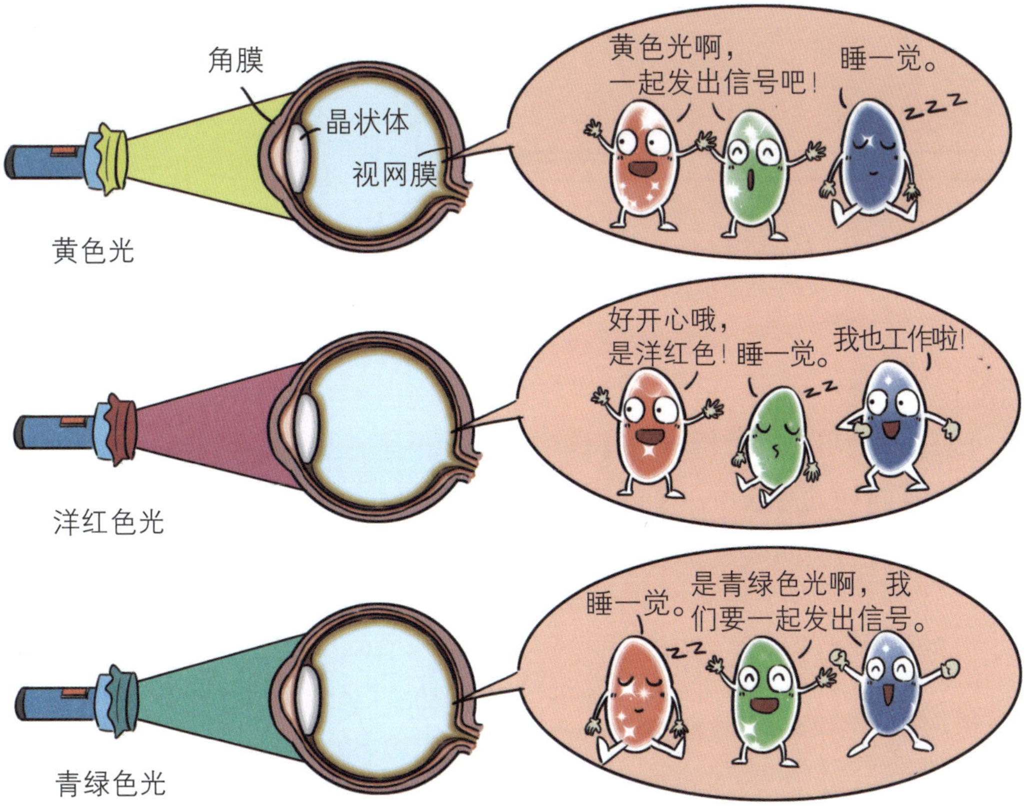

用这种方法，视锥细胞可以组合出丰富多彩的颜色来。

电视就是利用这个原理发明的。无数发出红色、绿色和蓝色的光点共同组成了电视画面，通过调节这些光点的亮度和发出的颜色，就能随心所欲组合出千变万化的色彩来。

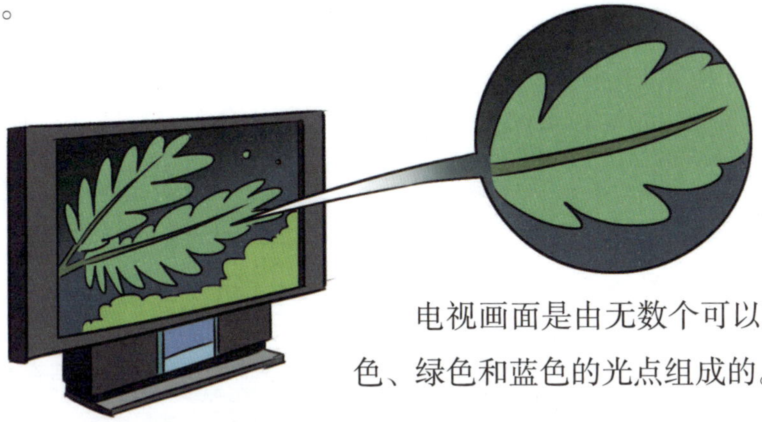

电视画面是由无数个可以发出红色、绿色和蓝色的光点组成的。

把彩虹贴到墙上去

你需要准备的材料：

- 1 面镜子
- 1 盆水

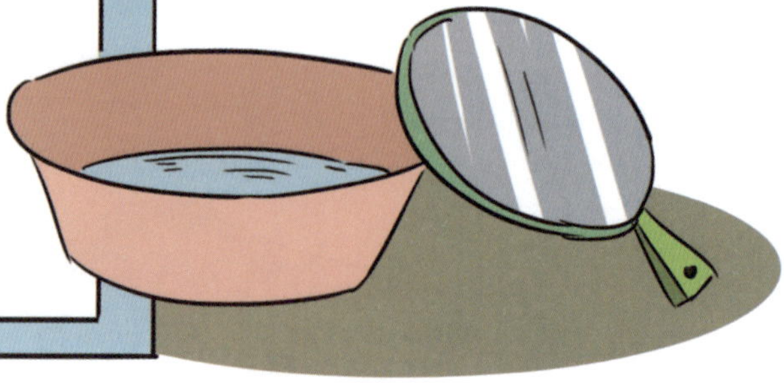

实验开始：

1. 把盛有清水的盆放到阳光下。

2. 把镜子斜插入清水中。调整镜子的角度，很快，水盆对面的墙上就会出现一道彩虹。

布朗叔叔，之前你说过彩虹是由不同波长的光经过折射后形成的，那么墙上的彩虹也是这样形成的吗？
是的，小布丁你真聪明！当太阳光照进水里，不同波长的光经过了水分子的折射，便在水盆底部分散开来，形成了彩虹。而伸入水中的镜子，又把这些光反射到了墙上！

第5章

光是色彩魔术师

在光的作用下，除了彩虹，很多事物都可以变幻出各种各样的颜色，比如天空。

抬头看，天空有时是深蓝色，有时是淡蓝色，有时还可能是红色或灰色，到了夜晚，又变成了黑色。难道这是天空在换衣服吗？不，这是光在变魔术。

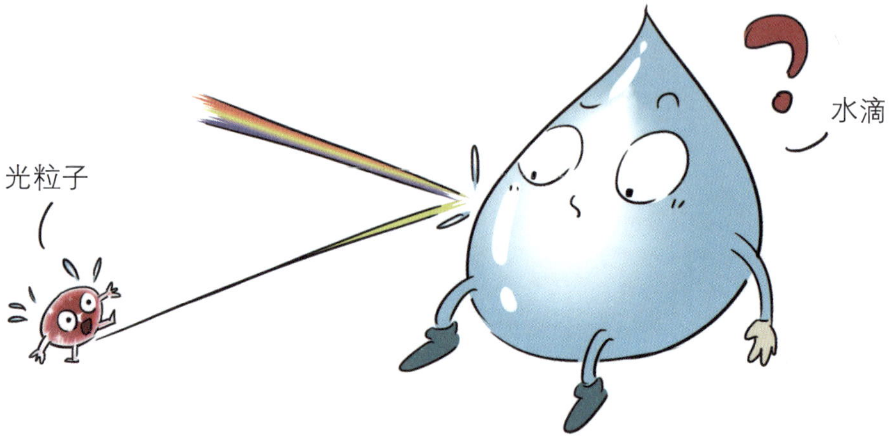

空气中看上去什么都没有，实际上满是各种灰尘、气体分子和小水滴。可见光在空气中传播时，免不了会碰上它们。如果是碰上水滴这样“大个儿”的障碍物，光会发生朝向某一个特定方向的反射或折射。

但如果碰上气体分子这些“小家伙”，光会被它们散射到四面八方。

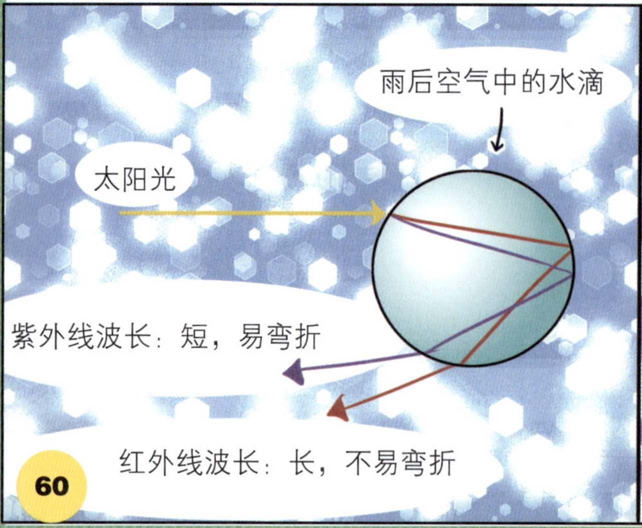

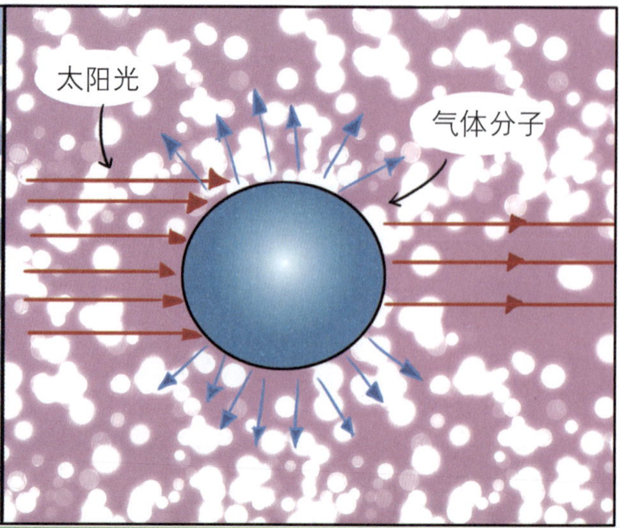

朝一个方向射出的光和朝四面八方射出的光，哪一个更容易被我们看到呢？当然是后者。光在空气中的物质的帮助下射向四面八方，照亮了我们的世界。

不过，空气中含量最多的氮气和氧气更喜欢散射蓝色或紫色光，而大部分紫色光在进入我们的眼睛前，会在很高的地方被散射掉，所以我们更容易辨别蓝色的光。这也就能解释为什么天空经常是蓝色。

因为颗粒较大的灰尘容易散射红色或黄色光，颗粒较小的灰尘散射绿色光，当空气中灰尘较多时，灰尘散射的光和气体分子散射的蓝色光混在一起，就变成了白色光。因此在空气污染严重的地方，天空看上去是白蒙蒙的。

不过，早上或晚上的天空为什么经常偏红色而不是蓝色呢？

这是因为早上或晚上的时候，太阳光是倾斜着照射到地球上的。这样一来，光在空气中就要走更长的距离。因为传播时间变长了，蓝色光更容易被散射掉，而波长较长的红色、橙色或黄色光则最终进入我们的眼睛。这让我们觉得此时的天空是偏红色的。

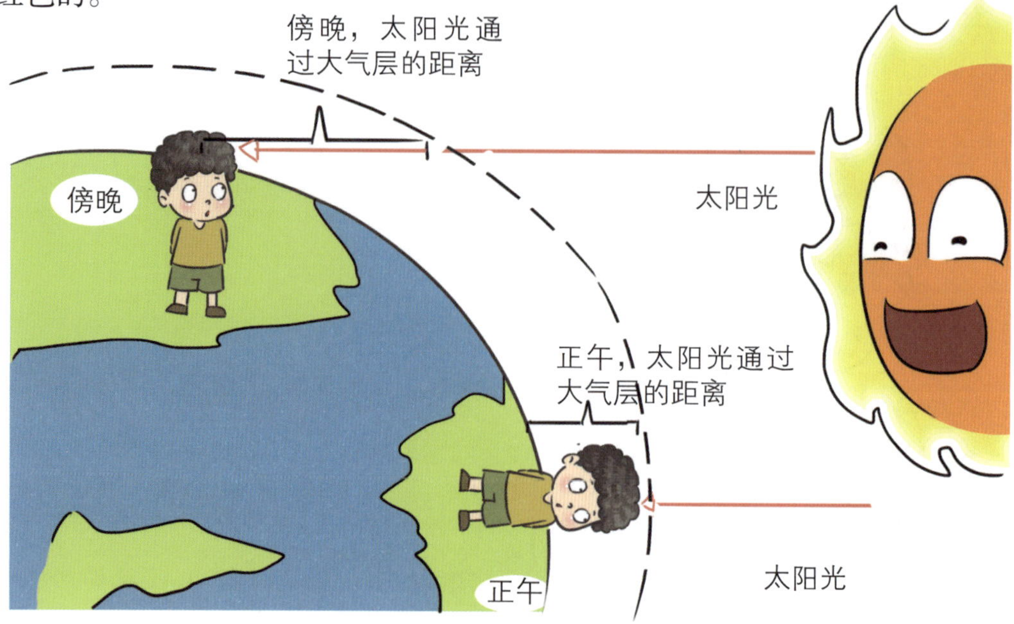

除了天空，白云的颜色也是光的魔术作品。云朵其实就是由大大小小的水滴聚在一起形成的。小水滴散射蓝色光，中等个头的水滴散射绿色光，大水滴散射红色光。所有的颜色混在一起，就变成了白色。

云彩里有很多小水滴。小水滴散射蓝色光，中等大小的水滴散射绿色光，大水滴散射红色光。

至于黑色的乌云，那是因为水滴越来越大，云层越来越厚，它们不再散射光，而是吸收光。这样进入我们眼睛的光就大大减少，颜色也变暗了。

知道了这个道理，让我们再来猜一猜大海为什么看起来是蓝色的吧。

其实，水是透明无色的。但海水实在是太多太深了，所以不同颜色的光在海水中会有不同的经历。波长比较长的红色光和黄色光在 5 米深的水中会被很快吸收。而波长较短的蓝色光则被吸收得较慢，因此蓝色光会抵达海水更深的地方。其中一部分又被水分子散射到了四面八方。所以，大海看上去是蓝色的。

除了颜色的魔术，光还喜欢玩捉迷藏的游戏。不信看看天上的星空，星星好像在对着我们眨眼睛，一闪一闪的。可实际上，星星反射的光并没有间断。那为什么我们会有这样的感觉呢？

如果往水杯里放一个玻璃珠，你就会明白这一现象。当水静止不动时，水里的玻璃珠很清晰。但如果你搅动杯中的水，玻璃珠的形状就会变得扭曲起来。这是因为射向玻璃珠的光在反射到我们眼睛前，还要经过水，水一晃动，光线也会被扰动。

当来自星空的星光经过大气层的时候，大气层中流动的空气实际上起到了与水杯中的水一样的作用。这样我们自然会误以为星星在闪烁了。

墓地里腐烂的尸体，可能会生成磷化氢，磷化氢会和空气中的氧气发生化学反应，若温度较高，就会自燃，燃烧时就会有蓝色或绿色的火光，这就是所谓的“鬼火”。因为盛夏温度很高，磷化氢易于自燃，所以“鬼火”多见于盛夏之夜。

有一种夜光手表也具有磷光特性。

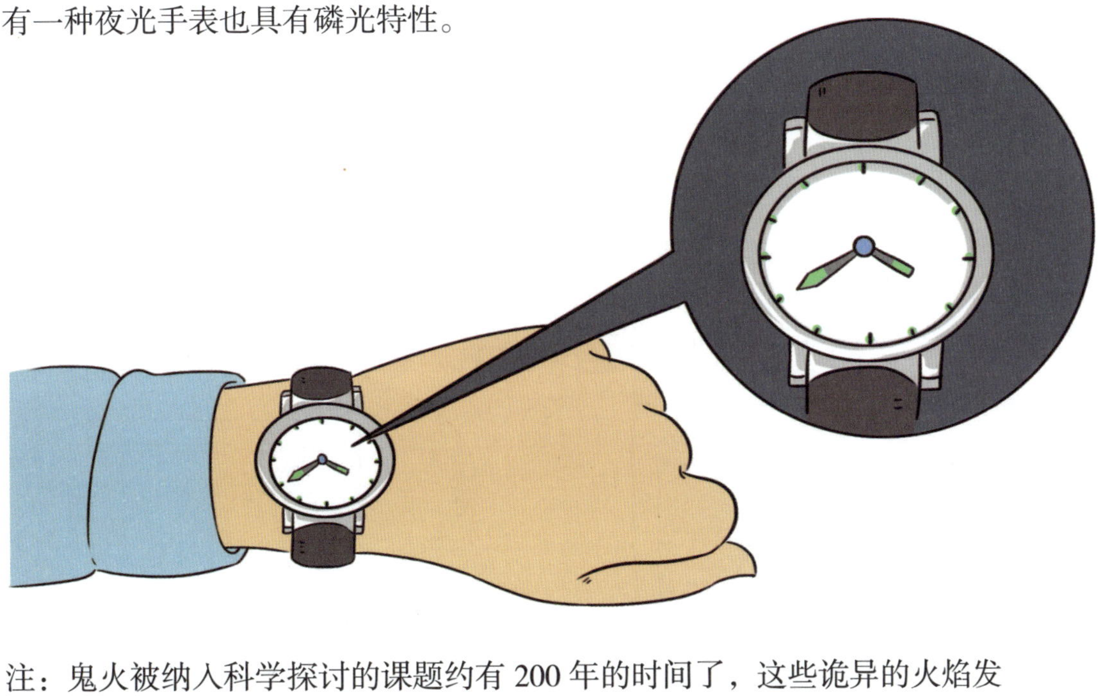

注：鬼火被纳入科学探讨的课题约有 200 年的时间了，这些诡异的火焰发光现象迄今已经不再神秘莫测了。

数字改变之谜

你需要准备的材料：

- 1 个可密封的塑料袋
- 1 张白卡纸
- 1 支防水马克笔
- 1 盆清水

实验开始：

1. 在白卡纸上，用马克笔涂出数字“8888”。

扫码领取
- 趣味实验室
- 科学家故事
- 科学小常识
- 阅读打卡站

2. 将白卡纸放入塑料袋中，密封。在塑料袋外面，重合“8888”的位置，涂写上“2022”。

3. 将密封的塑胶袋竖直插入水盆中。从斜上方观察塑料袋和白卡纸上的数字，咦？“8888”变成“2022”了！

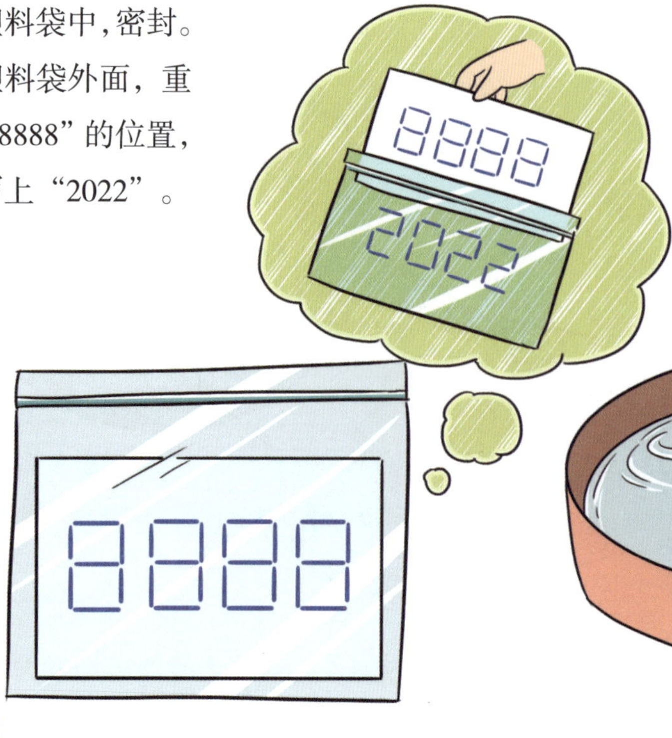

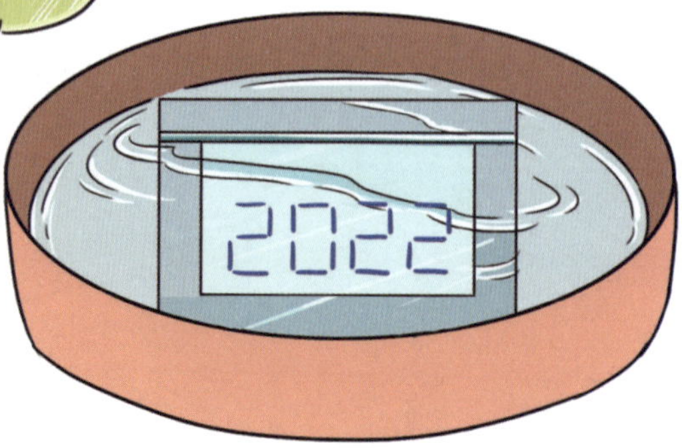

这个现象同样是由光的折射引起的。当白卡纸上的数字和塑料袋上的数字重合时，我们只会看到白卡纸上的字，也就是“8888”。但是把塑料袋放入水中后，白卡纸上反射的光在水中发生了折射，没有再进入我们的眼睛，我们自然就看不到它了！
好神奇啊！为什么白卡纸上的数字突然就改变了呢？

第 6 章 光可以做什么

早在古代，人们就懂得利用光了。传说阿基米德用一面巨大的凹镜把阳光会聚成一点，烧毁了敌军的战舰。这是把光当作武器来运用。

而中国则在山上修建烽火台，利用火光或烟来传递敌人入侵的信号。当下一个烽火台的守卫看到远处的火光或烟时，就照样点起烽火，把信号依次传递下去。这是利用了光的传播与反射的原理：光的速度是最快的，用光来传递信息，当然是效率最高的。

不过，这种通信方式只能传递非常简单的信息。而今天，我们是怎么利用光的呢？

光可以用来记录信息，包括文字、图像和声音。

从很久以前，人们就通过图画或结绳记事等方式来记录生活中的各种信息，后来又使用石板、泥板、兽皮等材料来储存信息。再后来，人们发明了纸张和印刷术。依靠这些信息储存方式，知识和历史一代又一代地被传承下来，我们才能持续进步。

不过，时间一久，人们又嫌纸张和书本的信息储存能力不够强了。想想看，光是几本书的重量就够重的了，而且还会占据大量的空间，真的是非常不方便。

人们一直在想办法寻找一种高效的信息存储方式。在各种尝试中，光帮了我们大忙。CD(光盘)和DVD就是光记录媒介的代表。它们的出现标志着信息储存进入了一个新的时代。

光记录媒介的原理是用激光二极管发出的光通过透镜会聚起来，在媒介如CD、DVD的表面刻出一个个凹槽来储存信息。这些信息都是二进制符号，我们虽然没法直接读懂，但是却可以通过处理器将它们翻译成我们能读懂的符号。

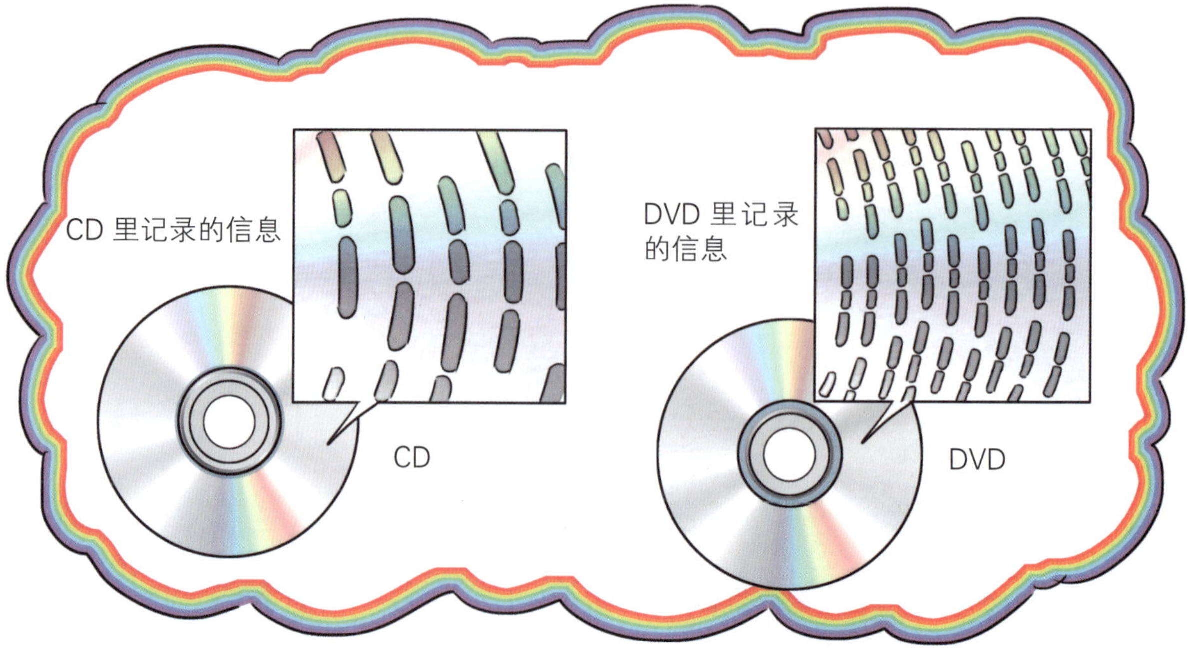

以 DVD 为例，需要读取里面存储的信息时，我们将其放进播放器里，激光会射在快速旋转的 DVD 上。没有凹槽的地方反射的激光较多，而有凹槽的地方反射的激光则少一些。通过这种方式，播放器就可以解读信息并将其转换成我们能看懂的内容了。而且，一张轻薄的 DVD 可以存储相当于一座小型图书馆所含的信息。

最早研制出来的光记录媒介一旦存储信息就无法修改，但现在我们已经可以随时删除和改写里面的内容，这样就更方便了。不过，光记录媒介也有一个缺点，那就是保存信息的时间只有几十年，还需要进一步改进。

在刻录光盘，储存信息的过程中，激光有着重要的作用。那么，激光又是什么呢？

激光也是一种光，它是将受激辐射光进行放大后得到的一种光。这是一种人为制造的光，需要用特定的装置来制造，这个过程就叫作受激辐射。这种光的强度更高，和来自太阳的自然光不同的是，激光由单一波长的光组成，而自然光则是由多种波长的光混合起来的光。

光的波长越短，折射率越大。波长越长，折射率越小。因此太阳光在通过三棱镜时，不同波长的光会被分开，而激光因为波长单一，所以不管通过什么物质都不会被分散。

激光和自然光的差异

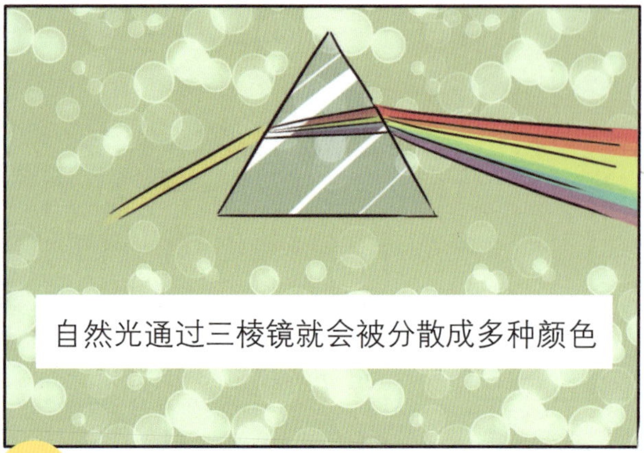

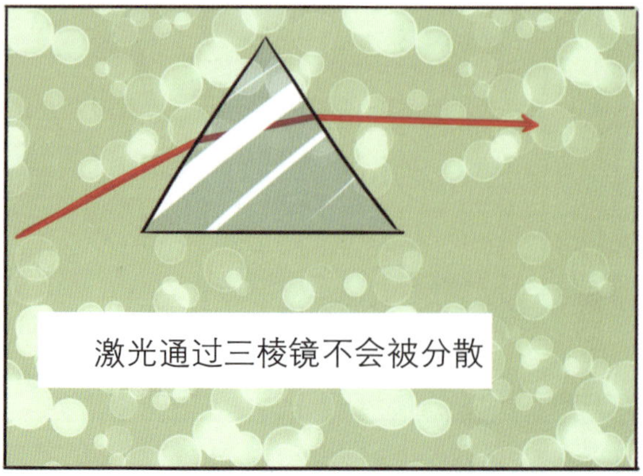

除此之外，激光还有一个特点，那就是收束性特别好，就算传播到很远的地方，光的强度也不会减弱。而灯光可就不一样了，离开光源越远，光就发散得越厉害，光的强度也会变得越弱。不信你可以在黑暗中拧亮手电筒，看手电筒发出的光是不是这样的。

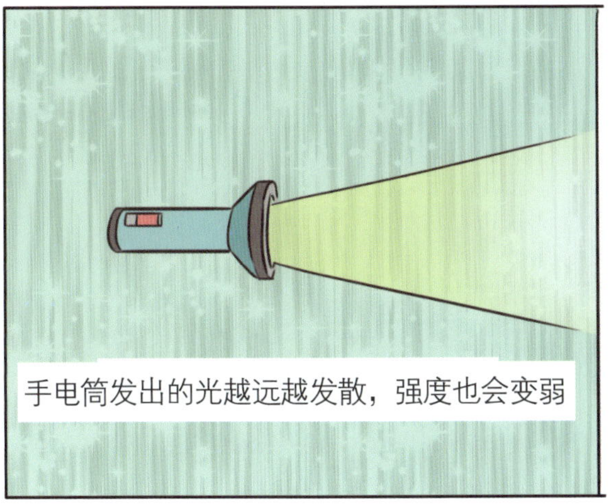

手电筒发出的光越远越发散，强度也会变弱

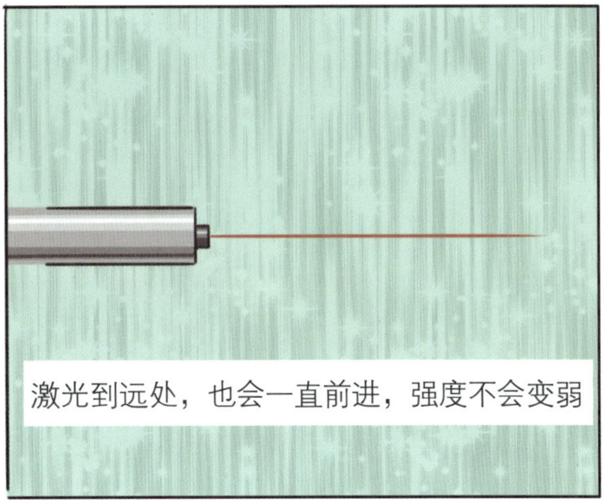

激光到远处，也会一直前进，强度不会变弱

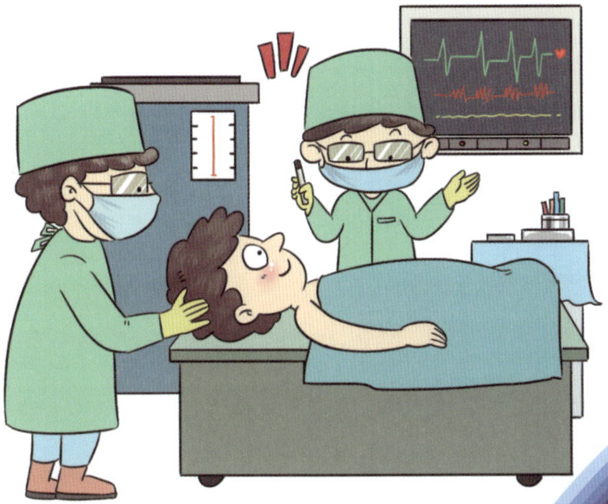

根据激光的这一特点，我们可以借此把能量聚焦在一个点上，产生极高的温度，这就是激光枪的原理。我们还可以用激光加工坚固的金属，甚至可以用它来做手术，手术效果理想而高效。

同时，因为激光有保持直射的特点，所以人们便利用激光来测量距离。从地球到月球的距离就是阿波罗 11 号飞船用激光装置测量得出的。

在动画片里，激光要么是红色的，要么是绿色的。其实，使用的激发物质不同，激光的颜色也会不同。红宝石可以产生红色的激光，氩气可以产生蓝绿色的激光。而之所以红色的激光那么常见，是因为红色激光波长更长，能量更低，生成相对容易。而要得到蓝色激光的成本可就高多了。

不过，因为红色激光的波长长，所以在用来制作 CD 或 DVD 时，所能刻写的信息也相对较少。要想得到更大的存储容量，就要使用波长更短的激光，比如蓝紫色的激光，也叫作蓝光。在日常生活中，蓝光碟的使用越来越广泛，除了储存量大，信息记录更详细外，用这种技术储存的信息还可以防止被非法复制，可谓一举两得。

除此之外，激光还可以用来制作全息图。这一技术是英国科学家丹尼斯·加博尔在1947年发明的。意思是可以把全部的信息都记录下来。一张照片只能留下物体某一个面的信息，而全息图却可以生成并记录立体信息。

那么，激光是怎么做到这一点的呢？这是因为通过全息技术，激光在物体的各个面上反射从而得到物体更完整的信息，然后根据眼睛角度的不同，在我们面前呈现出物体的不同侧面，这样生成的图像比照片看上去更加立体，信息也更丰富。

全息图可以有效地防伪，因而可以应用到身份证等重要证件上。从不同的角度观察身份证，你会发现上面有亮闪闪的条纹，那就是全息图的特征之一。

利用激光“看”音乐

你需要准备的材料：

- 1 支激光笔
- 1 个连通 MP3 的外放音箱
- 1 个气球
- 1 块平面镜
- 1 卷双面胶带

实验开始：

1. 在音箱外面套上气球，再将平面镜用双面胶贴在气球上。

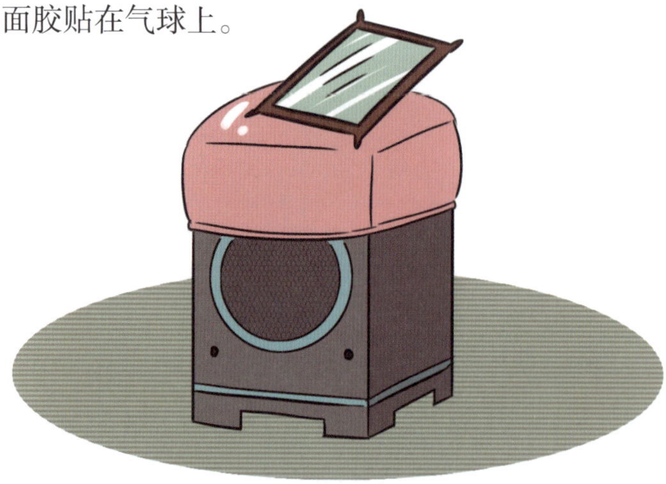

2. 把激光笔打开，对着平面镜的方向，确保激光经过反射后会照到墙面上。

3. 播放音乐，随着气球的振动，我们能看到激光在墙面上画起了各种图案。音乐越激烈，图案也越大、越复杂。

好看吧。这个实验可是用到了不少物理知识呢！首先，音箱振动发出了音乐声，音乐越激烈，音箱附近的空气就振动得越激烈，连带着气球也激烈地晃动了起来；其次，激光经过镜子的反射，将这种振动展现了出来，所以我们就能“看”到音乐啦！
布朗叔叔，你太厉害了！竟然想到用这种方法“看”音乐！

跟着物理学家玩游戏

声音

王贵明　高湘萍　智慧鸟 / 主编

吉林科学技术出版社

前言

物理，顾名思义，研究的是万事万物的道理。眼睛为什么能看见东西？耳朵为什么能听见声音？我们为什么能站在地面上，而不是飘在天空中？有没有可以永远运动而不会停下来的物体？能量到底是什么？又是什么照亮了我们的生活？而未来，人类世界又将变成什么样子？这么多的问题，我们都得到物理的世界中去寻找答案。

电、磁、声音、光、力、能量……它们共同构成了物理的世界，这一切听上去好像高深莫测，但实际上，物理学的道理已经藏在了各种各样有趣的游戏中。打开这套书，你就能在物理的世界里畅快地游玩一番了，还等什么呢？

目录

第 4 章

第 5 章

第 6 章

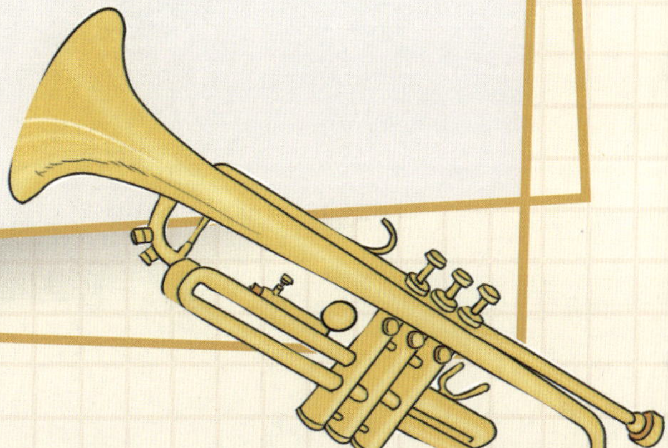

第 1 章　声音怎么来的

我们所处的世界，是一个热闹非凡的世界。

手机铃声、电视声、说话声、鸟儿鸣唱声、汽车喇叭声……各种各样的声音环绕着我们。

那么，它们都是怎么来的呢？

这个问题看上去简单，实际上很有趣。要知道，我们所听到的声音并不是大自然所发出的全部声音。另外，为什么有的声音很悦耳，有的声音就难听得让人受不了？还有，在什么情况下，我们无法听到任何声音呢？

声音的世界里，可藏着大学问。

其实，一句话就能说清楚声音的由来，它是物体振动所发出的。说话时试着用手摸着喉咙，你能感觉到喉咙里的声带在振动。敲打桌子，桌子也在振动。拉小提琴时，琴弦在振动。有的振动很明显，有的振动几乎感觉不到。但振动的物体都能产生声音。

振动快一点或慢一点，大一点或小一点发出的声音都会有区别。

不过，光振动还不足以让我们听到声音，需要有别的物质来帮忙把声音的振动向四面八方传播出去，这些“帮手”叫作“介质”。空气就是最常见的介质。

那么，空气这种介质是怎么传播声音的呢？

当物体振动时，它实际上在做向外、向内推拉往复的运动。当向外推时，物体推动了它附近的空气粒子，这些粒子又接连推动后面的其他粒子向更远处传播。

敲鼓时，鼓面和周围空气粒子的移动

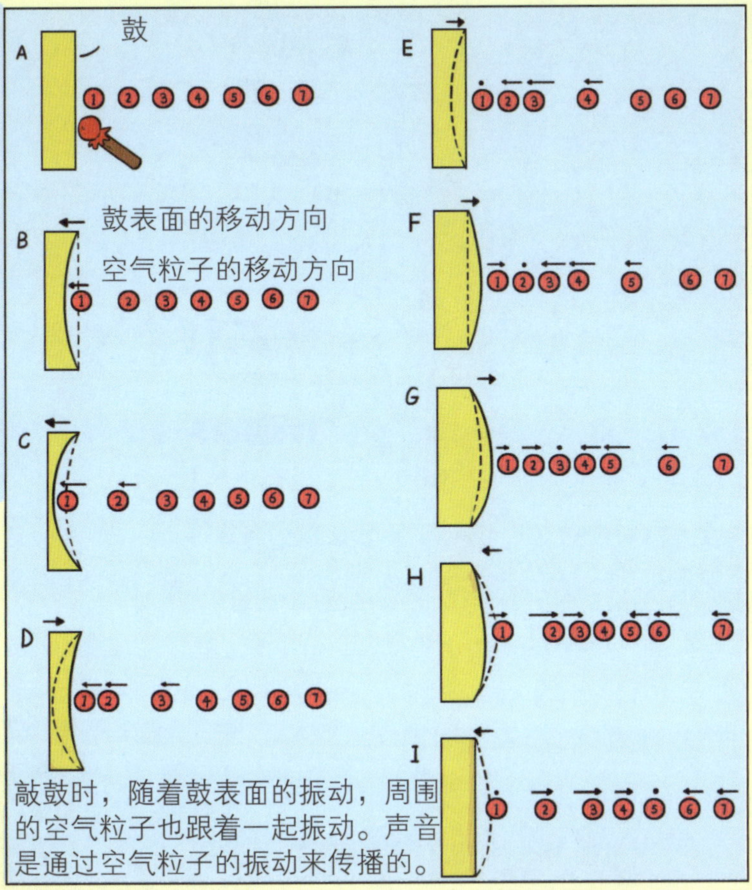

敲鼓时，随着鼓表面的振动，周围的空气粒子也跟着一起振动。声音是通过空气粒子的振动来传播的。

就这样，物体的振动带动空气粒子运动，空气粒子作为介质，把振动产生的声音一路送到我们的耳朵里，再引起鼓膜振动，我们就听见声音了。

要是有一天所有的空气都消失了，我们还能听到声音吗？

要是你身处太空，你会发现可能听不到任何声音。因为宇宙中没有空气，声音自然也无法传播到我们的耳朵里。

但实际上，即便不依靠空气，我们还是可以依靠别的介质来听到声音。要不，太空中的宇航员就没法交流了。

你玩过土电话的游戏吗？找两个纸杯，在纸杯底部打孔，然后用一根线通过孔把纸杯连接起来，在纸杯的一端说话，别人就能在纸杯的另一端中听见声音。在这里，声音不是通过空气，而是通过线来传播的。

另外，印第安人在侦察敌情的时候，会用耳朵紧贴地面，以此来侦听脚步声或马蹄声，这里传递声音的介质是大地。

所以，除气体外，固体也能充当声音传播的介质。

另外，在水里也能听到声音。虽然没有空气或地面那么清晰，但总归还是听得到的。因此，水也是一种传递声音的介质。

物体振动后依靠周围的介质传递声音。这个传递过程像波浪般运动，也就是“波动”。波动可以是声波，也可以是水波，或者地震的震波。所有的声音都可以看作一种波动，但不是所有声音都能被我们听到。

波动分两种，如果波的传播方向和介质的振动方向垂直，就是“横波”，如果波的传播方向和介质的振动方向平行，就是“纵波”。

水面上的波纹就是一种典型的横波，它向四面八方扩散。

横波和纵波的差异

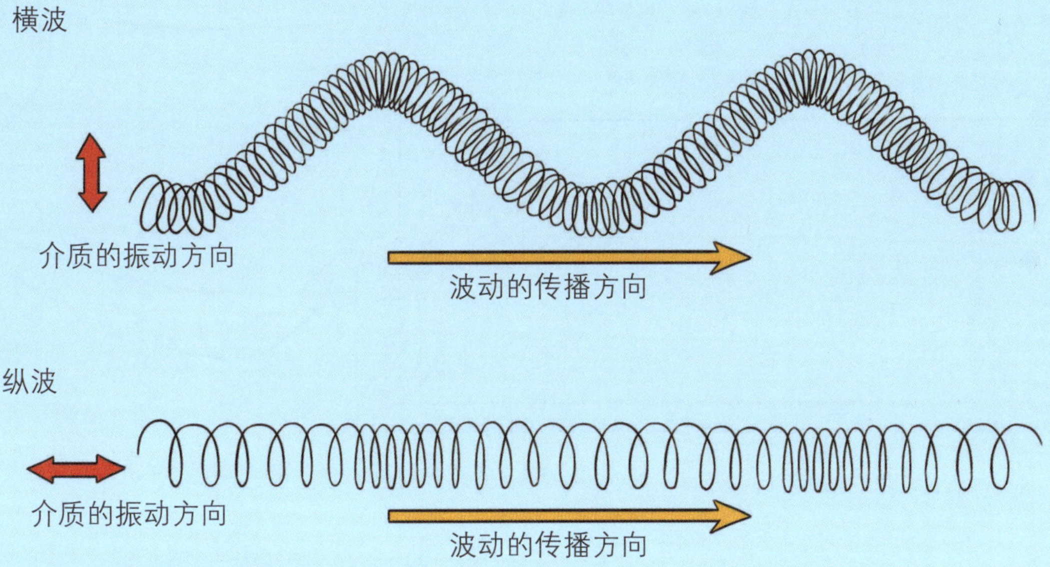

横波的振动方向和波动方向垂直。纵波的振动方向和波动方向平行。

既然不是所有的波动都能发出声音，那么，发出声音的到底是横波还是纵波呢？

物体表面振动时，振动是以水平方向传递的，而这又使周围的空气粒子水平振动并向四面八方传递出去。

这种传递方式，实际上是一种纵波。也就是说，声音实际上是波动传播方向和介质振动方向相平行的纵波。

会“唱歌”的纸笛

你需要准备的材料：

- 1 张白纸
- 1 把剪刀

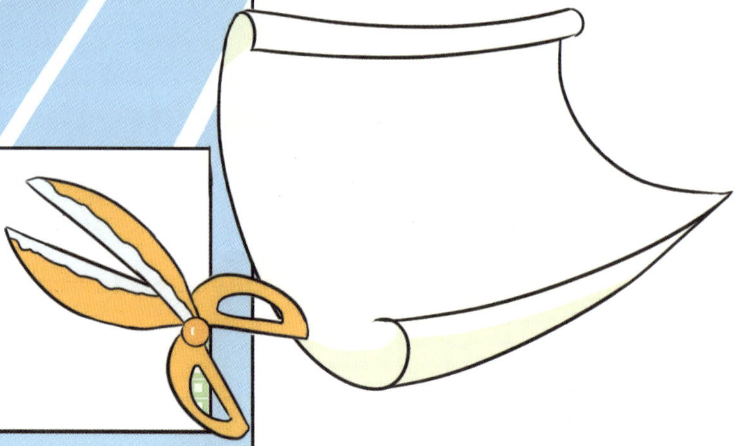

实验开始：

1. 把白纸沿着短的一边，均匀地折成四折。

2. 在折纸中间的那条线上，用剪刀剪一个小洞。

3. 把白纸两端打开，做成类似飞机的形状，然后隔着纸脊对着中间的小孔吹气。是不是吹奏出了笛子般的声音？

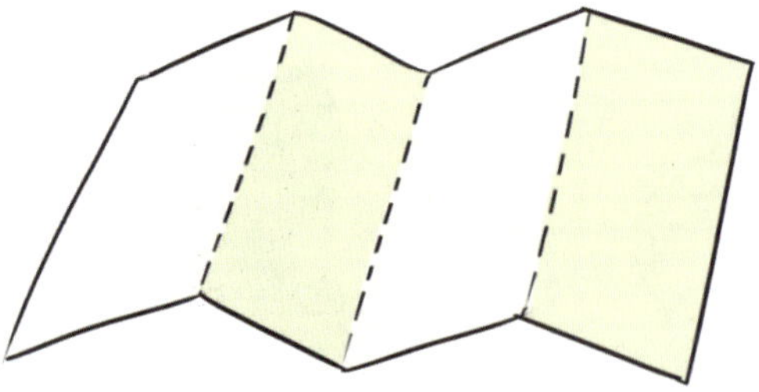

纸笛能发出声音，是因为我们吹出的气体，在通过狭窄的小洞时发生了激烈的振动，产生了声音。人类发明的所有吹奏乐器，其实都是采用了这种原理。
好神奇啊！这样简单地折一折，就能制作出一只简易的笛子！

跳舞的气泡

你需要准备的材料：

- 1 个玻璃杯
- 1 根吸管
- 少量清水

实验开始：

1. 把吸管伸进空杯子里，往里吹气。这时，杯子里只有轻微的“呼呼”风声。

2. 在玻璃杯中倒上半杯水，再伸入吸管，使吸管断口没到水面下。这时再吹气，会看到水面不断冒出气泡，同时发出“咕嘟”的声音。

扫码领取
- 趣味实验室
- 科学家故事
- 科学小常识
- 阅读打卡站

第2章 振动如何产生声音

为什么有的声音大，有的声音小。

为什么通过声音，就能分辨出说话的人是爸爸还是妈妈，是爷爷还是叔叔。

为什么有的人能发出很高的声音，有的人能发出很低沉的声音，而你却不行呢。

贝多芬是世界闻名的音乐大师，他创作了许多著名的音乐作品，但实际上，贝多芬在很年轻的时候就失去了听觉，无法靠耳朵感知美妙的音乐世界。那么，听不见声音的音乐家要怎样去捕捉音乐的律动呢。

传说贝多芬有一个小小的绝招：在嘴里含一根棍子，借由棍子的振动来感受不同的声音。不过，这真的有用吗？

我们已经知道，振动会引起波动。不过引起振动的力量不同，物体振动的幅度也不同。振动到最高处的位置叫作“波峰”，而最低处，则叫作“波谷”。物体振动时离开平衡位置最大位移的绝对值，就叫作“振幅”。在一个振动周期内传播的距离，叫作“波长”。

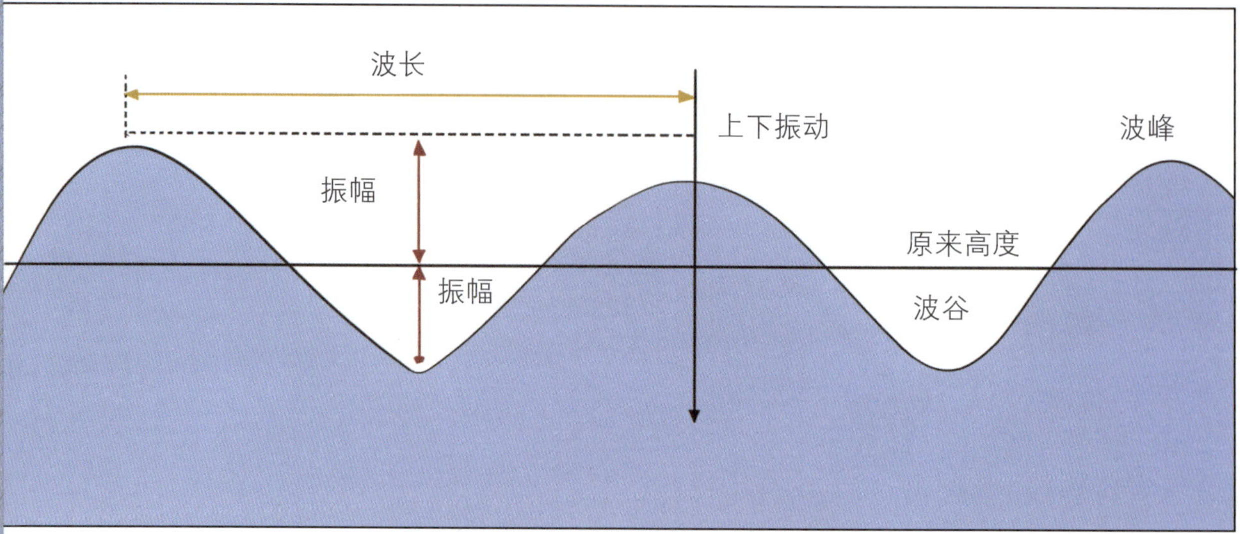

由海底地震产生的海啸。

介质振动的幅度越大，振幅就越大，波动影响的范围越广，波长就越长。水池里的波浪，波长可能只有几米，但海啸产生的波长却可能达到几百米。

海啸是一种破坏性海浪，由海底地震、火山、海底滑坡或气象变化引起，速度高达每小时 700 到 800 千米，到达海岸附近时，能形成高达数十米的“水墙”。

除了振幅，振动速度也很关键。我们用振动频率和周期来表示振动速度。介质振动一次花费的时间就是周期。而介质在一秒内振动的次数则叫作振动频率。物体振动得越快，振动频率就越高，反过来就越低。

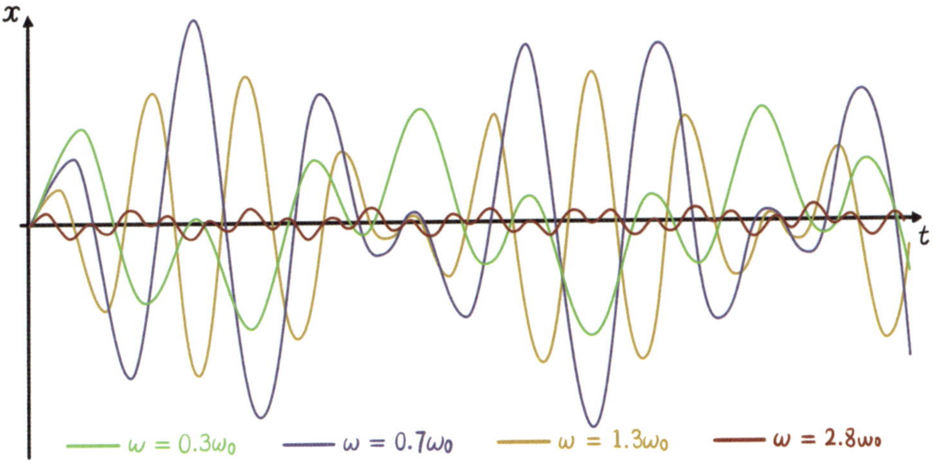

人们用德国物理学家海因里希·鲁道夫·赫兹的姓“赫兹”作为振动频率的单位。一个物体在一秒内振动一次，叫作1赫兹。

海因里希·鲁道夫·赫兹
1857–1894

振动的频率还影响着声音听起来是高还是低。找一把尺子，把一段固定在桌上，然后弹动另一端，你会发现。尺子露出桌面越长，声音越低沉，振动得也越慢。露出部分越短，声音越高亢，振动得也越快。

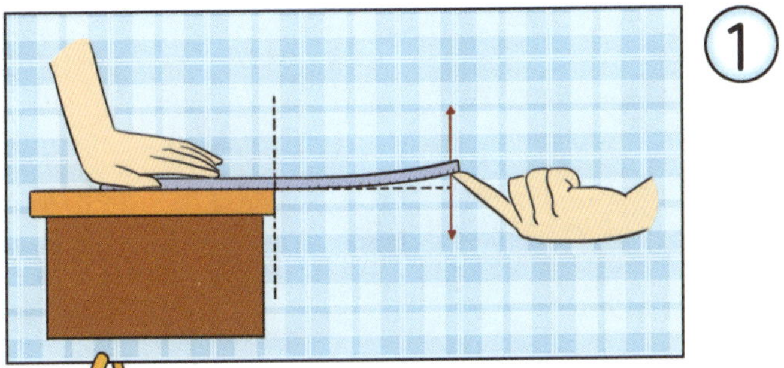

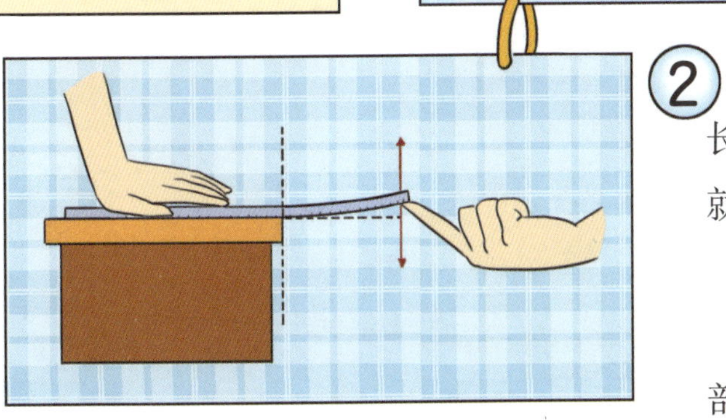

如图①所示，尺子悬空的长度很长，那么用手弹弄时，就会发出很低的声音。

如图②所示，尺子悬空的部分很短，则就会发出很高的声音。

那么，声音的大小又和什么有关呢？一般来说，对物体施加的力越大，物体振幅就越大，这样通过介质传到耳膜的振动也越强。不过，也不完全是这样。同样的振动幅度，如果传播得越远，那么声音也会越小。

这是因为物体振动发声时，介质是向四面八方传播振动的。比如以空气为介质的话，一个空气粒子会推动更多的空气粒子，然而在这样的传递过程中，能量会逐渐变弱。传播距离越远，能量就会变得越弱，我们听到的声音就越小。

不同的物体，振动频率是不一样的，这叫作某一物体振动的“固有频率”。当然，有时也会发生两个物体的振动频率相同的情况。如果遇到这种情况，物体的振幅可能会变大，这叫作“共振”。

音叉的共振

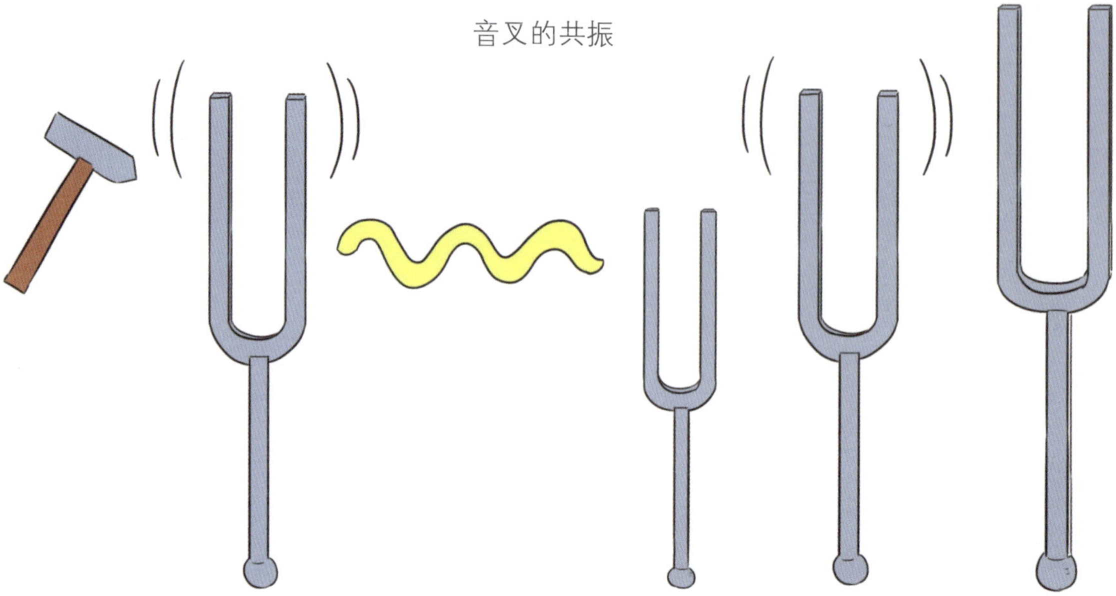

敲击某一音叉时产生的振动波可激发另一个与之具有相同固有频率的音叉产生共振。

每个音叉都有着固有的振动频率，当你敲击某一音叉时，哪怕隔着一段距离，与它有着同样振动频率的音叉也会隔空振动起来，而其他音叉则不会出现这一现象。当共振发生时，振幅会变得很大，即使是轻微的振动也可能造成严重的破坏。

声音能把玻璃杯震碎，正是由于共振。100分贝以上的声音，如果频率跟玻璃杯的固有频率一致，并持续一段时间，就能震碎玻璃杯。

在 1940 年，美国的塔科马大桥就因共振现象而惨遭破坏，而“肇事者”是一阵风。当时大风的振动频率刚好和桥的固有频率一样。大桥先是猛烈摇晃，最后终于在振动中轰然倒塌。

不过，共振也可以为人们所用。比如核磁共振就利用了这一原理：将人体放在特殊磁场中，再用无线电射频脉冲激起人体内的氢原子核共振并吸收能量。脉冲停止后，氢原子核又放出能量并被体外仪器吸收，再由计算机分析处理，就能获得体内的准确图像，以便我们检查潜在的疾病。

用“纸大炮”熄灭蜡烛

你需要准备的材料：

- 1 根蜡烛
- 1 个打火机
- 1 个卫生纸的筒芯
- 1 张保鲜膜
- 1 根橡皮筋
- 1 个锥子

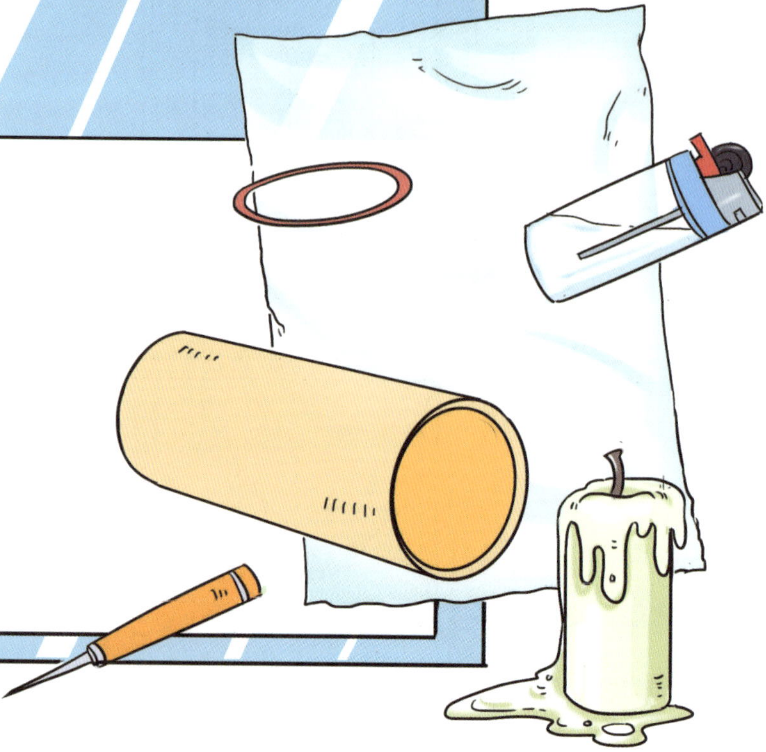

实验开始：

1. 把保鲜膜套在卫生纸筒芯的一端，并用橡皮筋扎紧。

2. 用锥子在保鲜膜上戳几个小洞。

3. 用打火机将蜡烛点燃。然后把纸筒芯覆盖着保鲜膜的那一端对着蜡烛的火焰，使两者相距约 1 厘米。

4. 快速地对着纸筒芯的另一端一掌拍下去——“嘭”的一声，保鲜膜竟然破了！同时蜡烛也被熄灭了！

小布丁，你刚才的这一掌，将空气压进了卫生纸筒芯里，受到冲击的空气急着从卫生纸筒芯中钻出来，但保鲜膜上的洞太小，于是气流就把保鲜膜冲破了！你听到的那声“嘭”的声音，看到蜡烛火焰熄灭的现象，都来自这一瞬间剧烈的空气振动。
哇！卫生纸筒芯竟然变成了大炮！我的一掌，原来这么厉害！

如何用“音箱”放大声音

你需要准备的材料：

- 2 个纸杯
- 1 卷胶带
- 1 把小刀
- 1 根吸管

实验开始：

1. 将吸管伸到纸杯中吹气，可以听到轻微的“呼呼”声。
2. 现在将两个纸杯口对口叠在一起，用胶带把杯口固定、密封起来。
3. 用小刀在其中一个纸杯的底部戳一个小孔，让孔的大小刚好可以容一根吸管穿过。
4. 把吸管插进小孔中，再吹气，是不是听到“呼呼”的风声更大了。

小布丁，如果我站在你身边说话，你会觉得声音很大，但当我走远，声音就会变小是不是？有这种变化，是因为声音在传播过程中能量会流失。但是刚才我们用纸杯做了一个“音箱”，“音箱”中的空气相对封闭，声音在里面传播时容易引发气流共振，减少能量损耗，这样声音就变大了。鼓、吉他等许多乐器，都是利用了这个原理。
这是怎么回事？我吹气的力气明明是一样的，为什么声音大小差别这么大呢？

第3章 声音有什么特点

据说在山的深处，住着一位山神。如果你向他问好，他也会回答你："喂，你好哟……"

这个说法一传十，十传百，很快整个森林的动物都知道了。大家乐此不疲地跑到大山面前向山神问好。直到有一天，来了一个旅行家，他被动物们的行为逗乐了。

声音和光一样，都是一种波。光有遇到障碍物被反射回来的特性，声音也一样。回声就是声音被反射回来的一种自然现象。因此，声音根据不同的障碍物、距离和方向也会产生多种不同的反射形式。

大多数时候，我们不觉得自己能听见回声。这是因为在室内说话，被反射回来的声音和我们发出的声音会几乎同时传到耳朵里，我们很难将其区分开。而大多数室外场合，反射回来的声音又太弱了，难以被听到。

只有在合适的空间，比如剧场、空旷的大厅或者山谷里时，我们才能清晰地听见回声。

声音传播的速度是 340m/s。所以只要知道发出声音和听到回声之间间隔多少秒，再用秒数的一半乘以 340，就可以算出两地之间的距离。

蝙蝠回声定位

我们人耳无法完成如此精确的任务，所以要用到声波测距器或测速器。

等等，回声还可以用来测速度？当然可以，只要对移动中的物体发射超声波，前后两次反射回来的超声波所用的时间是不一样的，这样就可以计算出速度了。

声音和光一样，都会在传播过程中被障碍物挡住。但声音有一个特殊的本领，那就是它能够绕开障碍物继续传播。这就好像你的好朋友在门背后叫你，你看不见他，却能听见他的声音。像这种偏离原来直线传播路线来越过障碍物的现象叫作衍射。

其实光也可以发生衍射，但声音的波长比光的波长长得多。因此，声音可以轻松绕开大多数障碍物，而光却不行。

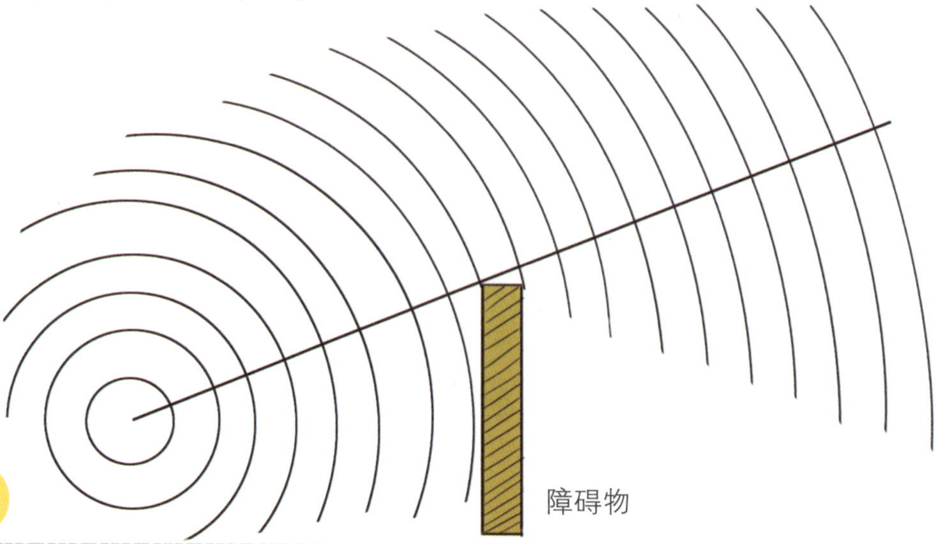

那么，当两个声音相遇时又会发生什么呢？它们的波动会根据某种规律互相叠加，振幅也会发生变化。这种现象叫作“干涉”。

当相同波长的两个声音相遇，波峰遇到波峰时，波的振幅就是原来波的叠加，振幅变大，这叫作“相长干涉”。如果是波峰遇到波谷，那么振幅会变为0或者振幅变小，这叫作“相消干涉”。

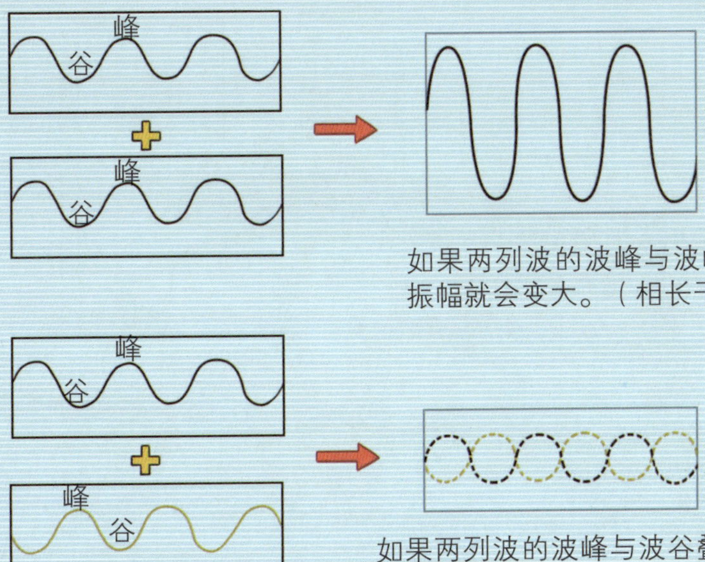

如果两列波的波峰与波峰叠加，振幅就会变大。（相长干涉）

如果两列波的波峰与波谷叠加，振幅就会变小或变为0。（相消干涉）

在相长干涉发生的位置，人们会听到变得更大的声音，这是声音的振幅变大造成的。在相消干涉发生的位置，人们听到的声音会变小。立体式音响往往就是利用声音相互影响干涉这一特点，让你在欣赏音乐时感觉声音很有层次感。

我们可以用水波来直观地感受声波的干涉现象，图中两圈水波纹彼此影响，发生了干涉，其中的亮点便是相长干涉的点。

你听到过消防车的声音吗？它的警笛可真刺耳啊。不过，当消防车由远到近开过来，再由近到远离开时，你会觉得声音的高低也在发生变化。音调先是变高，然后又慢慢变低，这是为什么呢？

原来，当物体移动时，声音的振动频率也会变化，这叫“多普勒效应”，是奥地利物理学家克里斯琴·多普勒首先发现的。

当车辆处于停止状态时，警笛声的波长是不变的。但当汽车向前移动时，第三个声波和第二个声波之间的距离，要短于第二个声波和第一个声波之间的距离。

这样一来，随着汽车向我们驶来，波长会越来越短，振动频率越来越大，听到的声音也就越来越高。而当汽车开走时，这一现象又反了过来，我们听到的声音当然也越来越低。

气球里的声音

你需要准备的材料：

- 一只气球
- 一根细绳

实验开始：

1. 将气球吹满气，然后用细绳扎紧。
2. 将耳朵贴在气球上，同时用手指弹气球，可以听到清晰的“嘭嘭”声。

布朗叔叔，弹气球的声音好大啊！
弹气球时，气球连同里面的空气都发生了振动，于是有了声响。但是为什么声音这么大呢？这是因为，气球中的空气比外面的空气拥挤得多，声音在更紧实的介质中传播时，会变得更大。

放大细微的声音

你需要准备的材料：

- 1 个纸杯
- 1 把锥子
- 1 根细绳（长度不低于 50 厘米）
- 1 根蜡烛
- 1 个打火机

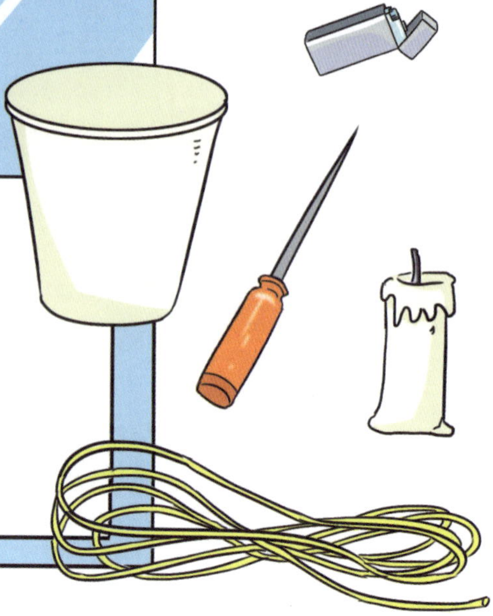

实验开始：

1. 绷直细绳。用打火机将蜡烛点燃，将熔化的蜡滴在细绳上，使细绳上均匀地涂满蜡。

2. 用锥子在纸杯底部戳一个小孔。

3. 把上过蜡的绳子穿过去，打结固定好。

4. 将耳朵贴在杯子口，另一个人用手快速、反复地摩擦绳子，贴着纸杯的人便能听到清晰的摩擦声。

哈哈，绳子抹过蜡之后，确实变得粗糙了，摩擦起来有些疼呢。小布丁，你能听到清晰的摩擦声，一方面是因为绳子变粗糙后，摩擦它所引发的空气振动增大了，另一方面是因为纸杯扩大了音量，让你听得更清楚了。
没想到摩擦绳子的声音也这么响啊！布朗叔叔，你的手没被磨破吧？

第 4 章

讨厌的噪声和美妙的音乐

什么样的声音会让你感到讨厌呢？车辆的喇叭声、菜市场的叫卖声、音乐会的演奏声、工厂机器的轰鸣声……

很多人会觉得嘈杂无规律的声音是最让人讨厌的，要么就是震耳欲聋的声音是最让人讨厌的。可当你失眠的时候，哪怕是钟表秒钟轻微的嘀嗒声也会让你心烦意乱。当你正在进行一场重要的考试时，美妙的音乐声说不定也会让你焦躁不安。那么，什么才算是让人讨厌的噪声呢？我们得先知道声音的大小是怎么回事。

声音的大小叫作“音量”，音量的单位是分贝（dB），来自电话发明家亚历山大·格雷厄姆·贝尔的名字，有趣的是，分贝的数值每增加 10，声音的大小就会增加到 10 倍。比如 20dB 可不是 10dB 的两倍，而是 10 倍。

亚历山大·格雷厄姆·贝尔（1847—1922）

一般来说，正常的说话声音大概是 50 ~ 60dB，而音乐会现场可能会超过 100dB。

不同环境的噪声值	
0dB	耳朵最敏锐的人能听到的最小声音
40dB	图书馆
50dB	上课中的教师
55dB	日常对话
70dB	交通拥挤的道路
85dB	电子游戏厅和网吧
90dB	电影院、工地、地铁站等（90dB 以上声音令人感到不舒服，耳朵有些不适）
100dB	练歌房、工厂、体育馆等
110dB	射击场的噪声，摇滚音乐会（能引起暂时性听力损失的数值）
120dB	耳朵感到痛苦的界限
130dB	50m 远的喷气引擎的声音
160dB	在耳前发射产生的枪声（一下子能损坏听觉神经的数值）
200dB	在 50m 远的地方发射火箭时发出的声音

其实，噪声并不仅仅是那些公认难听的声音。只要能让人产生不愉快的感受，我们都可以把它视为噪声。不过，有的噪声不光能引起精神上的不愉快，也有可能对身体造成伤害。比如当声音的音量超过 130dB 时，就有可能会对我们产生严重的伤害。130dB 的音量大概大到什么程度呢？这么说吧，相当于喷气式飞机起飞或降落时的轰鸣声。

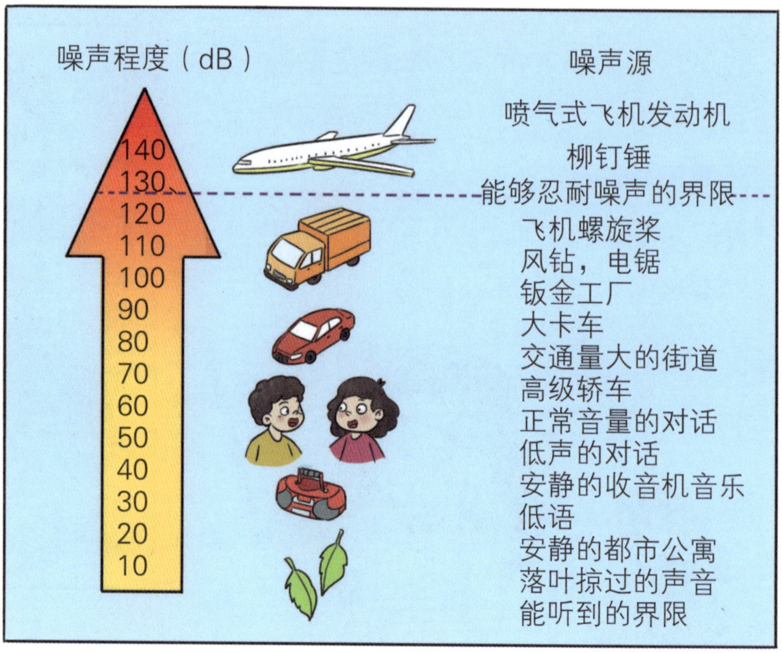

因此，虽然什么是悦耳的声音因人而异，但从对身体造成伤害这一点上来说，哪怕是让某些人听了兴奋不已的声音也是噪声。

当然，这并不是说只要低于 130dB 的音量就是可以接受的。实际上，如果你长时间生活在音量较高的环境中，身体和精神都可能遭受较严重的影响。所以，我们应当避免在噪声环境中生活和工作，同时也要避免发出噪声来影响他人。

生活噪声限制基准（单位：dB）

对象区域	噪声源		早晨傍晚	昼	夜
居住区域、运动场、修养区、学校、医院	扬声器	设置在建筑物外	70	80	60
		在建筑物内外打开时	50	55	45
	工厂厂房		50	55	45
	工地		65	70	55
其他区域	扬声器	设置在建筑物外	70	80	60
		在建筑物内外打开时	60	65	55
	工厂厂房		60	65	55
	工地		70	75	55

那么，噪声到底会对身体造成哪些伤害呢？

首先当然是听力受损，如果突然听到巨大的响声，耳朵有可能会立刻失去听力，需要好一会儿才能恢复。这叫作“暂时性耳聋”。

可如果长期生活在噪声环境中，听觉神经可能会逐渐受损，永远无法恢复，这叫作“噪声性耳聋”。因为长期的噪声声波不断冲击内耳和耳蜗，造成血管收缩、组织缺血、毛细胞坏死等一系列现象，对听力造成永久伤害。

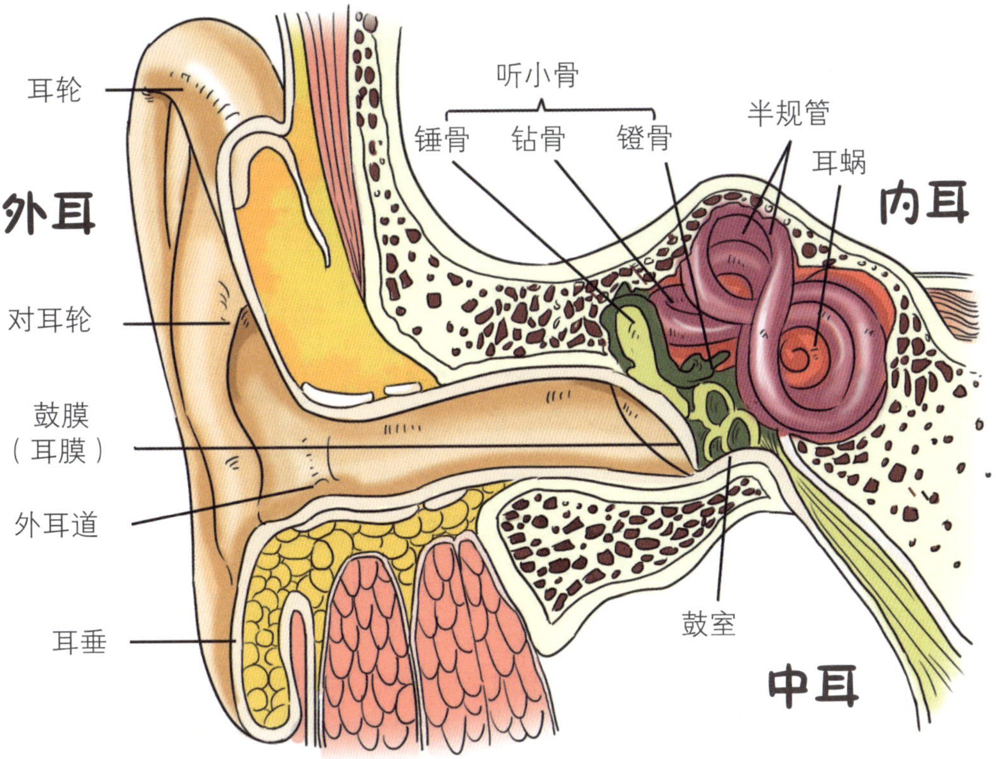

除了听力受损外，噪声还有可能造成头痛或者血压升高，让人心跳加速、失眠，甚至带来消化系统或呼吸系统疾病。

知道了噪声的危害，就让我们行动起来，想办法尽量减少生活中的噪声吧。

我们可以用修建隔音墙的办法来隔绝公路上的噪声。这种墙可以隔绝从低频到高频的各种噪声，形成声影区。所谓声影区，就是指由于障碍物的阻挡或折射，使声波无法到达的区域，也就是几乎没有声音的区域。

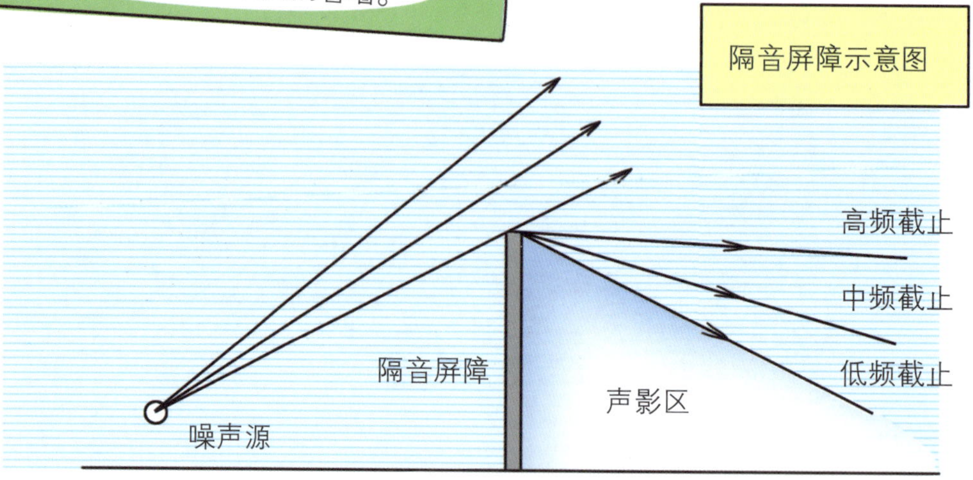

在自己的家里，我们可以挂起吸音窗帘或使用隔音玻璃。再或者，使用隔音棉隔音。它内部含有大量特殊纤维或发泡孔洞。声音通过表层进入孔洞后，会使小孔内的空气产生摩擦和震动，将声波能量转化为热能。

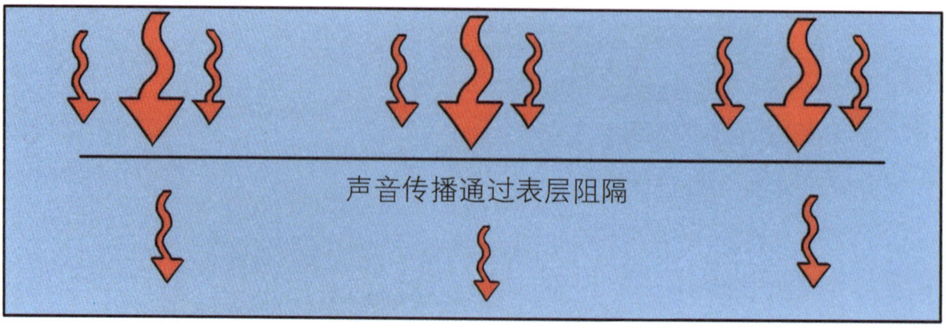

声音进入发泡小孔，被小孔内空气摩擦震动吸收。

不过，光靠被动的“防守”可不行，能不能从噪声的源头来解决问题呢？关于这一点，人们做了很多努力。

比如飞机起飞和降落时的噪声，可谓震耳欲聋。而飞机的噪声主要来自发动机的声音、机体与气流摩擦的声音等等。人们通过改善飞机外形设计，降低发动机风扇转速，通过在机身安装噪声控制系统等方式来降低飞机噪声。

这种主动降噪的方式和地铁的噪声控制也有一些相似之处。当地铁车轮和轨道摩擦时，就会发出尖利的摩擦声。而在铁路路基上铺上碎石，噪声就会被碎石吸收掉。这是因为碎石在火车经过时会产生振动，同样发出噪声，但这些噪声会和火车的噪声发生相消干涉，从而达到降噪的效果。

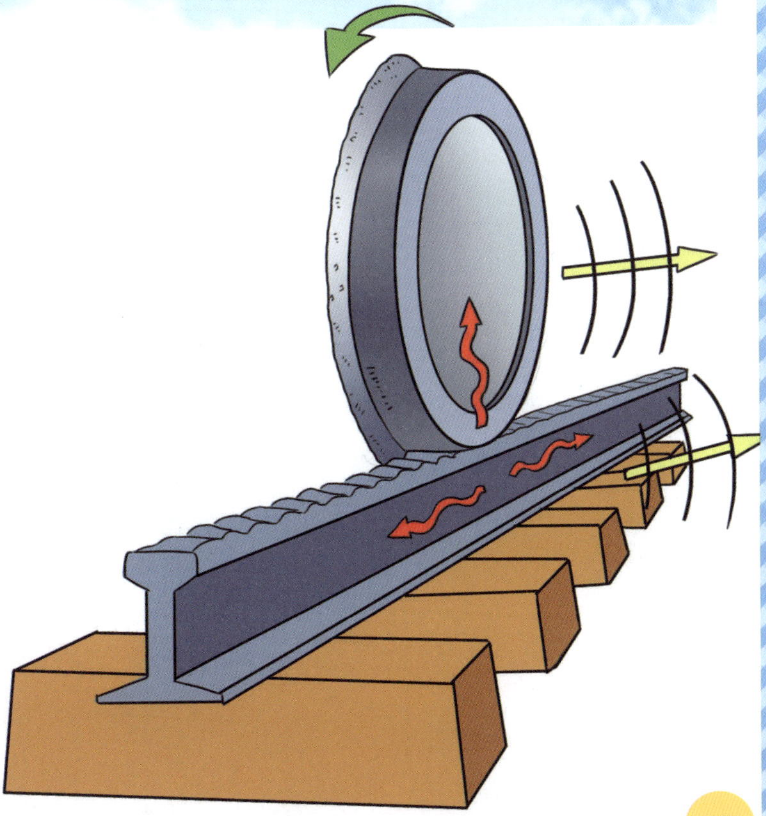

会有人喜欢噪声吗？听起来，这个问题好像很傻，怎么会有人喜欢噪声呢？但当你听见嚼薯片发出的“咔嚓”声时，是不是会不自觉地流出口水呢？实际上，嚼薯片的声音也是一种噪声，可它却能让你产生食欲和愉快的联想。广告公司抓住这一点，用咀嚼食物的声音来激起人们的购买欲望。

另外，人们有时还喜欢发动机的轰鸣声，因为这给人一种强劲有力的可靠感。也有人喜欢吸尘器发出的噪声，因为这听上去让人觉得吸尘器正在“认真工作”。完全安静反而会让人不太放心。

看起来，音乐在我们的生活中好像没什么用处，它既不能吃，也不能喝，更不能当衣服穿。但实际上，对许多动物来说，感知和识别音乐都是一种极为重要的能力。以鸟类为例，像金丝雀、夜莺等都用鸣唱来求偶。雄鸟唱出清脆婉转的“歌声”以取得雌鸟的关注。科学家们发现，鸟儿们并不是乱唱一气。住在同一区域的同种鸟类，唱的旋律都是一样的，而雌鸟会在它们当中选出唱得最好听的雄鸟。

用纽扣模拟陀螺的声音

你需要准备的材料：

- 1 枚大纽扣
- 1 根绳子（长度不小于 60 厘米）

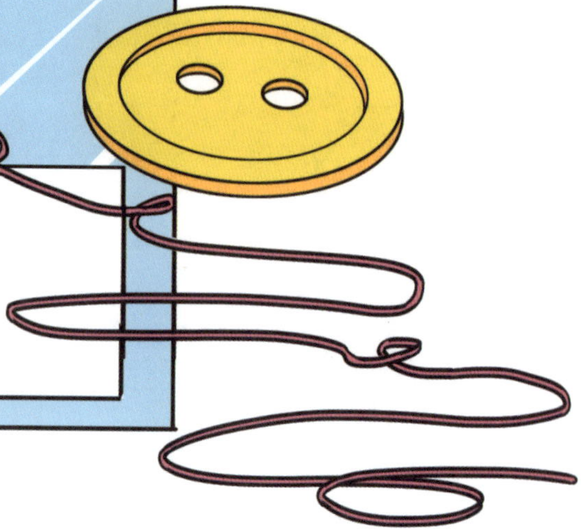

实验开始：

1. 将绳子的两头分别穿过纽扣的两个孔，然后将绳头拴在一起。

2. 绳子两头拴在一起后形成了一个绳套。绷紧绳套，把纽扣移到中间位置，然后朝一个方向持续转动纽扣。

3. 随着纽扣转动，绳子越拧越紧。这时松开纽扣，任由其朝着反方向转动。随着纽扣快速旋转起来，我们也开始听到“嗡嗡”的声音。

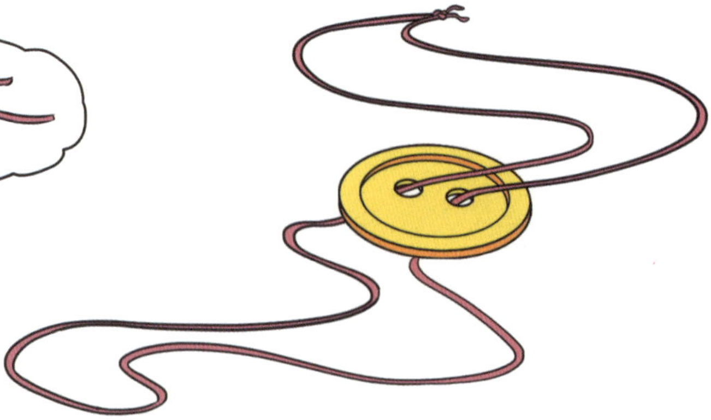

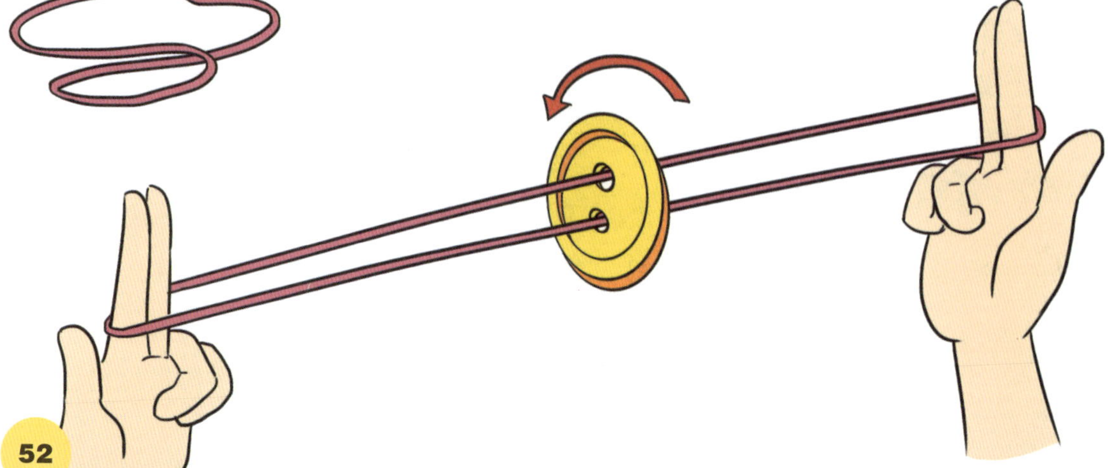

布朗叔叔，这种“嗡嗡”声是从哪里来的呢？
纽扣的高速旋转会带动周围的空气也振动起来，空气振动发出声音和纽扣摩擦绳子的声音汇聚到了一起，就形成了这种声音。你回想一下，我们玩悠悠球或者陀螺时，是不是也常听到类似的声音呢？

第5章 声音是怎么被我们听到的

不管是噪声还是悦耳的音乐声，声音是怎么被我们听到的呢？

答案看上去好像很简单，人们靠耳朵来听声音。可是，你知道耳朵是怎么让我们的大脑听见各种声音的吗？还有，有的声音我们听得见，有的声音我们听不见，这又是为什么呢？

要是我们能听见这个世界上的所有声音，又会怎么样呢？那恐怕并不会令人愉快。

虽然每个人的长相不同，耳朵也各不相同，但它们的基本结构都是一样的。不过，我们所能看到的耳朵实际上只是听觉器官的一部分，耳朵里面还藏着一个神秘的“部门”呢。

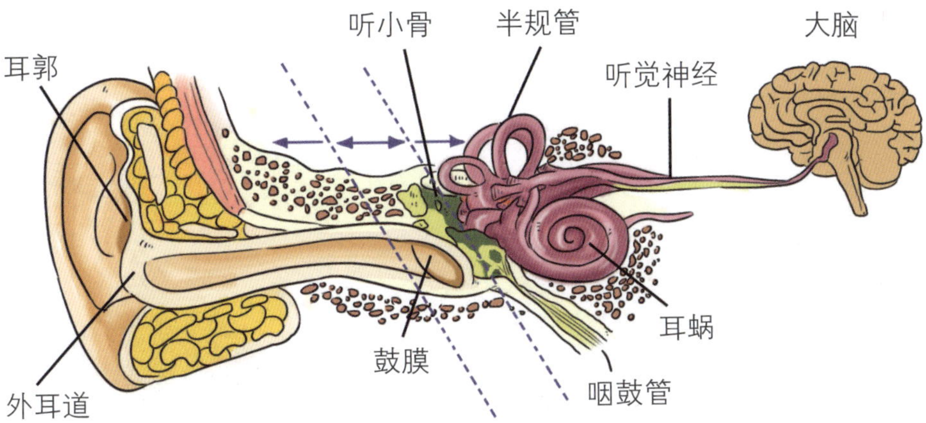

外耳、中耳、内耳共同构成了耳朵，并通过听觉神经连接到大脑。

首先，我们常说的耳朵实际上指外耳，它由耳郭、外耳道和鼓膜组成。耳郭像一个大喇叭，这样可以更好地收集来自四面八方的声波。

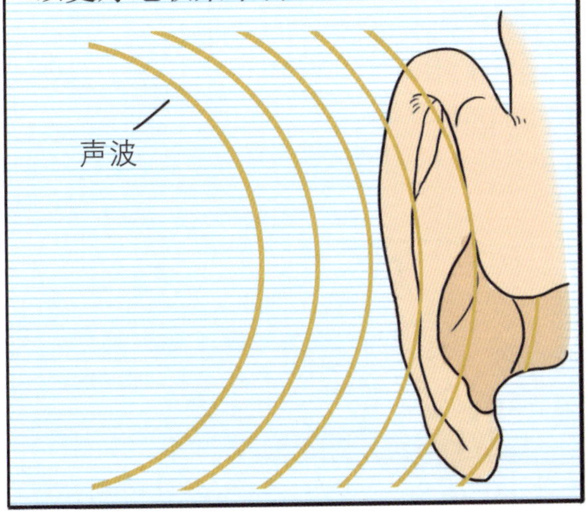

外耳道是从耳门到鼓膜的走廊，里面堆积着耳屎和纤毛，它们可以阻止异物进入耳朵，还可以起放大某些声音的作用。

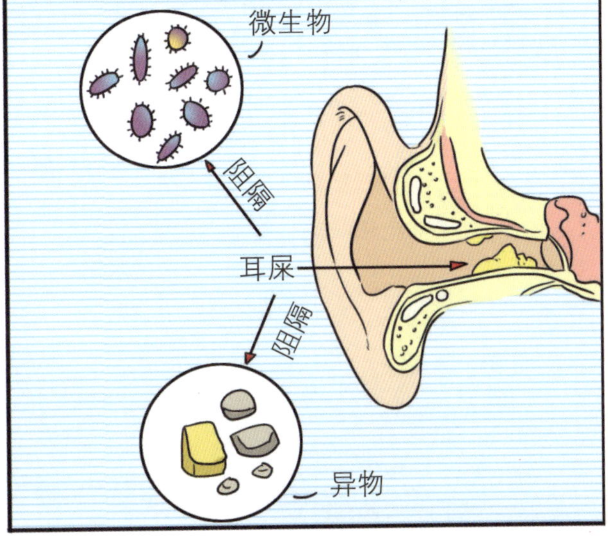

再往里，就是中耳，又分为鼓室、听小骨、咽鼓管等部分。鼓膜是一层薄膜。当声音到达这里，鼓膜就会随之而振动起来，就像敲鼓一样。

光靠鼓膜振动我们能听到的声音还不够清晰，鼓膜内侧有一块听小骨，它由锤骨、砧骨及镫骨三块骨头共同组成。靠这三块骨头的互相碰撞，可以将鼓膜的振动放大 50 倍，然后再向内耳传送。

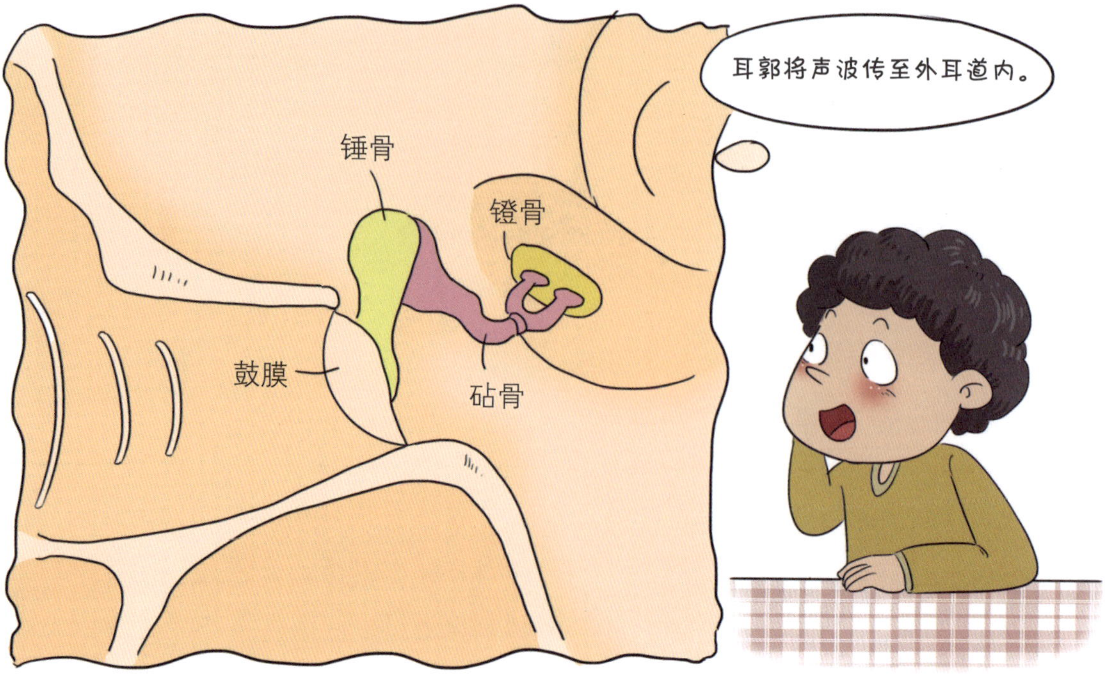

被放大的振动传递到内耳的耳蜗，它长得像一个蜗牛壳，故而得名耳蜗。在耳蜗里有大量的听觉细胞，它们受到振动的刺激并产生电信号，沿着听觉神经一路传递到大脑。我们就听到了声音。

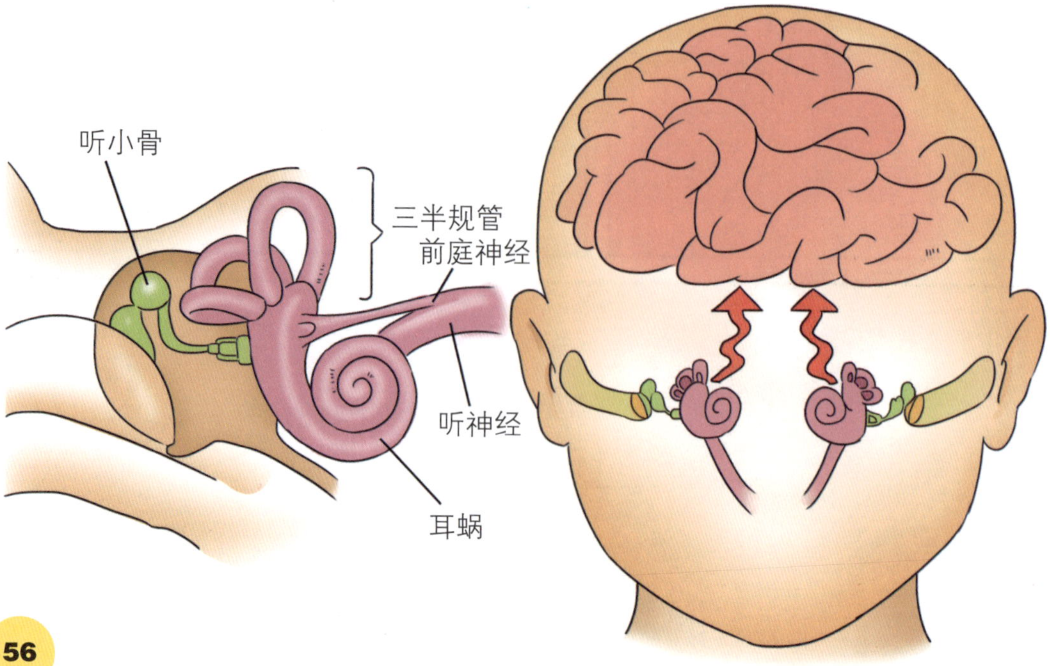

不过，一只耳朵就足以保证我们听到声音了，为什么每个人都有两只耳朵呢？又为什么不是三只、四只呢？

这是因为光听到声音还不够，我们还得确认声音是从哪里传来的。在动物世界，要是不能明辨声音的来源，食草动物就无法逃脱食肉动物的捕食，而食肉动物也没办法顺利地发现猎物。因此，动物们都长着两只耳朵，包括我们人类在内。

两只耳朵的构造会让声音抵达两侧鼓膜的时间产生细微差别。比如从左边来的声音当然是先传进左边的鼓膜。这个差异只有 13 微秒（1 微秒 = 百万分之一秒），看上去极其短暂，但对我们大脑来说，已经足够凭借这细微的差异来分辨声音的方向了。

除用声音的到达时间来分辨其来源外，大脑还可以利用声音的大小来辨认声音的来源。要是声音从左边来，我们左耳听到的声音会大一点，要是声音来自右边，则右耳听到的声音则更大一点。实际上，这种差异也十分细微，但足够大脑来进行判断了。

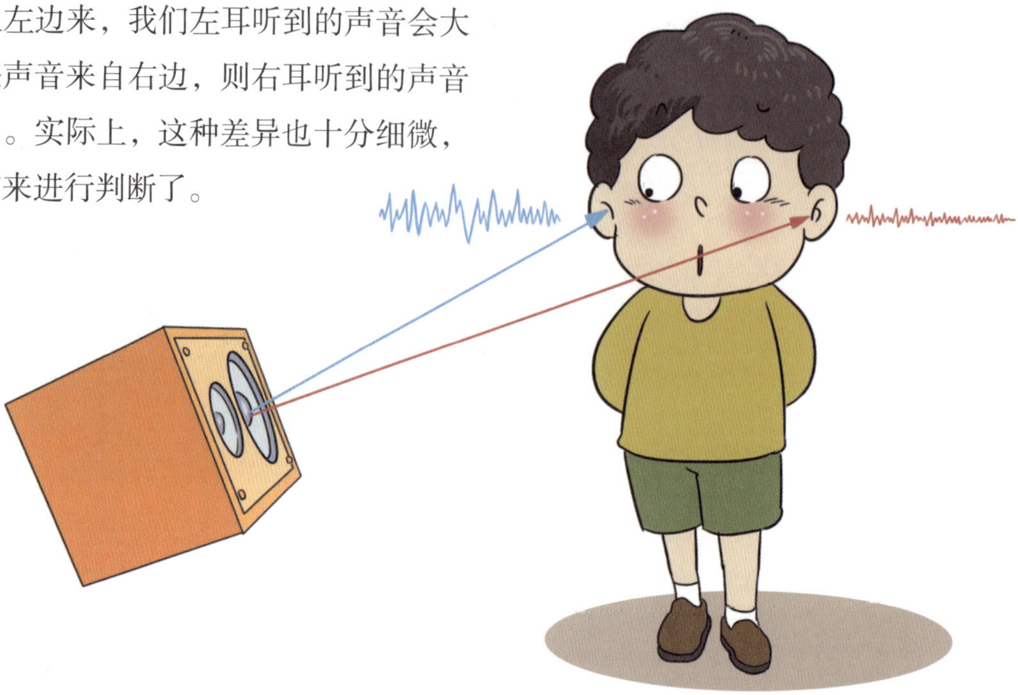

利用耳朵的这些特性，人们发明了立体声技术，在录音时将不同声音来源的空间位置体现出来，这样当人听到这些声音的时候，就感觉像置身于真实的声音环境之中。否则的话，就只能听到来自各个方向不同乐器演奏汇合起来的声音，而无法分辨哪种声音是从哪个方向发出来的。

不过，人类能听到的声音是有限的，从声音频率来讲，我们只能听见振动频率在20Hz到20000Hz之间的声音，这叫作可听频率。从声音大小来讲，我们大致能听到0分贝到130分贝范围内的声音。注意了，0分贝可不是没有声音，而是听力正常的普通人所能听到的最小声音。

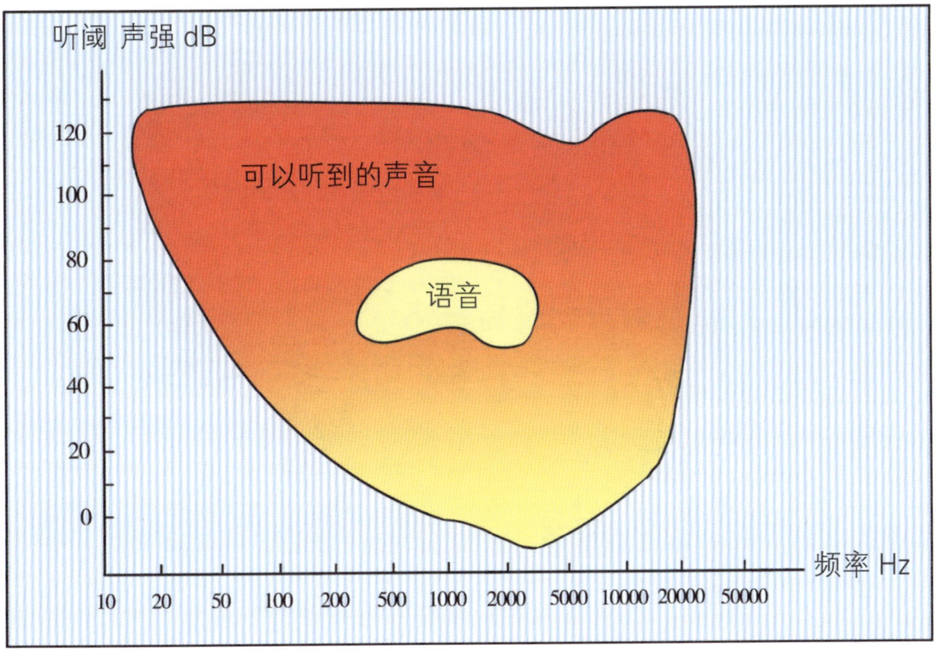

如果有人无法听到该分贝范围内的声音，那可能就患有听力障碍。根据情况的不同可分不同等级：

分级	好耳的听力阈值（dB）	多数成年人在安静环境下的听力体验	多数成年人在噪声环境下的听力体验
正常听力	<20dB	听声音没有问题	听声音没有或几乎没有问题
轻度听力损失	20至<35dB	谈话没有问题	可能听不清谈话声
中度听力损失	35至<50dB	可能听不清谈话声	在谈话中有困难
中重度听力损失	50至<65dB	在谈话中困难，提高音量后可以正常交流	大部分谈话都很困难
重度听力损失	65至<80dB	谈话大部分内容都听不到，即便提高音量也不能改善	参与谈话非常困难
极重度听力损失	80至<95dB	听到声音极度困难	听不到谈话声
完全听力损失/全聋	≥95dB	听不到言语声和大部分环境声	听不到言语声和大部分环境声
单侧聋	好耳<20dB 差耳≥35dB	除非声音靠近较差的耳朵，否则不会有问题。可能存在声源定位困难	可能在言语声、对话中和声源定位存在困难

耳朵的听力损失有很多原因，但噪声性耳聋是其中最为常见的。长时间用耳机听音量很大的音乐或处于嘈杂环境中都可能引发噪声性耳聋。在声波的持续冲击下，听力细胞会逐渐死亡，因为它们无法再生，所以数量会越来越少，耳聋也会越来越严重。

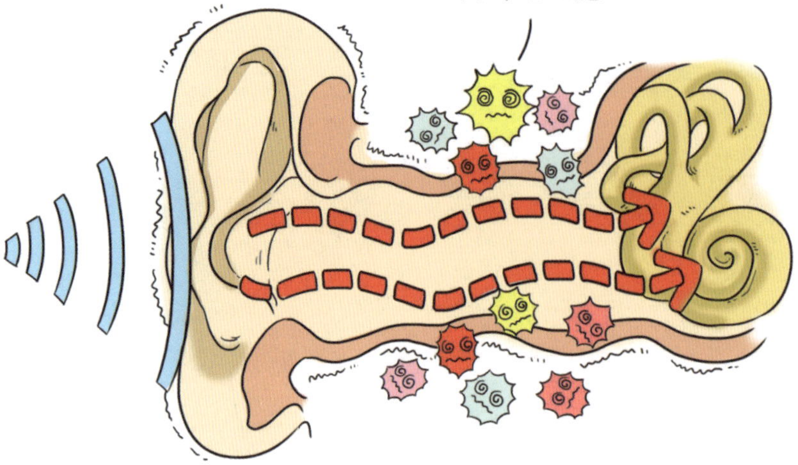

随着年龄的增长，听力细胞也会逐渐退化，这叫老年性耳聋；而当耳朵或头部意外受伤时，有可能损伤鼓膜或听觉神经，这也会造成耳聋。鼓膜十分脆弱，很容易被外物弄伤。比如在掏挖耳屎时就有可能戳伤鼓膜。不过，鼓膜还有一定的再生能力，人们也可以通过手术来修补鼓膜，让听力得到部分恢复，但要是听觉神经受伤，那么，哪怕我们能听到声音，也无法正确地传输到大脑。

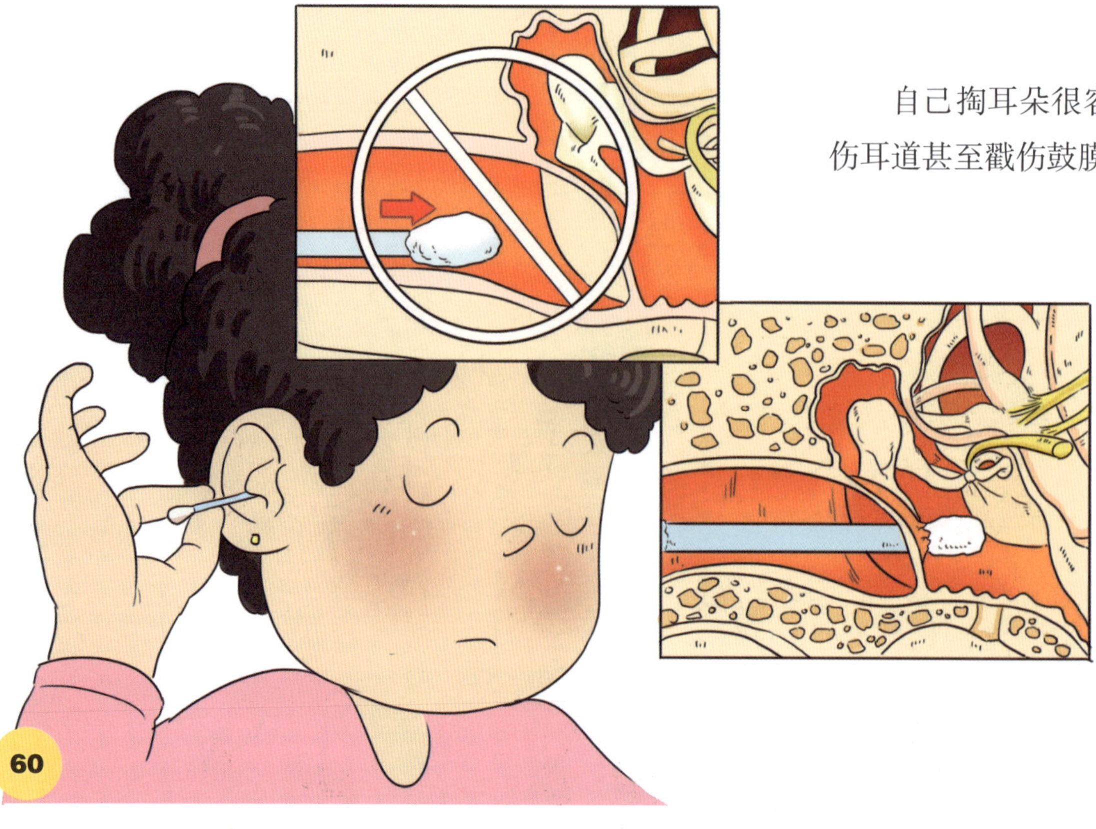

自己掏耳朵很容易损伤耳道甚至戳伤鼓膜。

随着科技的发展，科学家发明出了助听器来帮助有听力障碍的人们。助听器就像一个人造耳朵，它由话筒、放大器和耳机构成。话筒可以听到很小的声音，被放大器放大后再经由耳机传到耳朵里。

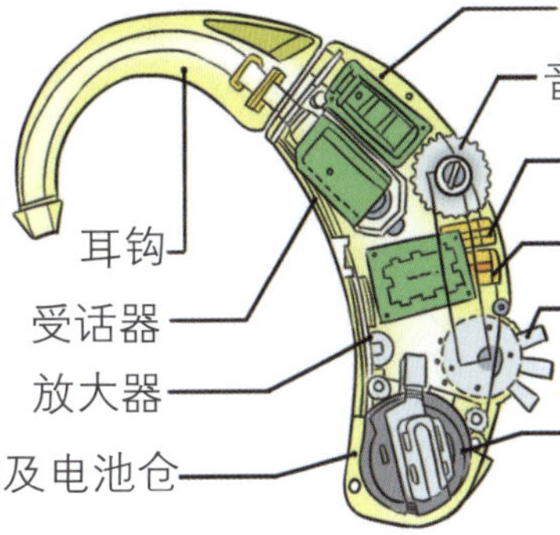

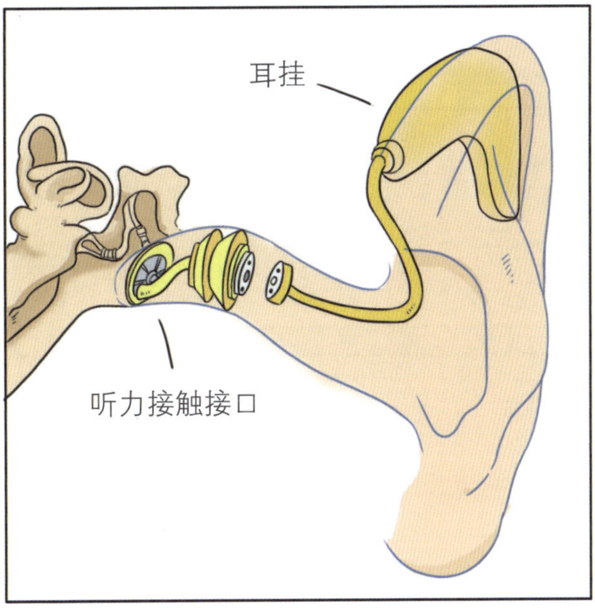

不过，助听器只能帮助听力障碍还不太严重的人们听到声音。要是耳蜗和听力细胞已经严重受损，那就起不到什么作用了。因此又出现了人工耳蜗技术。人工耳蜗可以代替耳蜗将声波转换成电信号，然后直接传递给听觉神经。

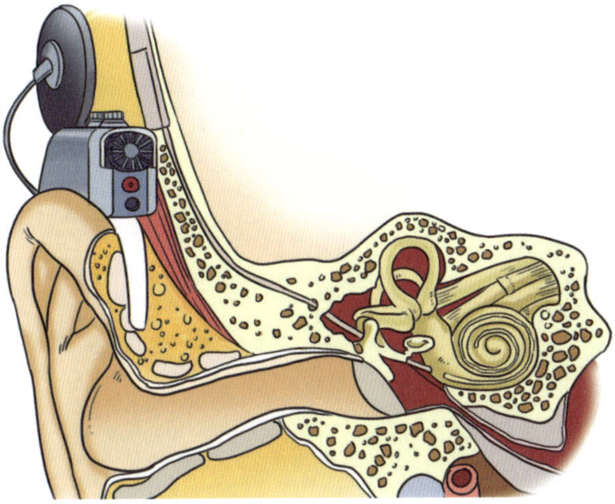

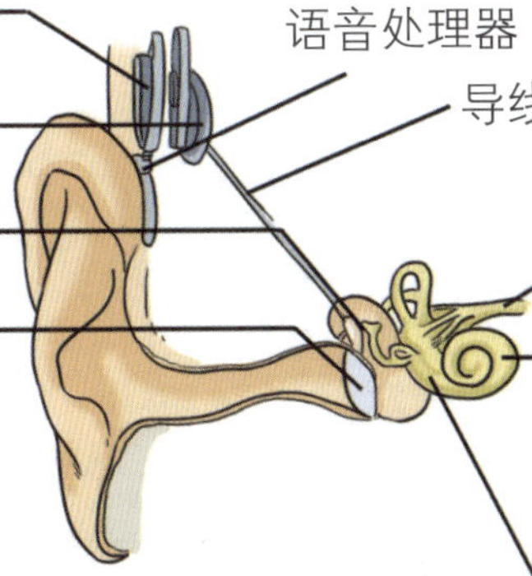

人工耳蜗解剖示意图

人的听力会随着年龄的增长逐渐变化。理论上人可以听到最高 20000Hz 的声音。但当听觉器官慢慢老化后，听到的频率范围也会缩小。因此孩子的听力比成年人好。而人到中年之后，就难以听到 15000Hz 以上的声音了。

倾听“桌椅的声音”

你需要准备的材料：

- 1 张木桌
- 1 把木椅

实验开始：

1. 将耳朵贴在桌面上，同时请另一个人轻轻敲打桌腿，可以听到清晰的声响。
2. 再将耳朵贴在椅子腿上，请人挠动椅子靠背，也能听见清晰的“沙沙”声。

为什么把耳朵靠在桌子或椅子上，能听得更清晰呢？
这是因为，声音除了在空气中传播，也能以木头为介质传播。和空气相比，木头的分子之间空隙很小，声音在里面传播时损耗掉的能量也更少，所以我们会觉得木头那边的声音变大了！

如何变成“顺风耳”

你需要准备的材料：

- 大小不等的白纸若干
- 1 把剪刀
- 1 卷胶带
- 1 对连通 MP3 的耳机

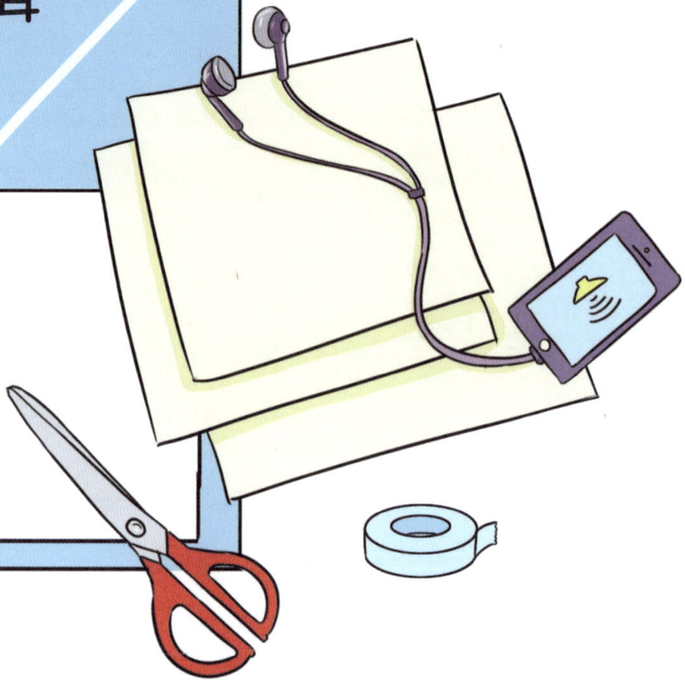

实验开始：

1. 在一张白纸上用剪刀剪出一个圆，然后从圆的边缘向圆心剪出一条豁口，再将圆形纸片叠成一个漏斗。

2. 用胶带把漏斗固定好，并在漏洞顶端剪一个小洞。

3. 用耳朵贴着小洞，再将播放着音乐的 MP3 耳机放到漏斗附近，是不是感觉音乐声清晰了起来。

4. 再用更大的白纸做一个更大的漏斗，隔着它再听听外界的声音，体验一下有什么变化。

小漏斗
大漏斗
是的，小布丁，你看看我们做的漏斗，是不是很像人的耳郭呢？耳郭正是人体负责搜集外界声音的器官，耳郭越大，搜集到的声音就越多。当你用漏斗扩张、延展了自己的耳郭，当然会感觉听力变好了！
隔着漏斗听外面的声音，我好像变成了“顺风耳”！

第6章 动物和声音

和人类一样，动物也离不开声音。

动物虽然不能说话，但它们也有自己的语言。鸭子嘎嘎叫，小狗汪汪叫。动物们靠发出声音来传递信息，靠接收声音来帮助它们判断敌人在什么地方，哪里能找到食物，以及获得求偶对象的欢心。甚至有些动物还能发出和接收我们人耳听不到的声音，比如蓝鲸和蝙蝠。

鸭子、小狗等动物靠发出声音来传递信息。

蓝鲸和蝙蝠能发出和接收我们人耳听不到的声音。

对我们人类来说无声的世界，对许多动物来说却是热闹非凡的。这是因为我们的可听范围不一样。人类的可听范围只有 20 ~ 20000Hz，在这个范围之外，不管是更低的声音还是更高的声音，我们都是听不到的。

20Hz 以下的声波叫作次声波。如果次声波很猛烈，我们虽然听不到，但耳朵却会觉得痛；而 20000Hz 以上的声波则叫作超声波，它不会对人体造成像次声波那样的伤害。

不同的动物，可听范围也不一样。以狗为例，它可以听到 15 ~ 50000Hz 的声音。能听到次声波和超声波，比人要灵敏得多。而猫又稍有不同，它的可听范围是 60 ~ 65000Hz。

根据狗听力的特点，人们发明了狗笛，它的频率在 5400 ~ 128000Hz。狗可以听到狗笛的召唤，而人却不会被其声音打扰。

蝙蝠能发出超过 20000Hz 的超声波。它们依靠这样的超声波来定位。超声波被发出后，碰到其他物体再反射回来后，会被蝙蝠的耳朵接收，再根据听到的超声波来判断障碍物的方位。对视力很弱的蝙蝠来说，听到超声波能帮助它们“看见”障碍物。此外，蝙蝠们还可以依靠超声波来相互交流，而我们人类却无法听到它们“交谈”的任何内容。

不过不用“自卑”，蝙蝠只能听到频率为 1000 ~ 120000Hz 的声音，而人类可以用 500Hz 以下的低音来交流。所以，蝙蝠也听不见我们在说什么。

除了蝙蝠，能发出超声波的还有海豚。它同样靠超声波的反射来帮助自己发现前方的障碍物或者食物。但海豚除了发出超声波，还可以发出频率很低的声音用于同伴之间相互交流。不同的声音代表不同的意思，这些声音可以被人类听见。除此之外，海豚的听觉范围也很广，包括 150 ～ 150000Hz 范围内的声音。

大象也能发出人耳听不到的声音，不过这种声音的频率特别低，不到 12Hz，跟蝙蝠和海豚发出的超声波可不一样，这是一种次声波，它可以传到更远的地方，甚至几千米之外。通过这种方式，象群之间可以实现远距离的通信。

人除了能用耳朵来感知低频声音外，身体也会对低频声音产生反应。有的时候，低沉的声音会让我们感到愉悦兴奋，比如鼓声。但有的时候，也会让我们产生恐惧之感，特别是振动频率在 20Hz 以下的低频声音，比如老虎的咆哮声。这种声音会让动物们感到危险来临，身体也会不由自主地产生反应，人类也是如此。成千上万年的生存演化让人们把这种对低频声音的恐惧变成了一种条件反射。

另外，体形大的动物往往更多地发出频率较低的声音，体形较小的动物发出的声音频率也较高，这和声音振动频率的原理是吻合的。还记得尺子的振动方式吗？尺子露出桌面越长，发出的声音也越低沉，露出越短，发出的声音就越高亢。如果用尺子露出的长度来对比动物的体形，其道理是一样的。如果用乐器来作比较，你会发现短笛可以吹奏出高音，而长笛则可以吹奏出低音；小提琴的弦最短，因而可以演奏高音，而低音提琴的弦最长，所以被用来演奏低音。

小提琴和大提琴的音调不一样，响度和音色也不一样。正是因为这些区别，动物的叫声乃至乐器的演奏声才有了千变万化。

音调取决于振动频率，其单位是赫兹。响度取决于振动幅度，其单位是分贝。而音色取决于波动的形状，因此它没有单位。

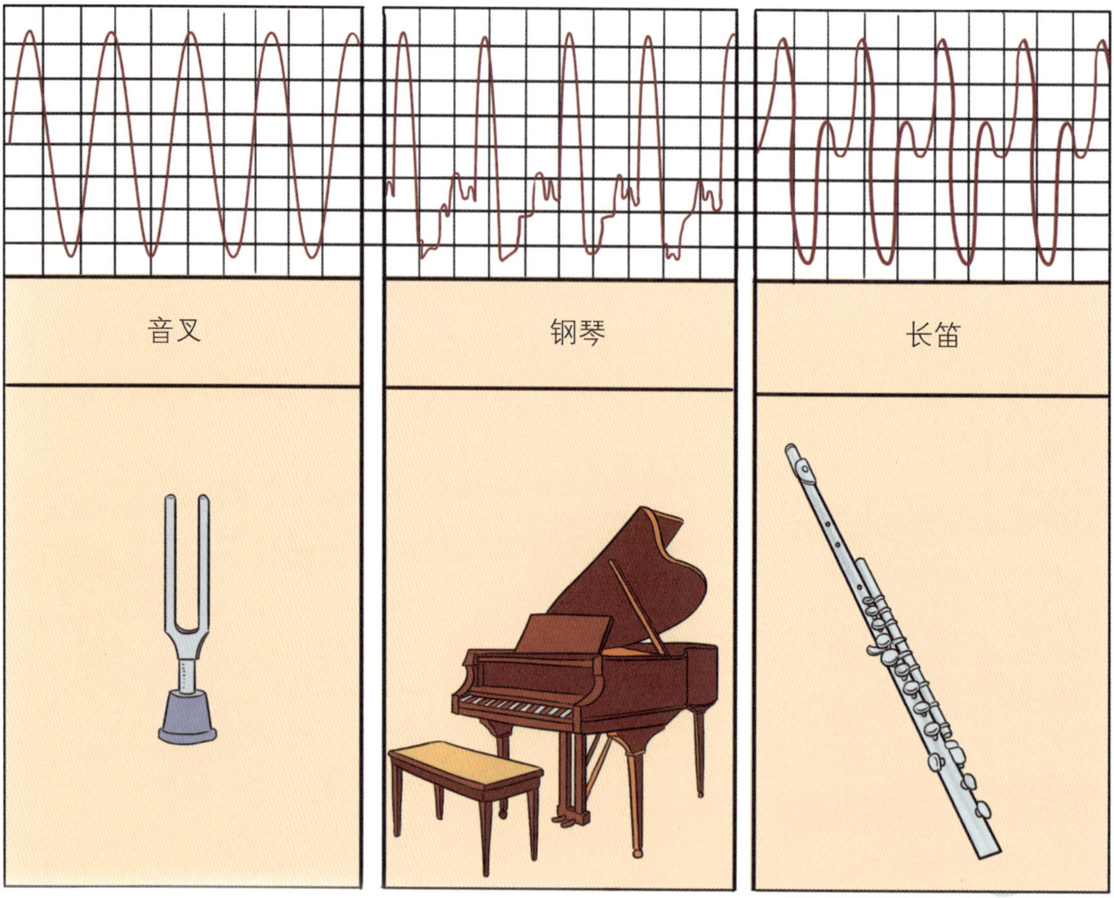

因为振动发声的方式不同，我们可以把乐器分为管乐器、弦乐器和打击乐器三大类。小号、长号、长笛、竖笛、箫等都属于管乐器。细长的管乐器里充满了空气，当我们吹奏管乐器时，内部的空气就会振动发声。振动的空气柱越长，声音就越低沉。

小提琴、大提琴、竖琴等属于弦乐器，人们拨动琴弦使之振动发声。弦绷得越紧、越短，发出的声音也就越高。钢琴看上去好像是通过手指敲打琴键来发声的，实际上，琴键会带动击打内部的弦，让其产生振动，所以钢琴也是弦乐器。

至于鼓、锣、三角铁等则属于打击乐器。许多打击乐器如鼓无法发出精确的高音或低音，但能辅助其他乐器演奏；而编钟等打击乐器却可以发出不同高度的声音，可以演奏出复杂的乐曲。

用吸管制作小排箫

你需要准备的材料：

- 7 根吸管（长度不少于 10 厘米）
- 1 把剪刀
- 1 把尺子
- 1 卷宽胶带
- 少许橡皮泥

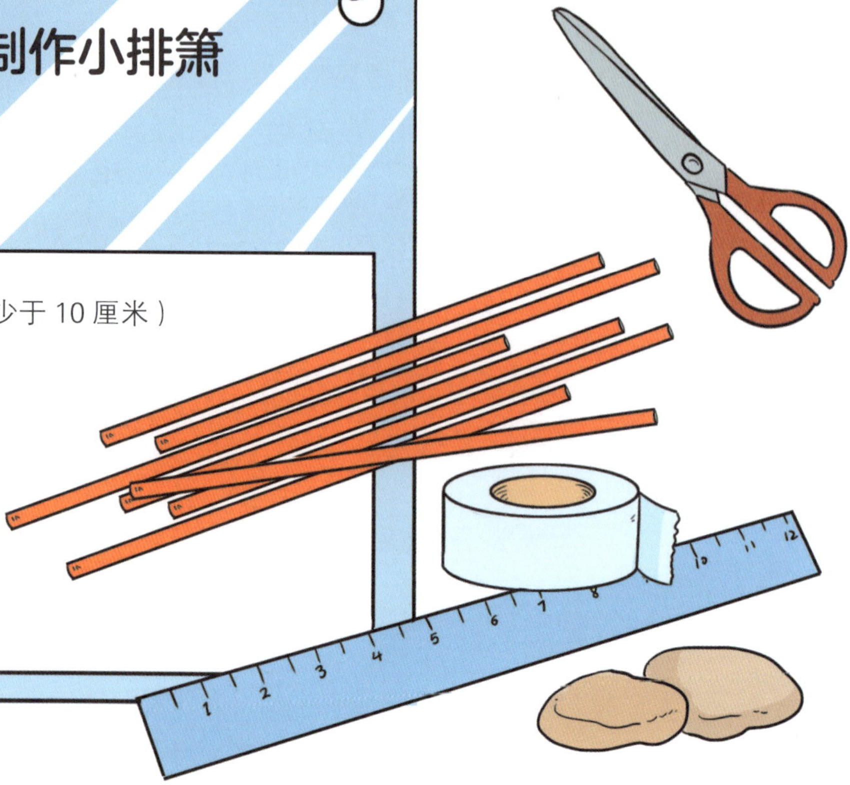

实验开始：

1. 拿出一根吸管，用尺子量出 1 厘米，再用剪刀将这 1 厘米的吸管剪掉；同理，将第二根吸管剪掉 2 厘米，以此类推，将 6 根吸管剪得长短不一。

2. 将 7 根吸管按从长到短的顺序排列起来，保持一端水平，另一端呈一条斜线。将吸管用宽胶带固定。

3. 用橡皮泥把呈斜线的吸管口堵住。

4. 拿起这个“小排箫”，斜着轻轻往里吹气，就能听到吸管中传出了高低不同的声音。

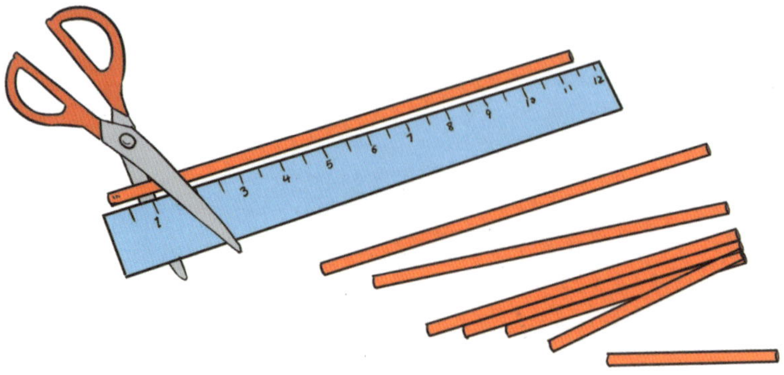

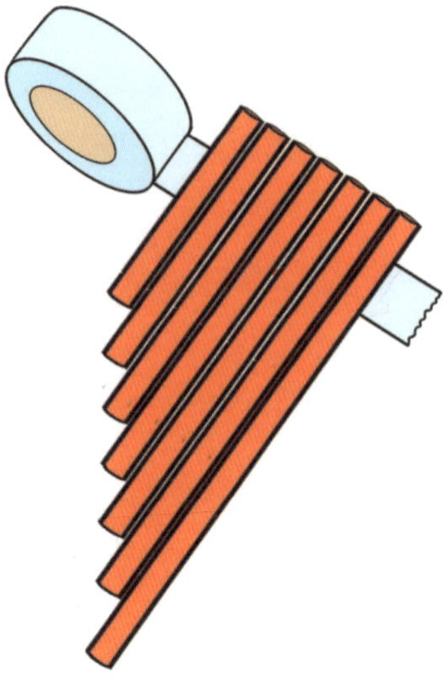

为什么吸管的长度不同，发出的声音高低也不同呢？
这是因为，当我们往吸管里吹气，越短的吸管中的空气会震荡得越激烈，发出的声音频率就越高，传进我们的耳朵时，我们就会觉得那声音越高亢。

用尺子也能“弹琴”

你需要准备的材料：

- 1 把尺子（长度不少于 40 厘米）
- 一张桌子

实验开始：

1. 把尺子的一头按在桌子上，留一半伸到桌面外。

2. 用手按紧桌子上的这部分尺子，然后用另一只手快速地拨动尺子的另一头。

3. 随着尺子悬空的部分快速振动，我们能听到尺子发出“嗡”的声音。

4. 将尺子悬空的部分减为 10 厘米，再用同样的力气拨动尺子，听听“嗡”声是不是变高亢了？

5. 将尺子悬空的部分增加为 30 厘米，再拨动一次，听听声音有什么变化。

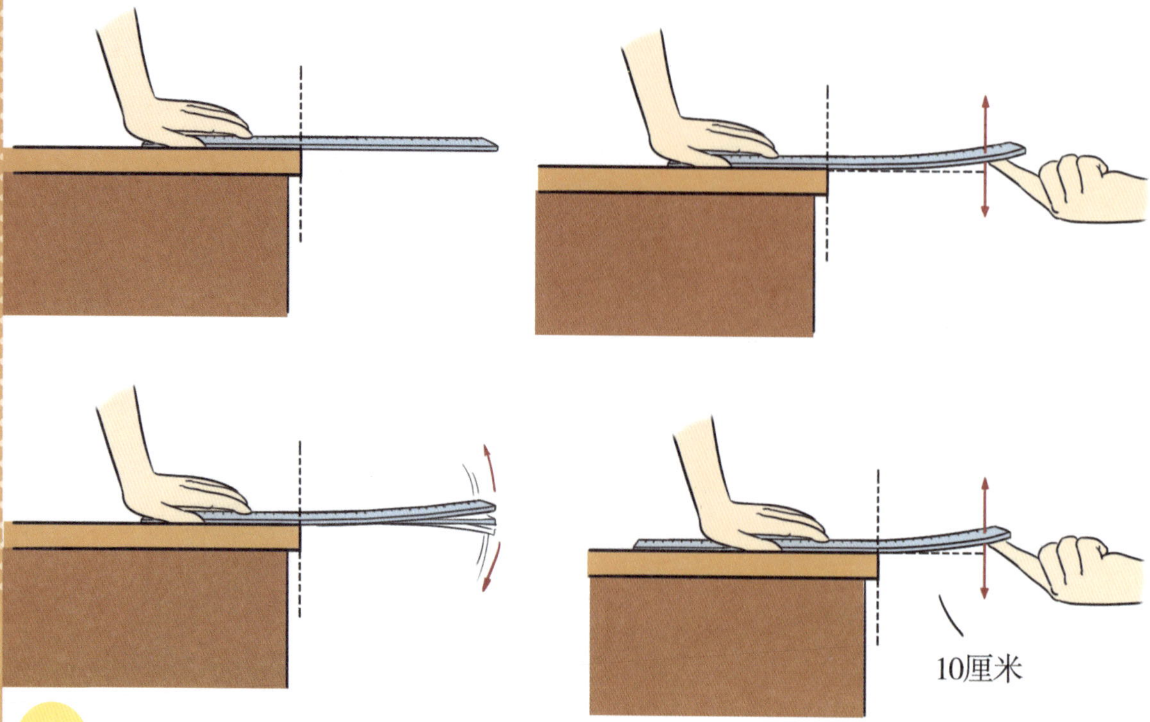

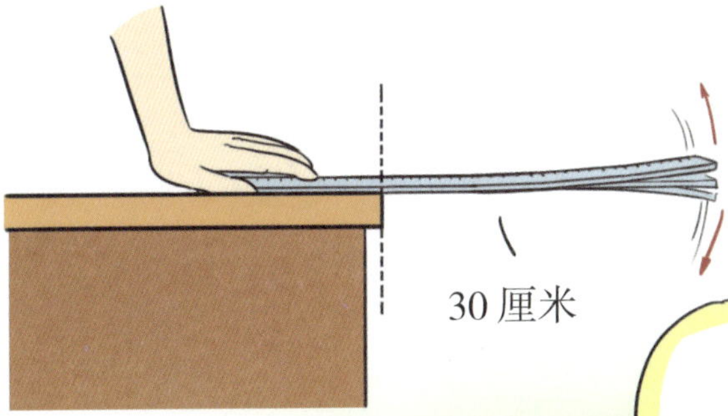
30厘米

好神奇啊！原来仅用一把尺子也能演奏出高低不同的声音！
是的。尺子悬空的部分越短，我们拨动它时，它的振动就越激烈，声音的频率就越高。反之，尺子越长，振动时发出的声音就越低沉。其实，我们弹吉他、拉提琴时会用手指去按弦，就是在人为地改变弦的长度，起到调节音调的作用。

跟着物理学家玩游戏

力大无穷

王贵明　高湘萍　智慧鸟／主编

吉林科学技术出版社

前言

物理，顾名思义，研究的是万事万物的道理。眼睛为什么能看见东西？耳朵为什么能听见声音？我们为什么能站在地面上，而不是飘在天空中？有没有可以永远运动而不会停下来的物体？能量到底是什么？又是什么照亮了我们的生活？而未来，人类世界又将变成什么样子？这么多的问题，我们都得到物理的世界中去寻找答案。

电、磁、声音、光、力、能量……它们共同构成了物理的世界，这一切听上去好像高深莫测，但实际上，物理学的道理已经藏在了各种各样有趣的游戏中。打开这套书，你就能在物理的世界里畅快地游玩一番了，还等什么呢？

目录

第 4 章

第 5 章

第 6 章

第1章 神奇的重力

试试看，你能跳多高？

不管怎么跳，你都会从空中掉回地面上，哪怕是最著名的世界跳高运动员也一样。

回想一下跳高时的感觉，是不是身体像灌了铅一样往地面坠落。

“啊，也许是我太重了，要是换成轻一点的东西，也许就不一样了。”

现在，你拿起一个乒乓球，使劲朝天上抛。它的表现好像比你好多了，不过，最终还是掉了下来。

鸟儿呢？鸟儿总可以离开地面吧？还有那些会飞行的昆虫，它们都能够自由自在地在空中飞行。

但实际上，鸟儿和昆虫也不能一刻不停地在天上飞，它们要想不落回到地面上，就必须不断地拍打翅膀，一旦停下，最终的归宿还是大地。

这是怎么回事呢？是什么原因使得我们无法离开地面呢？

如果仅凭自己的感受，你会给出这样的答案：因为我们身体有重量，所以跳起来之后，还会掉回地面上。一切有重量的东西都会掉到地面上。

这看上去很正确，可是，真是如此吗？

在古代，大家普遍相信大地是平的。这样的解释听上去也很合理。但后来，“地球是一个球”的理论传播开来，于是就产生了矛盾。

实际上，即便是在地理知识并不发达的古代，也可以用生活经验来发现地球是圆的。在海面上，当船只向我们驶来时，最先进入视线的一定是船的桅杆，然后才是船体。而当船离开时，先离开视线的是船体，然后才是船的桅杆，只有地球是球体时，才能支持这一现象。

这样一来，“物体是因为自身重量才掉回地面上”的说法就遭到了怀疑。因为如果地球是个球体，那么住在球体另一面的人，以及一切有重量的东西，不是都会因为自身的重量掉到宇宙中去吗？

其实，“地圆说”之所以长期遭受质疑，就是因为人们实在想不通这一点。毕竟生活经验让你相信我们之所以能站在地面上，是因为自身的重量。如果把这一切颠倒过来，我们肯定也会因为自身的重量而往天上掉落的。就好像你把一辆车、一艘船、一栋房子翻转180°，那里面的所有东西都会落下来。

不过，随着科学的发展，“地圆说”已经被证明是正确的。那么，亚里士多德的解释就有问题了。

看起来，更合理的解释是：并不是重量让我们跳起来之后掉回地面上，而是在地球上有一种力量能把我们，还有万事万物牢牢地拉住，让我们不至于掉到宇宙中去。

这种力被称之为“重力”。传说英国物理学家艾萨克·牛顿因为被掉落的苹果砸到脑袋而领悟到了重力的存在。但实际上，牛顿并不是首次发现重力的人，他发现的叫作“万有引力”。

万有引力是什么意思呢？就是任何两个具有质量的物体相互吸引的力。

万有引力无处不在，宇宙间一切物体之间，都有着这一现象。哪怕在你和身旁的小朋友之间，也存在着这种拉力，也叫作引力。

你一定会摇头说，除非我用手拉他，否则在肢体不接触的情况下，我和他感受不到任何所谓的引力或重力存在。但实际上，这种力是真实存在的，只是它太小了，小到你无法察觉。

注：艾萨克·牛顿被掉落的苹果砸到脑袋而领悟到了重力的故事为杜撰。

那么重力和万有引力又有什么区别呢？

重力单指地球与地球表面所有物体之间的吸引力，可以说，重力是万有引力的一种特殊形式。要想感受到万有引力，物体得具备一定的质量，同时，物体之间的距离也会产生影响。地球的质量非常大，所以地球对我们的吸引力是可以明显感受到的。有了引力的存在，不管我们站在地球的哪一个位置上，都不会掉进茫茫宇宙中。这种吸引力，我们就用重力来专门称呼它。

那么，我们身体的重量和重力又有什么关系呢？其实，体重是地球引力的体现。地球对我们产生的引力或重力越大，我们感受到的体重也就越大。

不过，重量和质量既有关系，又不是一回事。质量指的是物体含有物质多少的量，质量越大，所产生的吸引力也越大。而重量是指物体受到来自地球的吸引力，也就是重力的大小。有像地球这样的大质量物体在“拉扯”你时，你才能感受到自己的重量。

地球的质量到底有多大呢？大约为 5.96×10^{24}kg。如果把地球质量设为 1 的话，太阳系其他星球的质量与地球质量之比大约是这样的：

行星的质量

行星	与地球质量的比	质量（$\times 10^{24}$kg）
水星	0.055	0.33
金星	0.816	4.87
地球	1.000	5.97
火星	0.107	0.64
木星	317.9	1900
土星	95.31	569
天王星	14.54	86.8
海王星	17.08	102

在牛顿之前，人们其实就已经从星体的运转中注意到了引力的存在。天文学家发现，行星总是沿着固定的轨道运行。是什么力量拉住了它们，让它们不至于飞出去呢？科学家们提出了各种解释。比如著名的伽利略·伽利雷就认为是惯性在起作用。只要没有外力作用于物体上，它就会不停地沿原有状态运行。

牛顿提出万有引力后，人们终于发现万有引力普遍存在于一切场合，而不管是行星运动也好，地面上的物体运动也罢，都可以用这个定律来加以解释。从此之后，万有引力成了物理学发展的支柱，许多科技发明都是建立在它的基础之上，一直到爱因斯坦提出相对论之后，其对物理学的支配地位才有所改变。

在物理学上，万有引力有着许多有趣的特性。首先，它可以作用于远距离的物体，哪怕是相距遥远的星体之间，也受到万有引力的影响。而其他的许多力，如电力或者磁力只能在较近的距离内产生作用。

另外，电力与正负电荷的相互作用有关。同种电荷相互排斥，异种电荷相互吸引。而这一点和磁力非常相似。磁铁也有南北极之分，同极相互排斥，异极相互吸引。但是，物体之间所产生的万有引力却没有极性的区别，不会互相排斥，只能互相吸引。

不过，在日常生活中体现得最多、最明显的，还是重力，也就是地球对我们所产生的吸引力了。

用重力作画

你需要准备的材料：

- 毛线球若干　　颜料若干
- 1 张大的水彩纸　　1 把梯子
- 1 杯清水　　盘子若干

实验开始：

1. 往不同的颜料中加少量水，搅拌均匀，再把毛线球浸泡进不同的颜料水里。

2. 把水彩纸放在地上，将浸过颜料水的毛线球从纸的正上方丢下去，会看到毛线球中的颜料水在纸上绽开，形成一朵小花。

3. 站到小梯子上，再换几种颜色的毛线球丢下去，这样颜料水绽开形成的花朵更大了！

原来还可以用这种方法作画啊！可是，为什么站得越高，画出的花朵越大呢？
毛线球受到重力牵引向下落，撞击到纸上时，颜料水因为撞击被挤压出来。毛线球下落的高度越高，撞到纸上时力量越强，溅出的颜料水自然就越多了。

永远向下的曲别针

你需要准备的材料：

- 3 个曲别针
- 3 根绳子
- 1 根木棒

实验开始：

1. 将 3 根绳子分别系在曲别针上，再把绳子绑到木棒上。
2. 将木棒水平悬空举起，可以看到曲别针向着地面的方向垂落。
3. 倾斜木棒，曲别针和绳子却没有随着木棒倾斜，仍是垂向地面。

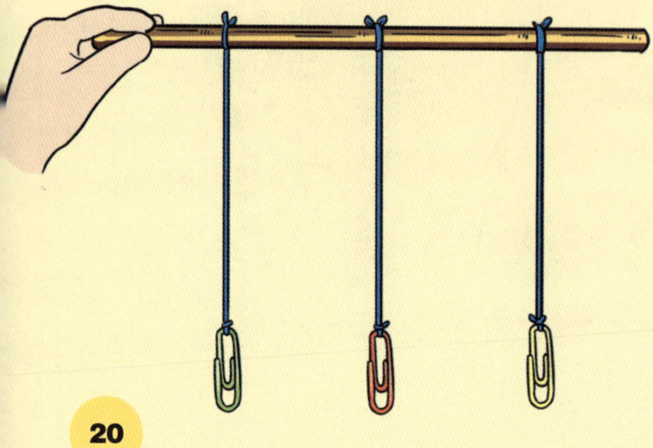

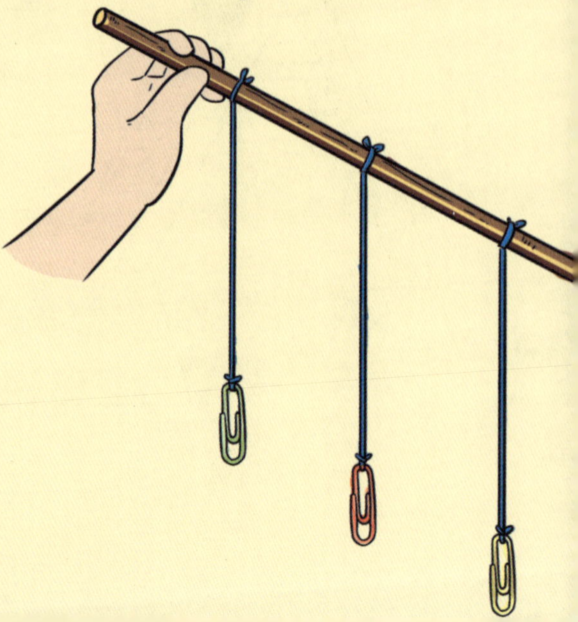

布朗叔叔，无论我怎么倾斜木棒，绳子的方向都是垂直于地面的！
没错，曲别针是受重力牵引，才朝着地面垂落的，无论我们以何种角度拿着木棒，重力的方向都是向着地心。只要重力方向不变，曲别针垂落的方向就不会变！

第2章

失去重力会怎么样

重力是因为地球对我们的吸引力而产生的，那么，看来我们是不可能离开这种神奇的力了，毕竟没法离开地球啊。不过，你有没有想过，万一突然失去重力的约束，会是什么感觉呢？

要搞清这个问题，我们首先得继续深入探索重力的细节。

既然重力和物体的质量有关，那么，质量不同的物体，其受到的重力也不一样。质量越大，所受重力也就越大。在物理学中规定，质量为 1kg 的物体，会受到 9.8N 的重力。这个“N”用来表示重力单位，读作牛顿，用来纪念提出万有引力的大科学家牛顿。

有了单位，我们可以很简便地计算出物体所受重力的大小。质量为 2kg 的物体，其受到的重力就是 $9.8N \times 2=19.6N$。质量为 3kg 的物体，就是 $9.8N \times 3=29.4N$。这下你能明白，为什么质量越大所受重力越大了吧。

另外，当物体掉落时，在地球重力作用下其下降的速度会越来越快。不过，下降的速度加快的程度是一致的，物理学称之为重力加速度，地球重力加速度为 $9.8m/s^2$。表示物体如果只受地球重力的影响，每秒钟速度会增加 9.8 米。不过，如果是在不同的星球上，其重力加速度又和地球不同。质量越大半径越小的行星，其重力加速度也越大。

重力更大的物体从高处往地面掉落时，下降速度会不会更快一些呢？这看上去好像是一个常识问题。但伽利略却用著名的比萨斜塔实验证明了这个看似简单的道理竟然是错的：质量大的铁球竟然和质量小的铁球同时落地。也就是说，物体落地的速度和它本身的质量以及受到的重力无关。

可是，如果在同样的高度扔下一个铁球和一张纸，一定是铁球先着地。这是怎么回事呢？纸虽然轻，但它也有质量，也会受到地球引力的影响而产生重力啊。

其实，下落的物体不光受到重力的作用，还会受到空气阻力的作用。物体和空气的接触面积越大，本身质量越轻，那么受到的空气阻力就越大。

宇航员已经用实验证明了这一点：在没有空气的月球上，同时在相同的位置释放铁球和羽毛，它们竟然同时落地了。看上去不可思议，但这就是物理学的厉害之处。

另外，即便是在地球上，重力也不完全一样。如果把地球想象成一个圆球，那么地球中心位置就是球心。离球心越远，重力越小，离球心越近，重力越大。而实际上，地球是一个南极和北极稍微有点扁的椭球。因此南北极离球心的距离更近一些，重力也就稍大一些，而赤道地区略微突出一些，离球心更远，重力也就稍小一些。同理，高山上的重力也会比平原上要小一点。

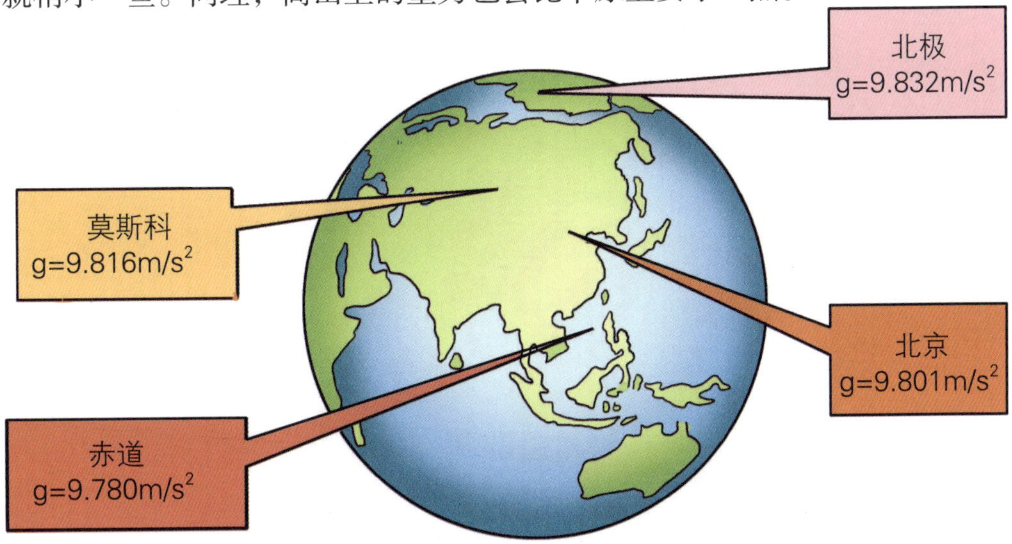

我们所能感受到的重力，其实严格来说，是重力和其他力量综合形成的力，也就是合力。

在物理学中，除重力外还有阻力、摩擦力、浮力等。而对重力影响感受最明显的是离心力。

如果你用绳子拴着一只球，然后旋转绳子几圈后突然松开手，你会发现球带着绳子飞了出去。旋转的速度越快，球就飞得越远，这就是离心力的体现。它表示物体做圆周或曲线运动时产生的离开中心的力。

地球不停地自转，因此同样会产生离心力。也就是说，地球表面的每个物体都会产生被“甩出去”的力。而离心力的方向正好和重力是相反的。我们感受到的重力实际上是真实重力减去离心力等力后所形成的合力。

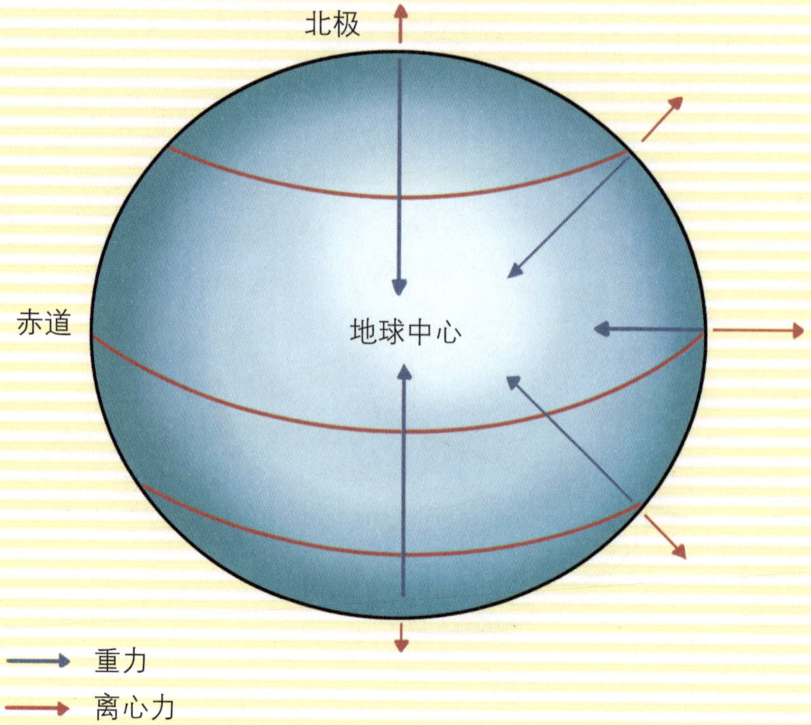

失去重力会是什么感觉呢？如果你想体验一下，可以去游乐园乘坐过山车。当过山车以极快的速度从高处垂直落下时，你会体验到十分刺激的失重状态。不过，这个过程非常短暂。

要是这一状态长时间持续下去会怎么样呢？我们的身体会发生各种变化，首先身高会变得更高，这是因为我们的骨骼和关节不会再受到重力的拉扯，关节间的间隔变大，自然也就“长高”了。另外，血液也不会再因为重力的影响而只向足部聚集，而是更靠近心脏所在的上半身位置。

当然，真正的失重只会在太空中发生，而不可能出现在地球上。如果失去重力，我们的生活可能会变得难以想象。我们没有办法控制躯体和运动，所有的东西都会飘到天上撞来撞去。建筑物和树木可能会暂时幸免，因为它们扎根于大地深处，但也撑不了多久就会坍塌或被毁坏。同时，保护我们的大气层也将会消失。

如果不是在地球而是在其他星球，重力值亦各不相同。

其他行星上的重力

行星	半径（将地球的半径设为 1）	质量（将地球的质量设为 1）	各行星表面的重力（将地球表面的重力设为 1）
水星	0.38	0.055	0.38
金星	0.95	0.816	0.91
火星	0.53	0.107	0.38
木星	11.0	317.9	2.37
土星	9.07	95.31	0.95
天王星	3.99	14.54	0.89
海王星	3.81	17.08	1.19

从上表中可以看到，要是在水星和火星上，你会觉得很轻松，因为那里重力很小。在金星、天王星、土星和海王星上，感觉会和在地球上差不多。但是在木星上，你可能会觉得很辛苦，因为那里的重力是地球的两倍还多。

行星重力的区别，不仅与各自的质量和半径有关，还和其自转速度有关。

转弯的植物根

你需要准备的材料：

- 黄豆若干　　1 个透明塑料瓶
- 1 个锥子　　少量泥土
- 一些清水　　一把剪刀

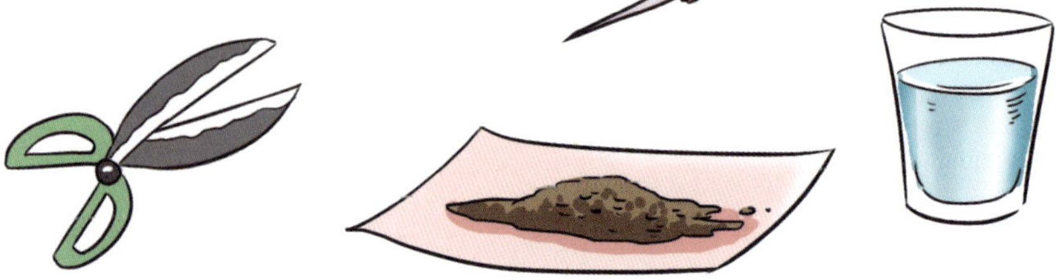

实验开始：

1. 将黄豆用水浸泡，过几天就会看到黄豆顶端冒出了嫩芽。
2. 把透明塑料瓶用剪刀剪断，在塑料瓶底端用锥子戳一些小孔（使用剪子和锥子时，要有家长陪同哟），然后装上泥土，把发芽的黄豆贴着塑料瓶壁种到土里。
3. 豆芽钻出泥土时，观察它的根，可以发现豆芽的根是向着塑料瓶底部延伸的。
4. 将种豆芽的塑料瓶倾斜固定，再种植一段时间，观察根在土中的延伸方向。

植物在生长过程中，也会受重力影响。豆芽的根能感知到重力的方向，无论我们怎么倾斜塑料瓶，豆芽的根都会向着地心引力的方向延伸。不过在太空中生长的植物就不一样了：太空中没有重力，植物的根会向四面八方生长，甚至长成螺旋状。
好神奇啊！豆芽的根竟然转弯了！

书的重量变化了

你需要准备的材料：

- 1 个电子案秤
- 若干书本
- 1 部升降电梯

实验开始：

1. 将书本放到案秤上，查看书本的重量。

2. 将案秤连同书本搬到电梯里，在电梯下降的过程中观察书本的重量，是不是变轻了。

3. 再观察电梯上升时书本的重量，会发现书本变重了。

怎么回事，电梯还能改变书本的重量吗？
小布丁，电梯升降改变的不是书本的重量，而是书本承受的重力！在电梯下降的过程中，书本承受的部分重力变成了推动书本下落的动力，重力减小了，电子秤上的数值也就变小了，这种现象叫作“失重”。相反，在电梯上升时，书本承受了更多的重力，所以看起来变重了！

第3章

怎么区分质量和重量

我们已经知道，重量是重力的表现，重量越大，说明物体受到的重力也越大。而生活中处处都要用到重量。比如你买了一篮草莓、一把青菜、一块肉，在计算价格的时候往往都是根据重量来计算的。

为了得到物体准确的重量，人们发明了很多称重的方法。有杆秤、电子秤、磅秤，还有弹簧秤。弹簧秤实际上最能直观地体现重量和重力的关系。

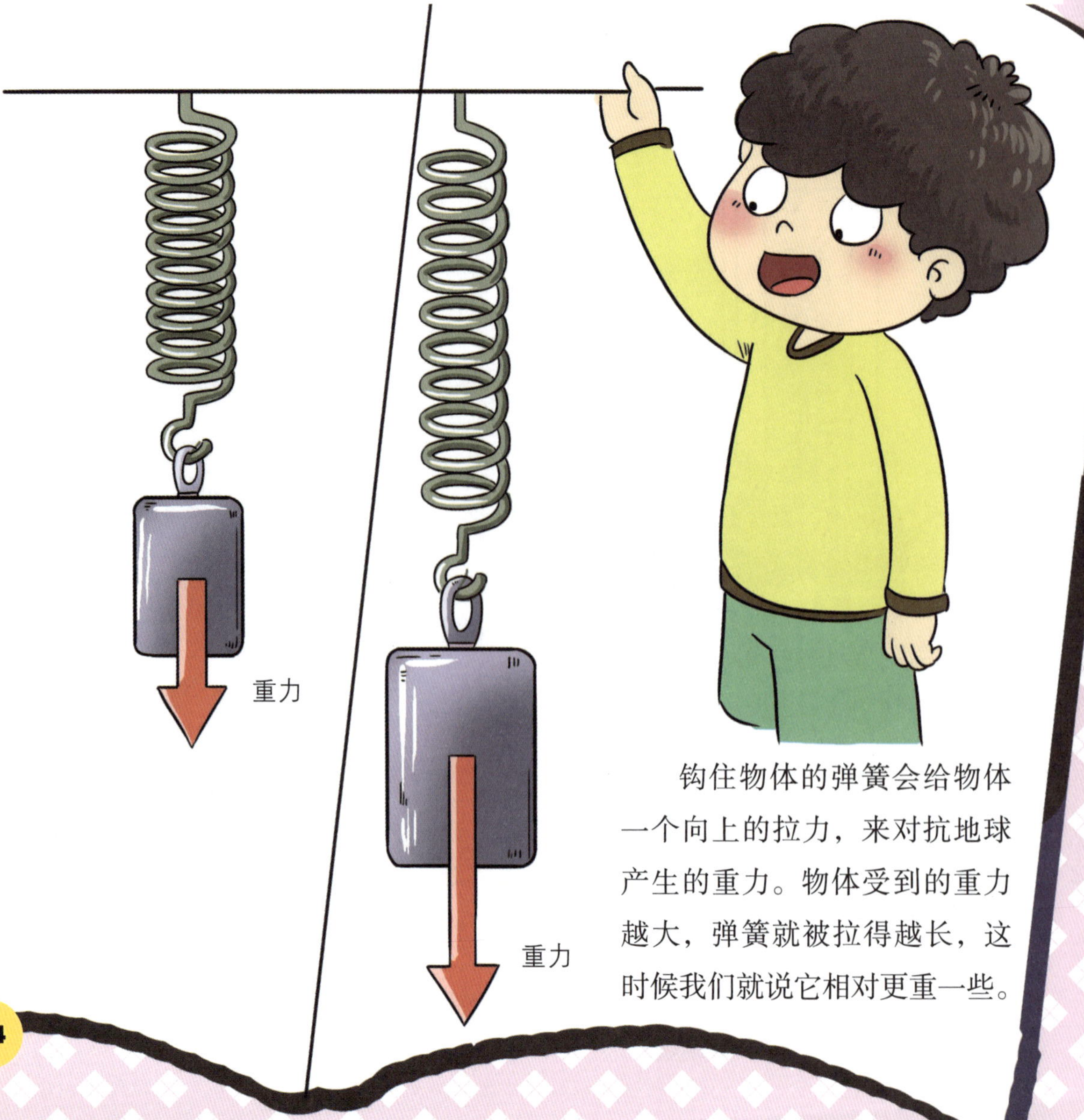

钩住物体的弹簧会给物体一个向上的拉力，来对抗地球产生的重力。物体受到的重力越大，弹簧就被拉得越长，这时候我们就说它相对更重一些。

但如果是在不同的地方称东西，得到的结果一定也不一样。比如在月球上称重时，物体的重量只有在地球上的六分之一。因为月球上的重力只有地球上的六分之一。

有趣的是，在生活中，人们常常习惯用“克”“千克”“吨”这些质量单位来表示重量。也难怪我们会把质量和重量给搞混了。那么，质量到底是什么呢？

质量首先是物体含有物质多少的量，同时也是衡量物体惯性大小的量。

什么是惯性呢？惯性是物体总是想要保持自己原先运动状态的特性。在完全没有摩擦力或阻力等其他力作用的情况下，运动着的物体会永远运动下去。而静止的物体会永远保持静止。除非有别的力作用在它们之上，改变它们原先的运动状态。

对静止的木箱施加一个水平方向的推力，木箱沿着水平方向运动。撤去推力后，木箱停了下来。

牛顿发现，作用于物体并改变其惯性的力正好是物体质量和加速度的乘积。也就是力 = 物体的质量 × 力产生的加速度。所谓加速度，是用来描述物体在力的作用下，速度变化快慢的物理量。重力也是一种力，前面提到的重力加速度也是加速度的一种。根据这个公式，我们可以算出重力，即重力 = 物体的质量 × 重力加速度。

重力总是作用于某个物体之上的，重量 = 重力，也就是物体本身质量和重力加速度的乘积，其单位是 N，而 kg 和 g 代表千克和克，它们是质量单位。重量和质量有关系，但又不是一回事。

那为什么我们在日常生活中常用质量单位来表示重量呢？其实，这是一种误用。因为在地球上，各处的重力加速度都差不多，因此人们就直接用质量来表示重量了。

但如果涉及精确的科学实验，我们就得严格地区分这两个概念。另外，如果在不同的星球上称东西，重量也会大不一样。

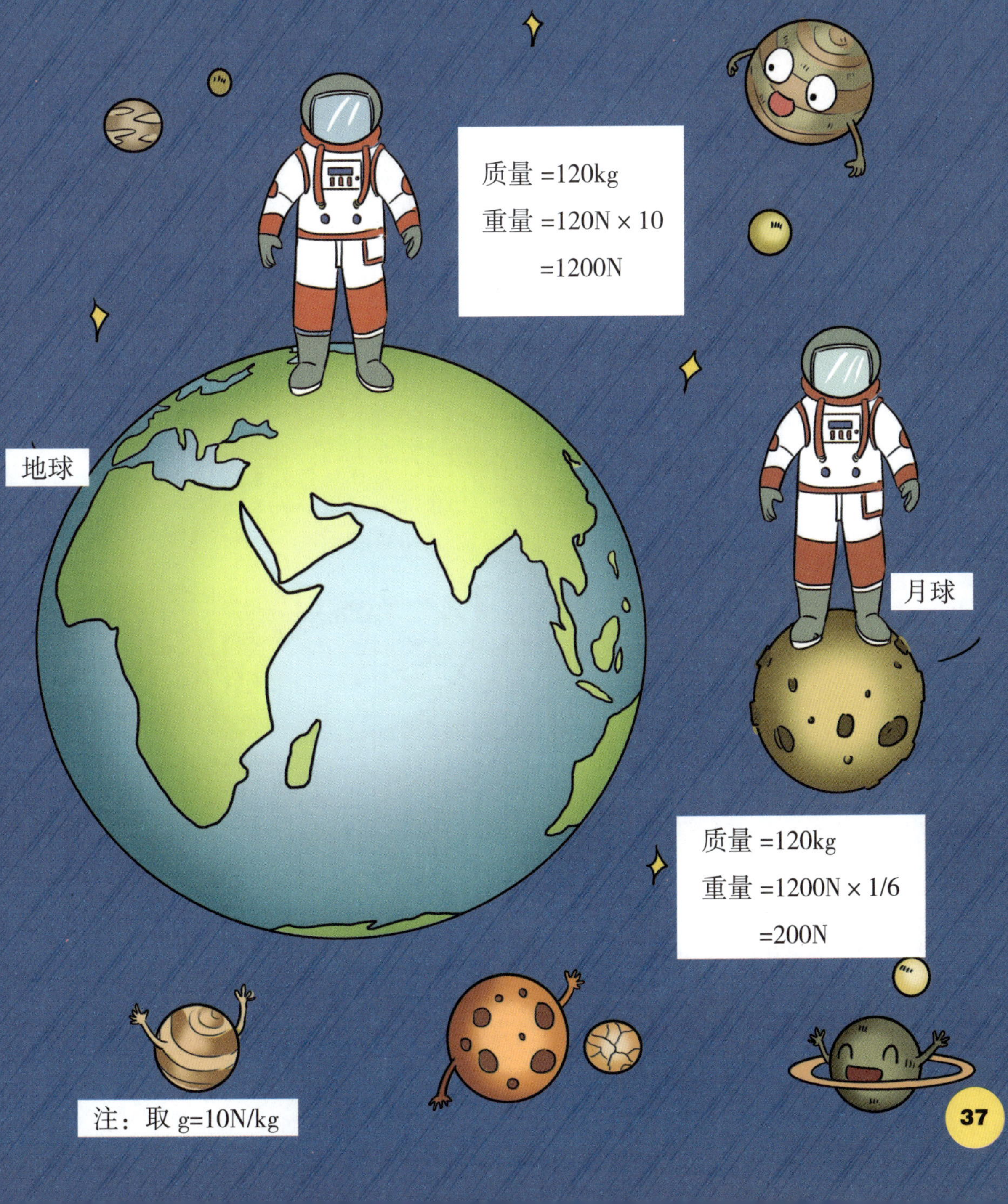

在失重状态下，你无法称出重量，因为没有重力的影响，重力加速度为 0，当然重量也为 0。那么，我们不是可以想举多重的东西就能举多重的东西，变身大力士吗？不是这样的。失重状态下，质量仍然存在。举起一个东西，也就是用力改变它原先的状态，东西的质量越大，你就需要花越大的力气。

既然质量和重量不一样，我们如何来测定质量呢？

很显然，我们无法通过弹簧的形变来测质量，那就只有找到一个物体，把它的质量设定为标准值，然后用来和要称量的东西做比较才行。

这个被用来作为标准的物体，叫作国际千克原器，它是一个高和直径都为 39mm 的圆柱体，由铂铱合金制成。1889 年，国际计量大会正式批准将其用为千克单位的称量标准。

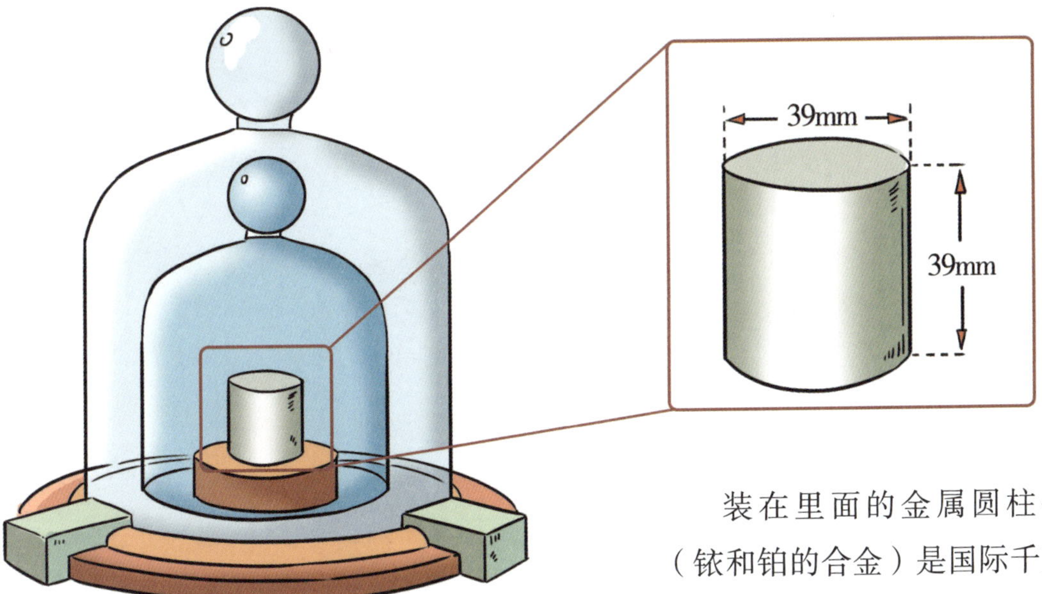

装在里面的金属圆柱体（铱和铂的合金）是国际千克原器，在测量物体质量的时候会将其作为标准。

物体不同位置所受到的重力也有区别，但最后会形成合力。重力作用于物体上的合力点就是重心。只要找到重心所在，就可以让物体在只有一个接触点受力的情况下还能维持平衡。

规则对称的物体，其重心就是对称线的交点。长方形、三角形、正方形或圆形的规则物体都能很容易地找到其重心所在。

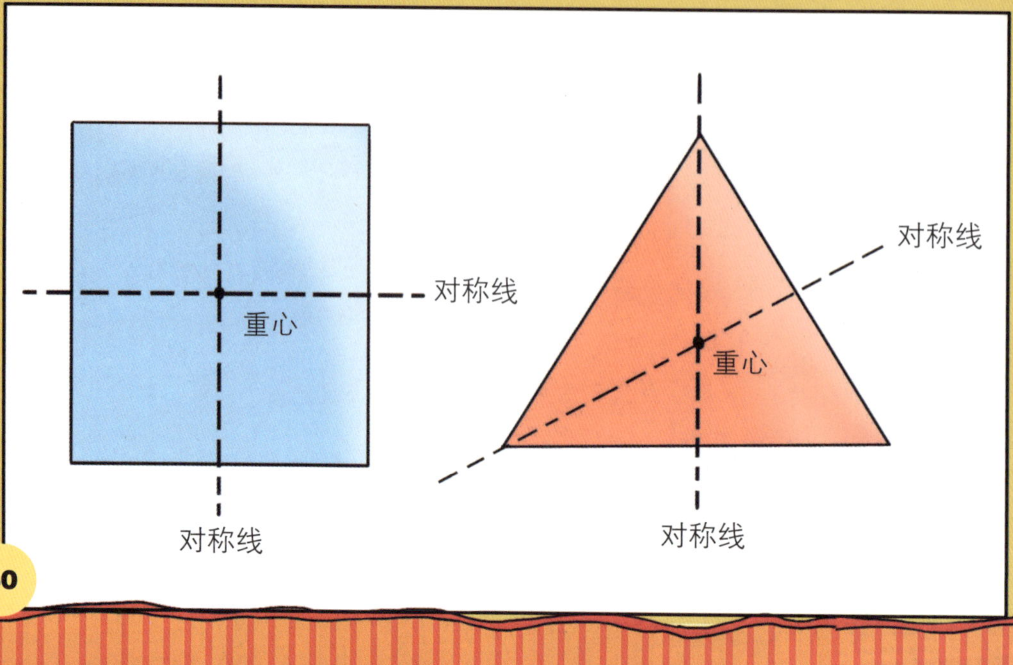

但生活中大部分物体都是不规则的，这又该怎么办呢？

我们可以用铅垂线法来寻找其重心。用线拴住物体后吊起来，当它停止摆动时，根据垂直的绳子所在的方向在物体上画一条线，然后换一个位置吊着物体再来一次。两条铅垂线相交的地方就是重心所在。

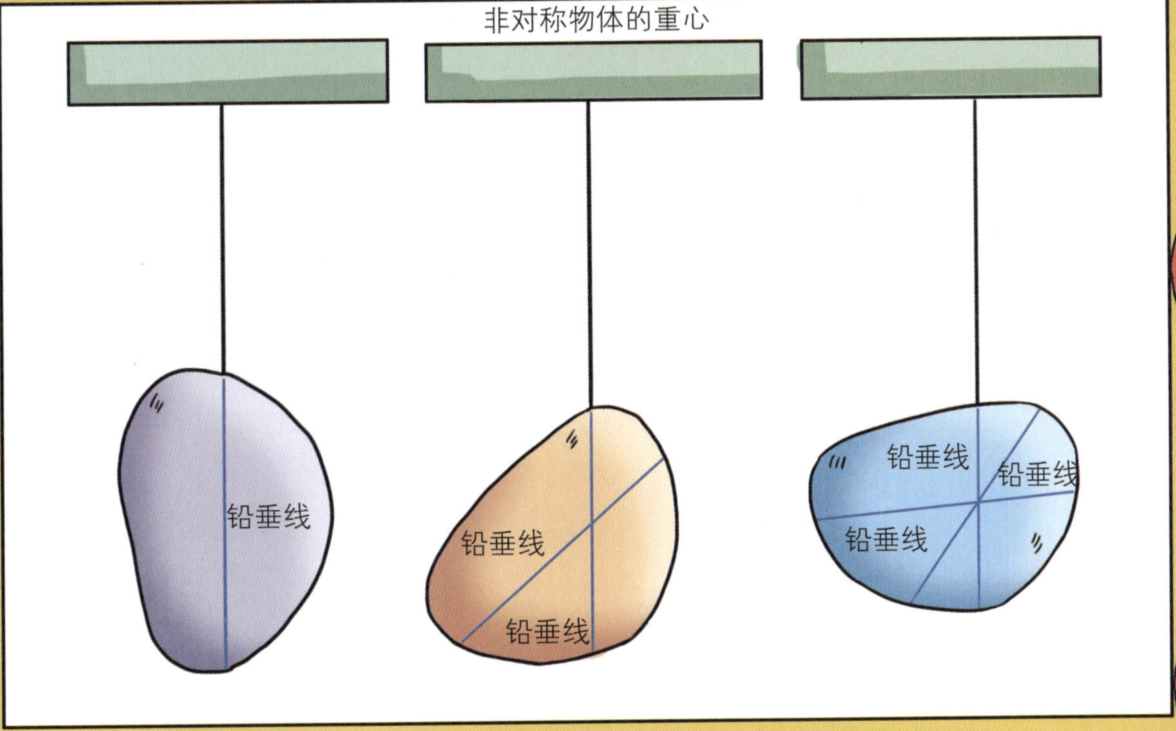

不管形状是否规则，它们的重心大多都在物体内部。但也有例外，比如呼啦圈的重心就不在圈身上，而在圈的外部。

水的质量与重量

你需要准备的材料：

- 1 个弹簧秤
- 1 个塑料瓶
- 少量清水

实验开始：

1. 将塑料瓶装上少量水，挂在弹簧秤上。弹簧秤上的数值就是水瓶的重量。
2. 增加瓶中的水，可以看到水瓶越重，弹簧秤测出的数值越高，即水瓶的重量越大。

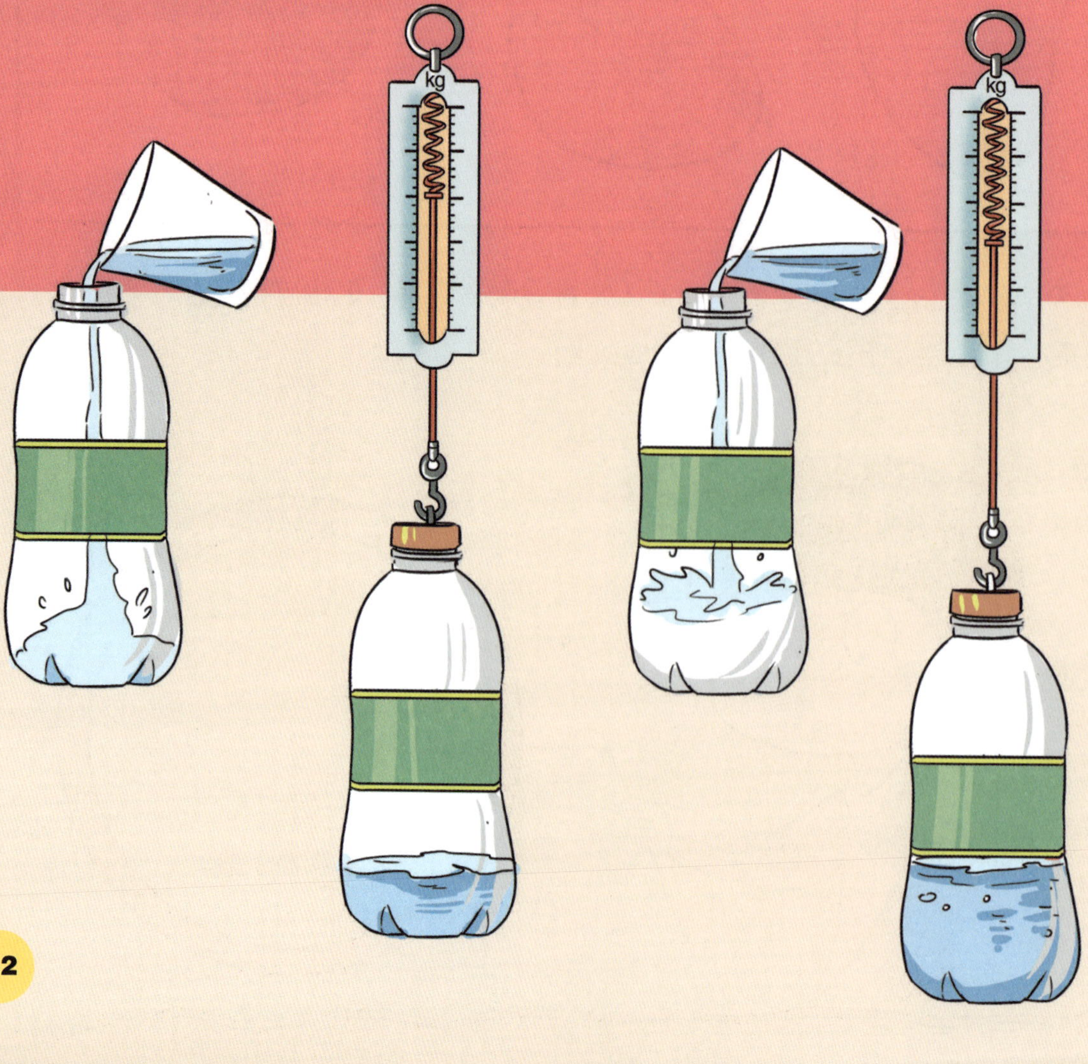

是的。在生活中，我们常常将重量与质量混淆，其实重量是重力的表现，而质量则是物体含有的物质多少。之所以容易弄混，是因为重量或者说重力，确实是与质量成正比的。也就是说质量越大的东西，承受的重力也越大。
布朗叔叔，质量越大的东西受的重力就越大吗？

易拉罐的“杂技”

你需要准备的材料：

- 1 个空易拉罐
- 少许清水

实验开始：

1. 试着将空易拉罐侧立起来。好像不太容易。

2. 在易拉罐中装入清水，使清水约占易拉罐三分之一的体积，再把易拉罐侧立起来。哇！这一次很容易就立住了！

易拉罐喝了水，竟然玩起了“杂技”！它是怎么做到的呢？
当易拉罐装了适量水后，我们可以把水和易拉罐看成一个整体。当我们调整易拉罐的倾斜角度，它的重心也会发生改变，当重力与支撑力处在同一直线上，易拉罐便可以轻松地侧立起来了。

第 4 章 对抗重力的力

前面说过，我们感受到的不只是重力，而是合力。也就是说，除了重力之外，还有其他的力作用在物体上。

一般情况下，重力是最明显的，我们感受不到其他力的存在。但换一个环境我们就能找到躲起来的它们。

比如在游泳的时候，或者泡温泉的时候，你是不是明显感到身体变轻了许多？那么，是什么力量在帮助你抵消重力的影响呢？

是浮力。这种力存在于水中，其方向和重力相反，是它在帮我们的忙。

实际上，浮力和水对物体的挤压，也就是压力有关。泡在水里的物体，会受到来自上下左右各个方向的压力。来自侧面的压力会互相抵消。而来自物体上方水的压力要小于来自下方水的压力。这个压力差，就是浮力。

不过，如果物体太重了，其总重力大于浮力，那它还是会沉入水中的。只有浮力大于重力时，物体才会浮起来。

如果一个杯子里的水平面刚好和杯口平齐，当你把物体放进水中时，一部分水会被挤出杯子外。这是因为物体的体积占据了相应的空间。

根据这个特点，我们可以测量那些奇形怪状物体的体积。

另外，我们还可以据此算出水的浮力：如果把一块重 5N 的铁块完全放进水里再进行称量，你会发现称出来的重量减少了。而减少的重力就等于水对铁块的浮力。如果水中称得铁块为 4N，那么水对铁块的浮力就是 1N。

浮力的大小和物体的重力有关，而重力又和质量有关。相同体积下，质量越大的物体，其内部所含的物质也就越紧密。我们用“密度”来表示物体内部的紧密程度。

同等体积的物体，质量更大一些的，密度也更大。就像一立方米的木头和一立方米的铁相比，肯定是铁的质量更大，密度也更大。

水也有密度，如果物体的密度比水的密度更大，它就会下沉，反之则会漂浮在水面上。

一般来说，固态物质的密度大于液态物质。但固态的水，也就是冰是个例外。当水结冰后，其密度反而会变小。因此你所看到的冰山都是漂浮在水面上的。

铁的密度比水大，所以铁一进入水中就会下沉。可轮船也是用铁等金属制造的，为什么它不会下沉呢？

这是因为轮船并不是一个实心的大铁块，船舱中有空气。铁船入水后，排开水的体积远大于没入水中部分的铁的体积。因此受到的浮力大于铁船本身的重力，所以能浮在水面上。

潜水艇更是利用了浮力的原理，能在水中自由地上浮和下潜。它的水舱可以交替储存水和空气。当需要上浮时，水舱会充满空气，减轻潜水艇的重量；当需要下潜时，水舱会排出空气，注入水，以便让潜水艇的重量增大。

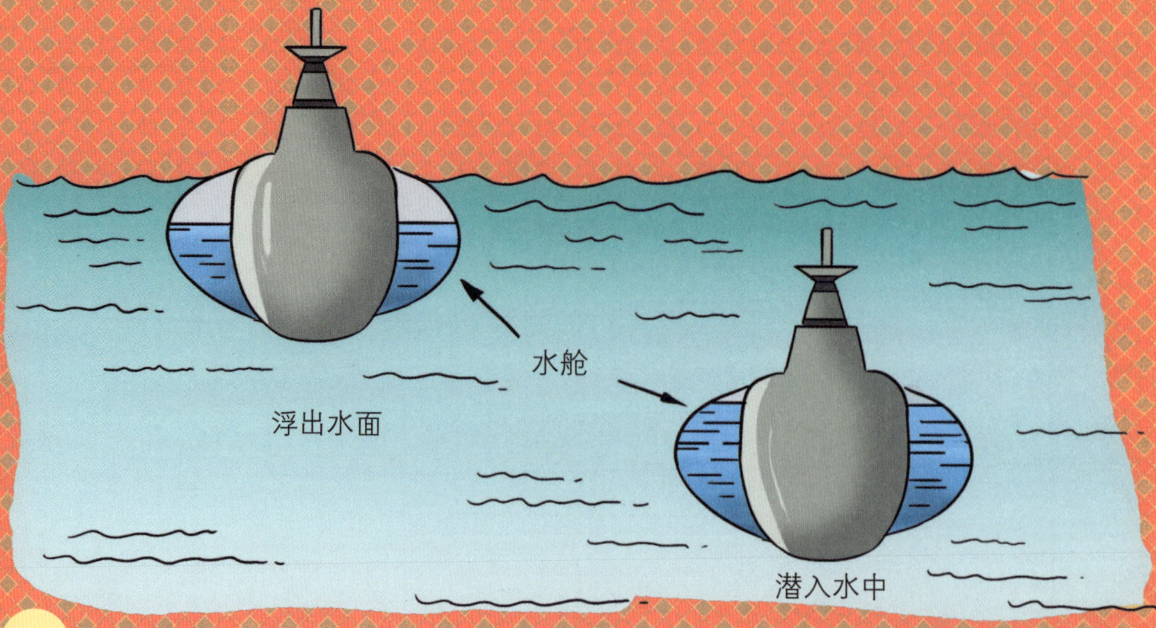

与质量和重力相比，密度更适合表示物质的特性。这是因为重力会随质量和重力加速度而变。质量又会随体积而改变。而密度是一个固定的值，从理论上来讲，只要知道了密度，就能知道这种物质是什么。

多种物质的密度

物质	密度 g/cm^3	物质	密度 g/cm^3
 水	1.0	 冰（0℃）	0.92
 氧气	0.0014	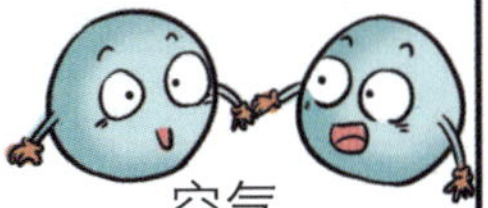 空气	0.0013
 金	19.3	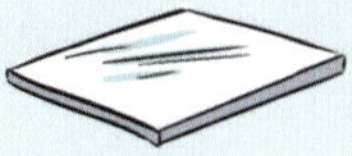 玻璃	2.60
 汽油	0.75	 软木	0.25
 酒精	0.79	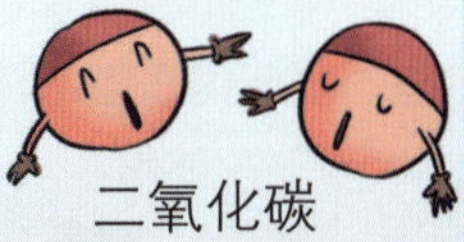 二氧化碳	0.0019

不过，在用密度来进行比较时，还得注意前提条件。因为当温度和压力发生变化时，物体的密度也会随之变化。温度越低，压力越大，大部分物体的密度也越大。幸好这一点对固体和液体的影响微乎其微，在日常生活中基本没有什么影响。但是气体密度受到的影响可就大啦，因此在比较气体密度时，要先说清楚当时的压力和温度是多少。

0℃，1 标准大气压下部分物质的密度（kg/m^3）

水	1.0×10^3	冰	0.9×10^3
水银	13.6×10^3	干松木	0.4×10^3
酒精	0.8×10^3	铜	8.9×10^3
煤油	0.8×10^3	铝	2.7×10^3

漂浮的气球

你需要准备的材料：

- 2 个气球
- 2 根细绳
- 2 块橡皮泥
- 一盆清水

实验开始：

1. 在两个气球中分别塞入同样大小的橡皮泥，使气球的重量基本相同。

2. 向其中一个气球中吹入空气，另一个气球不吹气，分别扎紧气球口。

3. 将两个气球放进水中，可以看到没有吹气的气球会慢慢往下沉，而吹了气的气球则漂浮在水面上。

这是怎么回事啊？难道两个气球的重量改变了吗？
两只气球的重量其实没有改变，我们吹气后改变了气球的大小，即使其体积变大。浮在水面上的气球正是因为体积变大了，受到了更多的浮力，所以可以漂浮在水面上。
A
B

游泳的鸡蛋

你需要准备的材料：

- 1 只鸡蛋
- 1 个大碗
- 清水少许
- 食盐少许
- 1 根搅拌棒

实验开始：

1. 在大碗中倒入清水，把鸡蛋放入碗中，可以看到鸡蛋沉到了碗底。

2. 将食盐倒入碗中，搅拌使食盐溶化。这时可以看到鸡蛋慢慢地浮到了水面上。

布朗叔叔，难道食盐使鸡蛋变轻了吗？
鸡蛋并没有变轻哦！是碗中的清水加入食盐后，变成了盐水，盐水的浮力比清水大，所以鸡蛋可以浮在盐水上。这也是人在海中游泳会更容易浮起来的原因。

第5章

怎么对抗重力

在游乐场里，垂直下降的过山车会让人在短时间内体会到失重的感觉，相当刺激。除过山车外，这样的游乐设施还有很多，比如海盗船，它像一个钟摆那样不断晃动，每当到达两端最高点的时候，速度会变得最慢，落下来时，速度会急速变快，这是因为海盗船落下来时由于重力产生了加速度。加速度会让物体在很短的时间内达到一个很高的速度。这个速度有多快呢？我们知道重力加速度是 $9.8m/s^2$，也就是下坠速度每秒增加 9.8m。那么只要 3 ~ 4s 的时间，速度就会增加到 30 ~ 40m/s。这个速度看上去好像没什么，但实际已经相当于速度 100 ~ 140km/h 的汽车速度，所以在海盗船落下的时候，你才会感到心跳加速，十分刺激。

那么，如果物体在很高的地方落下来，岂不是会越来越快。哪怕是一个很轻的物体，比如一颗小水滴，当它落到我们头上时，也会因为极高的速度而打破我们的脑袋，这太可怕了。但实际上，这一切并没有发生。这是怎么回事呢？

这是因为空气阻力的存在，当物体下落时，空气阻力的方向正好和物体所受到的重力方向相反。因为重力加速度的影响，物体下落速度越来越快，但空气阻力也会越来越大。最终，重力和空气阻力会达到平衡状态。此时雨滴下落的速度不再增加，而是保持恒定，匀速下落，这个速度叫作终端速度。

我们之所以不会被落下的雨滴砸伤，是因为雨滴落下时的终端速度并不高，不足以对人体造成伤害。

了解了这一点，我们可以人为地通过调节空气阻力来改变重力的影响。

跳伞运动就建立在空气阻力和终端速度的基础上。人的质量和重量都比雨水要大得多。因此，人从高空跳下时，虽然会受到空气阻力的影响，但不足以与重力相平衡，因此速度会越来越快，最后快到足以在落地时对身体产生严重伤害的程度。

那么，如果能增加跳伞运动员身体的阻力，不就可以解决这一问题了吗？

怎么增加阻力呢？人们发现，在空气中的横截面积越大，所受到的空气阻力也越大。一张薄纸和同等重量的一颗小塑料球同时从空中落下，纸会后落地。虽然它们的重力相等，但薄纸会遇到大得多的空气阻力，因而影响了下落速度。

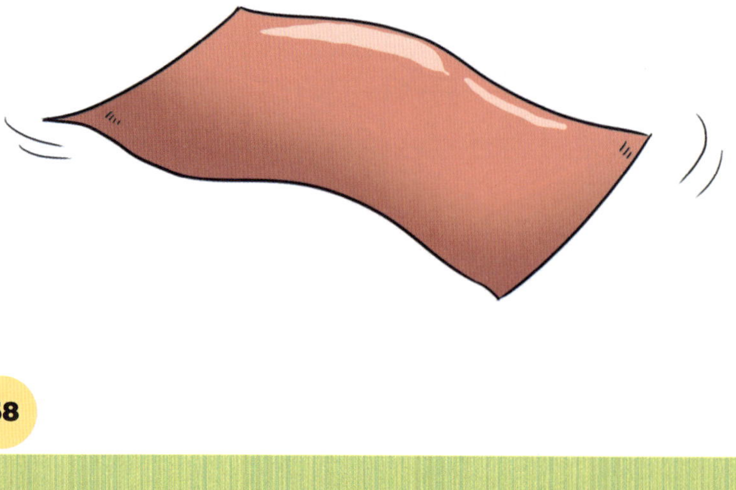

因此，人们发明了降落伞，用来增加跳伞运动员在空中所受的阻力。一开始，跳伞运动员跳出机舱时，受到重力的影响而加速下降，速度会越来越快。当到达一定高度时再打开降落伞，就相当于增大了运动员的横截面积，而增大的横截面积也会让空气阻力变得更大。变大的空气阻力会逐渐和跳伞运动员所受的重力保持一致，直到二者的合力等于 0 为止。在这个时候，运动员下降的速度就会保持不变，并一直到降落到地面上为止。

既然阻力可以对抗重力，那么别的力也可以。可是为什么要对抗重力呢？虽然我们没法像宇航员在月球上那样轻轻松松地蹦起来，但好像也都习惯了这样的生活嘛。

实际上，如果不能解决重力的问题，今天的我们可能只能挤在面积十分狭小的房屋里，也很难跨过宽阔的江河。为什么呢？因为如果不懂怎么对抗重力，我们就没法把房屋修建得很高。房屋越高，底部承受的重力也就越大，就越容易坍塌；而桥梁横跨的距离越长，桥身所承受的重力也越大，越容易断裂开来。

现在让我们来试着“建桥”看看。最简单的桥是独木桥，这种结构的桥叫作梁桥，但它的缺点是长度越长，所能承受的重量就越有限。你可以用一根筷子的两端架在两个支点上，现在对筷子的中间施加力，你会发现两支点越长，筷子就越容易被折断。这样的桥承受不了太大的重量，所以，古人发明了拱桥，拱形的结构可以承受大得多的重力。中国著名的赵州桥就是石拱桥。

拱桥能承受较大重量的秘诀，是善于利用重力。古代的拱桥大多都是石拱桥。石块本身很重，按理说会对桥身产生更大的重力。但在拱形结构下，最中央的石块的重量会朝两端分散挤压，两端的石块又会依次把这些重量向侧面和下方传递。最后落到桥基上。桥身越重，石块之间反而被挤压得越结实可靠。

拱形的力量

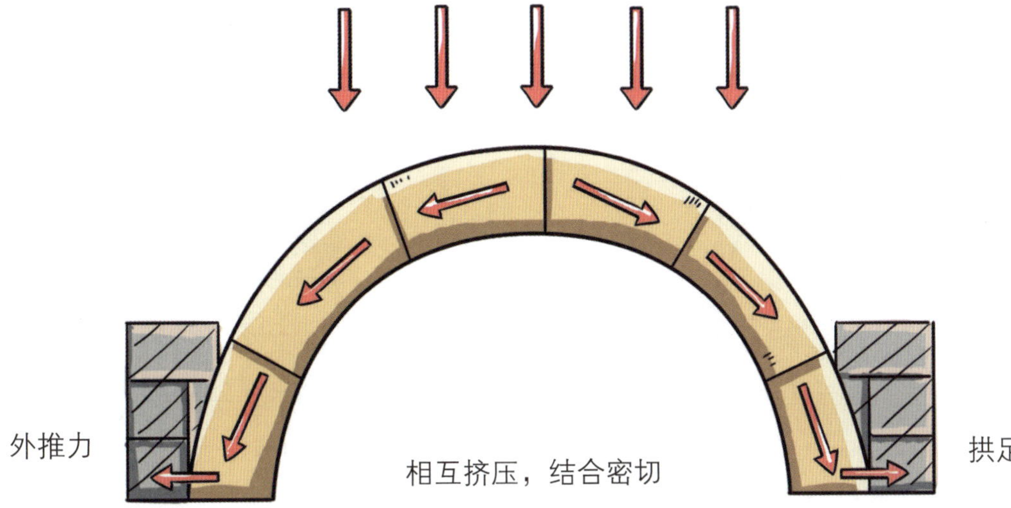

如果河面再宽阔一些，修建石拱桥就比较困难了。当然，人们还可以采用老方法修建梁桥。在桥的底部修建多个桥墩，以便使得每两个桥墩之间的桥梁都能承受较大的重量。

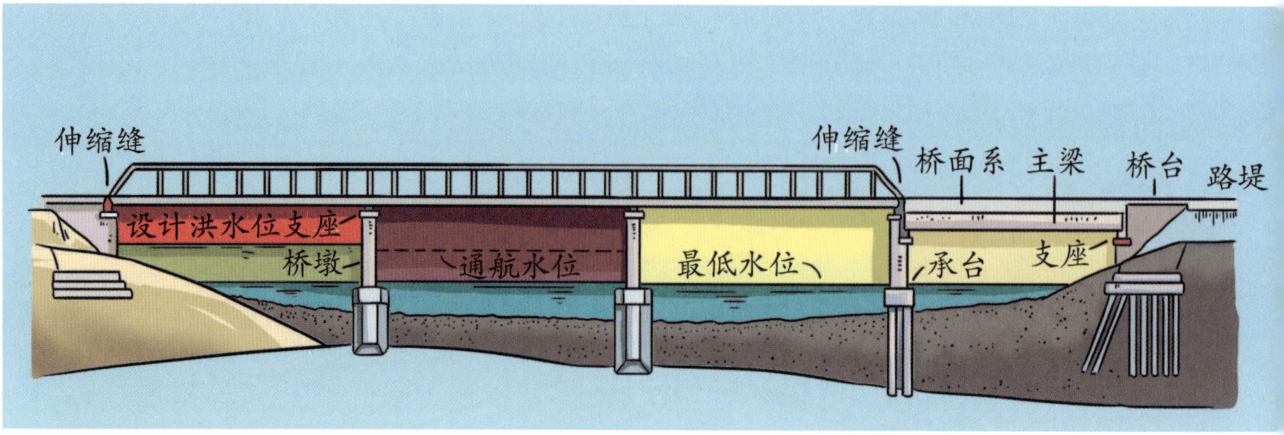

但梁桥的缺陷也很明显，成本高，而且在河水深、河面宽的地方修起来特别费力。因此，人们又发明了斜拉桥。

斜拉桥可以通过支柱上的索塔用拉索将梁体拉住，来增加桥梁对抗重力的能力，减少桥墩的数量，修建起来省时省力。

除斜拉桥外，还有许多别的桥梁结构，但无论是怎样的桥梁结构在设计时，都需要考虑重力的影响。

修建房屋也是如此，在古代，人们更喜欢把房顶修成三角形结构，而不是平顶房屋。这是因为如果房顶所使用的材料较重，平顶结构就要承受更多的重力。而三角形结构则能像拱桥那样，把重力分散到墙壁和地基上。

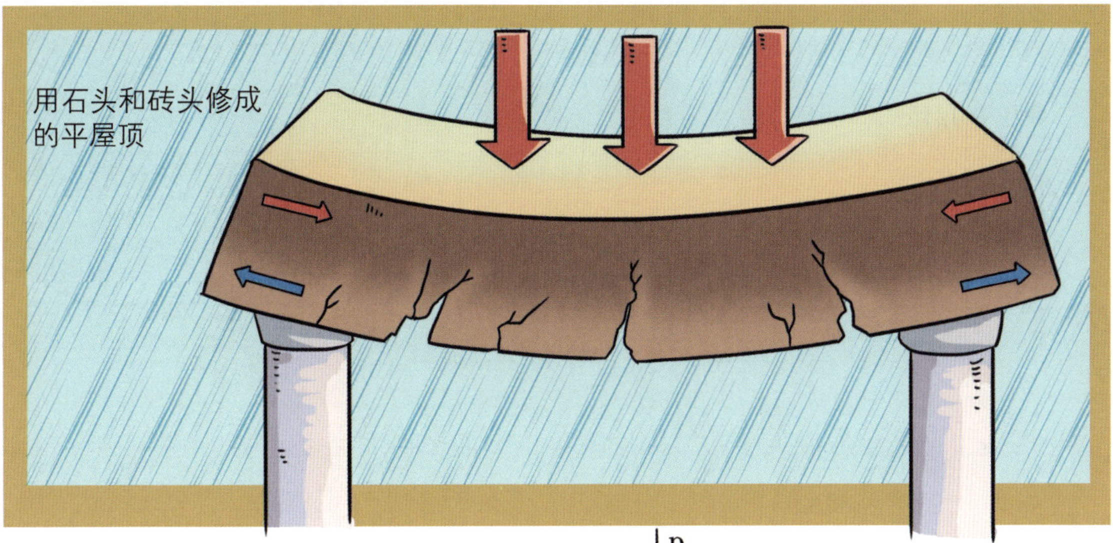

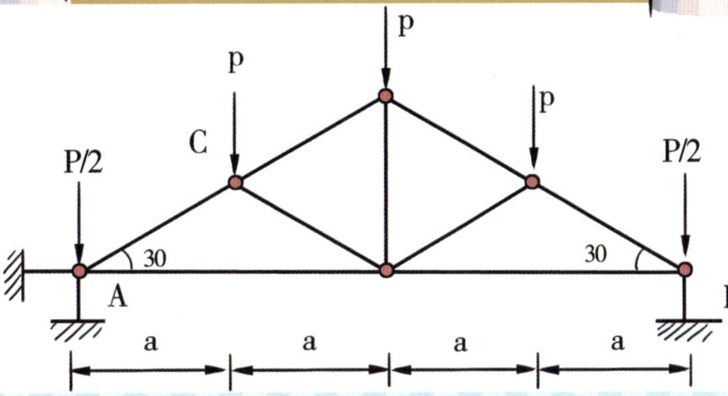

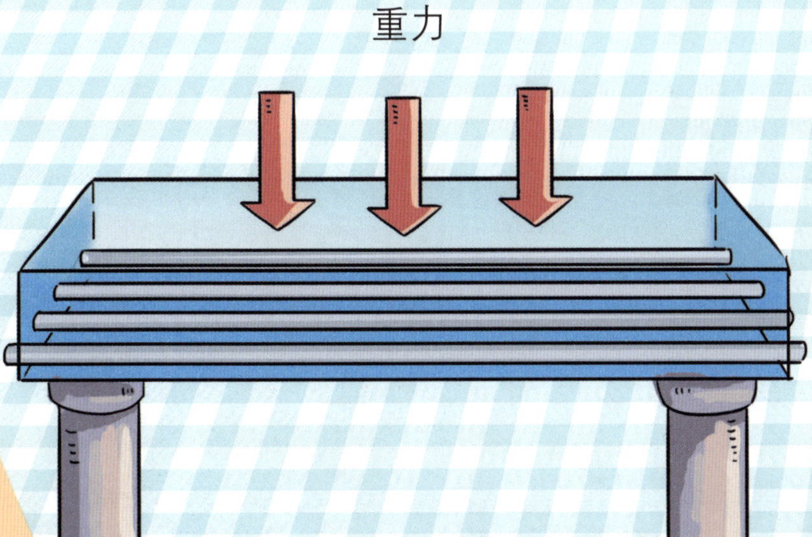

利用钢筋、混凝土修成的平屋顶

直到近代，在钢筋混凝土技术发展起来之后，人们才能够用更加坚固结实的材料来修建平顶房。这是因为现在的材料比起过去的石头或砖块，能承受更大的重力。

谁跑得快

你需要准备的材料：

- 1 张报纸
- 1 把剪刀

实验开始：

1. 用剪刀把报纸剪成大小相等的两份。（不能剪得太小）

2. 将其中一份揉成一个纸团。将纸团和平铺的报纸分别放在双手的掌心上，同时翻转手掌，让两份报纸同时下落。

3. 观察两份报纸谁先落到地上。

扫码领取
- 趣味实验室
- 科学家故事
- 科学小常识
- 阅读打卡站

第6章 天上的重力

如果能够脱离地球，长时间待在天上，重力又会有哪些变化呢？

首先，因为我们长时间生活在地球表面，所以我们的身体构造也是以适应地表重力为目的的。如果来到天上，甚至进入太空，身体肯定会感到不适应。

前面说过，当物体运动时，速度可能会随时间而变化，这种描述物叫作加速度。当加速度为0时，表示物体始终以同样的速度运动。但如果加速度突然加大或变小，就会让人产生明显的异样感。

这种感觉，你可以在电梯里找到。当电梯由静止到加速向下运行，再到静止时，你会感觉身体先被拉扯，然后再被压缩。这是因为我们感受到的重力在运动中发生了变化。

科学家们把我们感受到的重力叫作“重力感”。我们站在地面上时感受到的地球重力加速度为 1G，平时我们没什么感觉，但如果突然变成 2G，我们就会觉得好像自己突然背了一个同样体重的人一样。

如果重力感小于 0，我们会觉得好像有一股力量把我们往天上拽，一切又反了过来。

电梯里的失重感并不明显，过山车也同样如此，因为它们的加速度并不大。战斗机可以让你更明显地感受到加速度带来的重力感变化，因为战斗机的飞行速度非常快。极限情况下可以达到 11G 以上的重力感。想想 11 倍自己体重的重量压在身上会是怎么样的呢？你全身的血液流动和身体状况都会受到相应的影响。

当战斗机加速时，加速度产生的惯性力和重力的合力如果大于重力，飞行员就会处于超重状态。

当飞机机动飞行时，多数时候会产生正超重，这时飞行员的头部血压会降低，导致视觉模糊或消失，甚至失去意识；当飞机向下俯冲时，会出现负超重，使飞行员血液流向头部，导致头部充血甚至昏迷。因此飞行员除了需要经受十分严格的体能训练之外，还需要穿着专门设计的抗荷服以抵抗加速度对身体带来的影响。

抗荷服的原理是用充气的方式向飞行员的腹部和双脚增加压力，防止血液流向下半身，从而保证头部能得到充足的血液供应。

飞行中产生的加速度和失重感还会扰乱飞行员的方向感。比如当飞机突然加速时，飞行员会产生飞机正在抬头的错觉，于是误操作导致俯冲。而反过来，当飞机突然减速时，会让飞行员觉得飞机机头在朝下掉，于是错误地操纵飞机进行爬升。

另外，当飞行员所承受的加速度为 1G 时，则正好和地球表面的重力加速度一致。这会让飞行员感觉跟在地面没什么区别。因此当飞机在空中绕圈飞行时，只要其加速度保持为 1G，飞行员也会觉得自己与平时在地面的身体状态一致，并不会像我们所想象的那样头晕眼花。

如果是在宇宙中呢？那跟在地球上的空中又不一样了。因为在地球上有空气，除了感受到地球重力的影响外，还会感受到空气的压力。但是在宇宙中，既没有空气，也没有重力。

长期生活在地球上的人类，身体演化都是为了适应地球的环境，当然也包括重力环境。如果进入到宇宙之中，我们身体其他部分可能一时半会还不会有太大的变化，但血液的流动分布却会立刻大受影响。

除了血液外，我们身体里还有各种各样的体液，毕竟人体中 70% 都是水分。体液如果无法在身体里正常流动，我们的循环、消化、免疫系统都会受影响。另外，如果长期在太空中生活，宇航员的肌肉也会萎缩。这是因为在太空中，我们的肌肉不需要对抗像地面上那么大的引力，自然“用进废退”。

1. 地面正常重力下机体血流分布图
2. 失重初期机体血流流向头的分布图
3. 失重适应期机体血容量减少，头部和胸部压力减轻
4. 重返地球正常重力下，机体血流从头流向脚的分布图

因此，要进入太空，就得依靠各种先进的科学技术，来克服失重给身体带来的影响，比如宇航员专用的抗荷服。

除了对身体的影响外，很多在地球上十分简单的活动在失重状态下也变得非常麻烦，吃喝拉撒都是如此。

因为失重，水会形成水珠在太空舱中到处乱飘。因此刷牙、洗脸和洗澡都变得十分麻烦。因此浴室是特制的密封空间，便于随时回收喷出的水珠。航天员在洗澡时得戴上呼吸器，以免被乱飘的水珠呛到。而喝水得用挤压的方式，把水通过特殊的饮水器挤到嘴里。

在失重环境下，睡觉也是麻烦事，没有了重力，人就没有了判断“上”和“下”的标准。因此不管是躺着睡、飘着睡还是站着睡都没有太大区别。不过，宇航员还是愿意用睡袋把自己固定起来，而不是到处乱飘。

上厕所时，宇航员需要先把自己固定在马桶上。上完厕所后，大小便会被分开处理并收集起来，带回地面。

失重的砝码

你需要准备的材料：

- 2 根橡皮筋
- 1 个易拉罐
- 2 个砝码
- 1 根绳子
- 1 个锥子
- 一把剪刀

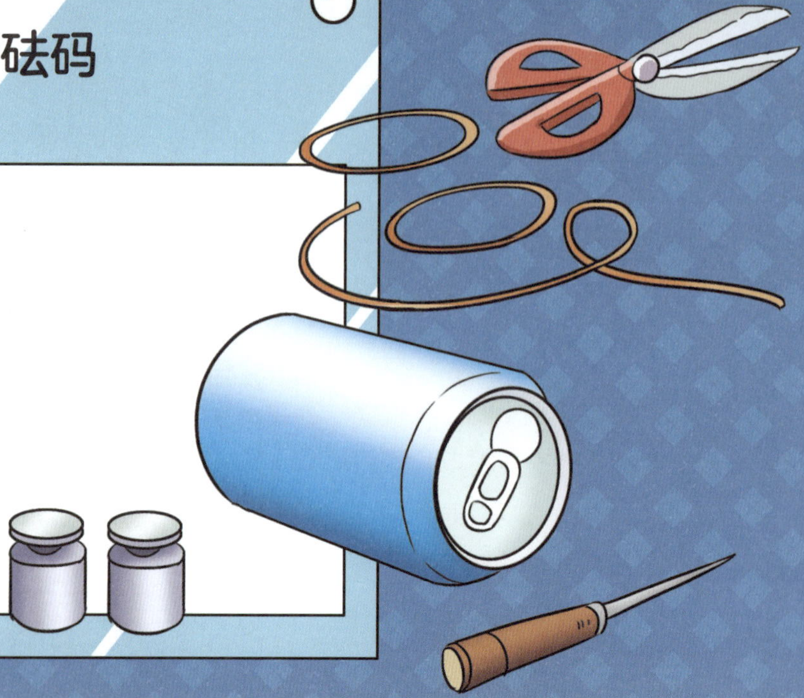

实验开始：

1. 把易拉罐剪开，在易拉罐底部用锥子戳一个洞。

2. 把两根橡皮筋从小洞中穿过去，打一个结，这样橡皮筋的一端就被固定在了易拉罐底部。

3. 把橡皮筋的另一端拉到易拉罐沿外，分别拴一个砝码，利用砝码的重量将橡皮筋绷直。

4. 把易拉罐举到半空中，松开手，可以看到在易拉罐下落的过程中，砝码发生了失重，被橡皮筋拉回到易拉罐中。

5. 在易拉罐顶部戳2个洞，拴上绳子，然后快速向上提拉罐子，再观察橡皮筋的变化。

2.
3.
4.
5.
易拉罐往下掉时，砝码被拉进了易拉罐，但是向上拉易拉罐时，橡皮筋却被拉得更长了！
没错，小布丁，当易拉罐不动时，橡皮筋处于拉伸状态，它的拉力平衡了砝码的重量。但是下落时的砝码失重了，于是被橡皮筋拉到了易拉罐里！同样，我们快速提拉易拉罐时，砝码承受的力增加了，等于它变重了，所以橡皮筋被拉得更长了。

高低重心赛跑

你需要准备的材料：

- 1 根长木棍（不少于 20 厘米）
- 1 根短木棍（不超过 10 厘米）

实验开始：

1. 把两根木棍立起来，用两只手分别按住顶部。

2. 两只手同时松开，会看到木棍同时向前倒。观察木棍落地的时间，是不是短木棍首先落地。

我试了很多次，为什么每次都是短木棍先落地呢。
这是因为两根木棍的重心不同！木棍的重心都在它们的中间位置，当两根木棍立起来，长木棍的重心位置会高于短木棍的重心，下落到地面的时间自然就更长了。